더 좋은
삶을 위한
수학

KB191249

더 좋은 삶을 위한

인생의
거의 모든 문제를 푸는
네 가지
수학적 사고법

Four Ways of Thinking

수학

데이비드 섬프터 지음
David Sumpter

고현석 옮김

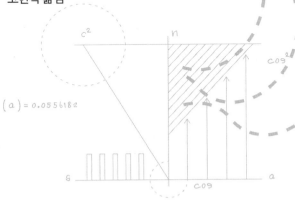

흐름출판

추천의 말

1997년 어느 날 뉴멕시코의 산타페에 세계 도처의 젊은이들이 모였다. 응용수학, 경제학, 물리학, 철학, 컴퓨터과학, 생태학, 생물학 등 서로 다른 학문적 배경을 가진 이들은 한 달간 복잡계 이론을 다루는 여름학교에 참석한다.

"전체는 부분의 합보다 크다"라는 말은 복잡계의 속성을 잘 표현한다. 원자 단위에서는 없던 현상이 대단히 많은 원자가 모인 시스템에서는 관찰되듯이, 문제의 스케일에 따라 접근법과 생각을 달리해야 한다. 산타페 여름학교 참여자들의 이질성은 새로운 복잡계를 형성하는데, 이는 이 책 전체의 메시지를 중의적으로 나타낸다. 응용수학도로 참여한 저자가 복잡계에 대한 개안을 하게 되고 자신과 다른 분야의 전문가들과 교유하고 협력하는 모습은, 상이한 분야 간의 대화에서 창발하는 생산성을 보여준다.

이 책에서 제시하는 세상을 보는 네 가지 관점은 셀룰러 오토마타 개념과 큰 연관이 있다. 흑백 바둑돌을 1차원에 나열하고 단순한 규칙으로 이 돌들의 색이 흑 또는 백으로 변하게 한 뒤에 여러 단계 진행하면, 규칙에 따라 총 네 가지의 흑백 패턴이 출현한다. 이론물리학자이자 매스매티카^{Mathematica} 소프트웨어의 개발자인 스티븐 울프럼은 세상에 존재하는 생명체나 현상을 이 네 가지 유형(안정적, 주기적, 카오스적, 복잡계적)으로 분류했다. 특정한 패턴을 이루며 날아가는 새떼나, 헤엄치는 물고기떼의 모습도 이런 방식으로 설명할 수 있다.

복잡해 보이는 현상을 이렇게 단순한 모델로 바꾸어 보면 그 이면의 질서와 규칙이 드러난다. 저자는 수요와 공급의 균형이라는 애덤 스미스의 견해를 반박하고, 먹고 먹히는 여우와 토끼의 관계를 수학적 모델을 이용하여 설명함으로써 개체 수가 정적인 균형을 유지하는 것이 아니라 주기적인 변동성을 끊임없이 나타낸다는 것을 보여 준다. 이러한 관점을 확장해서, 저자는 네 가지 사고법, 즉 통계적 사고, 상호작용적 사고, 카오스적 사고, 복잡계적 사고에 다다른다.

이 책은 단순한 규칙을 통해서 복잡한 세상을 쉽게 이해할 수 있다는 통찰을 전하고, 서로 달라 보이는 현상들을 사실은 같은 규칙으로 설명할 수 있음을 명쾌하게 설명한다. 힐베르트가 제시했던 확률론의 공리 문제를 해결했던 천재 수학자 콜모고로프가 말년에는 알고리즘과 복잡도 개념으로 수학사에 큰 획을 그은 예는 수학적 사고의 유연함과 수학의 아름다움을 잘 드러낸다.

박형주(아주대학교 수학과 석좌교수)

보통 수학이라고 하면 복잡한 공식이나 계산을 먼저 떠올린다. 하지만 이 책은 수학이 꼭 그런 것만은 아니라고 말한다.

『더 좋은 삶을 위한 수학』은 우리가 세상을 바라보는 네 가지 시선(통계적, 상호작용적, 카오스적, 복잡계적 사고)을 통해, 수학이 세상을 더 넓고 깊게 이해하는 데 어떤 역할을 하는지 보여준다.

책을 읽다 보면, 단순한 규칙에서 복잡한 결과가 나오기도 하고, 무질서해 보이는 현상 속에도 질서가 숨어 있다는 사실을 깨닫게 된다. 저자는 셀룰러 오토마타라는 수학적 개념을 바탕으로 우리가 일상에서 마주치는 불확실성과 복잡함을 새로운 시선으로 바라볼 수 있도록 안내한다.

이 책은 저자가 산타페 여름학교에서 다양한 분야의 학자들과 함께 고민하던 현장을 그리고 있다. 서로에게 질문을 던지고, 그 질문을 바탕으로 새로운 아이디어가 생기는 과정을 함께하며 저자는 수학이 단지 계산의 언어가 아니라 다른 생각들을 연결하고, 낯선 현상을 설명하는 새로운 틀이 될 수 있다는 것을 깨닫는다.

무질서의 의미를 고민했던 로널드 피셔, 생태계의 균형을 수식으로 표현하려 했던 알프레트 로트카, 정보의 질서를 찾아낸 클로드 섀넌, 단순한 규칙에서 복잡함을 끌어낸 스티븐 울프럼, 그리고 오류마저 도시 시스템의 일부로 끌어안은 마거릿 해밀턴까지. 이 책은 이처럼 여러 학자들이 그들의 삶에서 얻은 통찰로 가득하다. 그들의 생각을 따라가다 보면, 수학이 그저 문제 푸는 기술이 아니라, 세상을 이해하는 방법이자, 갈등과 예외를 받아들이는 태도임을 알게 된다.

삶을 살다 보면 갈등을 조율하고 예외를 받아들이며, 때로는 무너진 구조 속에서 새로운 질서를 상상해야 하는 순간들을 맞닥뜨리게 된다. 이 책은 수학을 통해 삶이 던지는 질문을 차분히 마주하는 법을 알려준다. 문제를 풀기 위해서가 아니라, 더 잘 보기 위해서. 더 잘 살아가기 위해서.

수학을 어려워했던 분들도 다시 한번 수학에게 말을 걸어보고 싶게 만들 따뜻한 책이다.

김재경(KAIST 수리과학과 교수, 『수학이 생명의 언어라면』 저자)

차례

3장 카오스적 사고

4장 복잡계적 사고

일러두기

· 각주는 모두 옮긴이주이다.
· 원서의 이탤릭체는 고딕체로 옮겼다.

네 가지 수학적 생각법

우리가 결코 멈출 수 없는 한 가지가 있다면, 그것은 바로 생각하는 일이다.

매 순간 머릿속에서 생각이 끊임없이 흐른다. 생각은 종종 우리에게 지시를 내리고, 때로 격려하며, 가끔 더 잘할 수 있다고 다그친다. 또한 과거를 분석하고 미래에 무엇을 해야 할지도 알려준다. 이처럼 생각은 쉼 없이 이어지며, 끊임없이 세상을 이해하려고 시도한다.

하지만 우리는 정작 우리가 어떤 방식으로 생각하는지는 거의 고민하지 않는다. 어떤 사고 과정이 올바르고, 어떤 것이 우리를 잘못된 길로 이끄는지 분석하지 않는다. 또한 어떻게 하면 생각을 더 잘 다듬을 수 있을지에 대해 깊이 탐구하지 않는다.

한편 어떻게 하면 우리의 몸을 잘 돌볼 수 있을지는 자주 생각한다…… 적어도 그러려고 노력한다. 더 의욕적으로 건강을 지키겠다는 자신과의 약속을 실천하기 위해 헬스장에 다니거나 다이어트를 결심한다. 또한 일을 좀 쉬어야겠다고 마음먹기도 하고, 어떻게 하면 스트레스를 덜 받을지에 대해 서로 대화를 나누기도 한다.

그렇지만 주변을 둘러보며 우리가 삶에 대해 생각하는 방식이 과연 합리적인지 스스로에게 질문하는 일은 거의 하지 않는다.

과학과 수학의 핵심은 더 나은 추론 방법을 탐구하는 것이다. 하지만 우리는 우주의 기원이나 자연의 경이로움, 우리 뇌와 몸의 구조를 다루는 다큐멘터리를 보면서도 이 중요한 핵심을 놓치곤 한다. 표면적으로 과학은 사실이 핵심 역할을 하는 분야로 보인다. 그러나 실제로는 그렇지 않다. 나를 비롯한 많은 과학자의 주된 목표는 사고방식을 진실에 더 가깝게 다듬는 것이다. 그 과정에서 발견되는 사실은 부차적인 것에 불과하다.

이 책은 네 가지 사고법, 즉 진실에 더 가까이 다가갈 수 있게 생각하는 네 가지 방법을 설명한다.

네 가지 방식 접근법의 기원은 1984년으로 거슬러 올라간다. 어릴 때부터 신동으로 유명했던 이론물리학자 스티븐 울프럼Stephen Wolfram, 1959~ 이 스물네 살 때 작성한 논문에서 이 접근법의 토대가 처음으로 제시되었다.[1] 당시 울프럼은 셀룰러 오토마타cellular automata, 세포자동자(細胞自動子)라는 난해한 수학적 모델을 연구하고 있었다. 그는 새로 구입한 반짝이는 선 워크스테이션Sun workstation 컴퓨터로 시뮬레이션해 이 모델이 만들어내는 패턴 유형을 체계적으로 분류하는 데 성공했다. 울프럼은 생물학적이든 물리적이든, 개인적이든 사회적이든, 자연적이든 인공적이든, 모든 과정이 자신이 컴퓨터 시뮬레이션에서 관찰한 네 가지 행동 범주 중 하나에 속한다는 가설을 세웠다. 우리가 보고 경험하는 모든 것은 (1)안정적 시스템, (2)주기적 시스템, (3)카오스적 시스템, (4)복합적complex 시스템(복잡계)으로 분류할 수 있다는 것이다.

- 안정적 시스템은 평형 상태에 도달한 후 그 상태를 유지하는 시스템이다. 예를 들어 도미노 타일이 일렬로 세워져 있는 도미노 줄을 생각해보자. 첫 번째 도미노 타일을 살짝 밀면 나머지 타일들이 연이어 쓰러지고, 결국 모든 타일이 바닥에 늘어선 채로 멈춘다. 이것이 바로 안정성이다. 또 다른 예로는 언덕을 굴러 내려와 골짜기에서 멈추는 공, 절구와 사발을 사용해 향신료를 고르게 갈아낸 안정적인 혼합물, 긴 산책 후 평화롭게 잠든 강아지 등이 있다.

- 주기적 시스템은 반복적인 패턴을 보여주는 시스템이다. 걷기, 자전거 타기, 말타기는 각각 우리의 발, 자전거 바퀴, 말의 다리가 반복적으로 움직이는 주기적 운동이다. 주기성은 해변으로 일정한 간격을 두고 밀려오는 파도의 줄무늬에서도 드러난다. 또한 요리사가 채소를 일정한 크기로 자르기 위해 칼을 위아래로 빠르게 움직이는 동작에서도 볼 수 있다. 아침 식사, 일, 점심 식사, 다시 일, 저녁 식사, TV 시청, 잠으로 이어지는 우리의 반복되는 일상 역시 이런 주기성을 보여준다.

- 카오스 시스템은 내일 비가 올지 그렇지 않을지 예측할 수 없는 상태를 말한다(적어도 영국에서는 그렇다). 주사위를 던지거나, 동전을 던지거나, 룰렛을 회전시킬 때 그 결과를 예측할 수 없는 상태도 모두 카오스다. 파스타 냄비 안의 물이 무작위로 진동하고 회전하는 물 분자들로 인해 거칠게 끓어오르는 상태도 카오스다. 또한 미닫이문이 닫혔다가 열리는 순간에 이루어지는 우연한 만남 역시 한 예다.

• 복합적 시스템(복잡계)은 우리 사회 곳곳에서 찾아볼 수 있다. 전 세계적으로 이루어지는 물품과 서비스의 운송, 문명의 흥망성쇠, 정부나 대규모 다국적 기업의 구조가 복잡성의 예다. 복잡성은 일상에서도 발견된다. 친구와 가족 관계에서 사랑과 좌절을 동시에 느끼는 순간 속에서도 드러난다. 이런 복잡성은 우리 내면에도 존재한다. 우리의 뇌 속에서 수십억 개의 뉴런이 발화하며 이루어지는 활동이 바로 복잡성이며, 우리가 지금 이 자리에 오기까지 겪어온 개인적인 경험들도 모두 그 예라고 할 수 있다.

우리의 행동은 종종 이러한 네 가지 범주 사이를 오간다. 예를 들어 의견 충돌과 논의를 생각해보자. 솔직히 말해, 나는 항상 모든 것을 파헤쳐 어떻게든 '올바른' 답을 찾아내고자 하는 사람이다. 내가 어떤 문제를 이해하지 못했거나 누군가 내 생각에 동의하지 않으면, 나는 논의를 더 깊게 진행해 진실이 어디에 있는지 알아내려고 한다.

하지만 논쟁과 토론에 대한 나의 집착은 때때로 문제가 되곤 했다. 특히 같이 살거나 일하는 사람들과의 관계에서는 더욱 그랬다. 그들은 모든 문제를 끝없이 파고드는 데 시간을 쓰고 싶어 하지 않기 때문이다. 나는 그들의 생각을 충분히 이해한다.

그래서 나는 쓸데없는 논쟁을 줄이기로 했다. 먼저 울프럼의 이론을 활용해 논쟁을 네 가지 유형으로 분류하고, 그중 두 가지 유형만이 의미 있는 논쟁이라는 결론을 내렸다. 첫 번째 유형은 안정적인 결론으로 이어지는 제1유형 논쟁이고, 두 번째는 새롭고 중요한 아이디어가 논의되긴 하지만 결론으로 이어질 가능성이 전혀 없을 수도 있는 제4유형 논쟁이다. 피해야 할 나머지 두 유형은 반복적으로 같은 논쟁거리를 두고 말다툼하는 제2유형 논쟁과 서로 말을 가로 막고 혼란스러운 대화를 이어가는 제3유형 논쟁이다.

이 분류를 적용하면 내가 어떤 유형의 논쟁을 하고 있는지 쉽게 파악할 수 있다. 그런 다음 나는 제2유형 논쟁을 제1유형 논쟁으로, 제3유형 논쟁을 제4유형 논쟁으로 어떻게 전환할 수 있는지를 고민한다. 또한 어떻게 하면 제1유형 논쟁을 빠르게 안정적인 결론으로 수렴시킬지 생각한다. 마치 내가 절구와 사발을 이용해 매우 효율적으로 진리를 갈아내고 있다고 상상하면서 말이다.

이런 방식으로 생각해보면 관점이 달라지는 것을 느낄 수 있다. 자신이 한 행동 그 자체에서 벗어나 그 행동을 위에서 내려다보는 식으로 바뀐다. 울프럼의 분류법은 겉보기엔 매우 달라 보이는 수많은 문제를 전체적인 접근 방식으로 바라보게 한다.

2002년 울프럼은 대표 저서가 될 『새로운 종류의 과학A New Kind of Science』을 출간했다. 이 책에서 그는 자신이 연구한 셀룰러 오토마타 모델을 중심으로 과학에 대한 새로운 접근 방식을 제안했다. 이 이론은 매우 방대했으며(이 책은 총 1,192쪽으로 무게가 약 2.5kg에 이른다), 이 책에서 그는 셀룰러 오토마타를 연구하는 것이 생명체와 물리적 우주를 비롯한 거의 모든 것을 더 깊이 이해하는 방법이라고 대담하게 주장했다. 하지만 그는 셀룰러 오토마타가 우리가 사는 이 복잡한 현실 세계에 어떻게 실질적인 통찰을 제공하는지는 구체적으로 설명하지 않았다.

이러한 실질적 통찰이 부족하다는 이유로 울프럼의 연구는 과학계 전반에서 진지하게 받아들여지지 않았다. 그의 아이디어는 대중의 의식에도 자리 잡지 못했다. 내가 위키피디아에서 울프럼의 연구를 검색했을 때 찾을 수 있었던 것은 셀룰러 오토마타의 수학적 속성에만 초점을 맞춘 내용밖에 없었다. 울프럼의 분류법은 지금도 현실과 동떨어진 채 추상적인 상태로만 남아 있다.

이제 나는 울프럼이 하지 않았던 일을 하려 한다. 지금부터 나는 그의 네 가지 분류를 우리가 세상을 생각하는 방식에 어떻게 적용하고 명확히 할 수 있는지를 보여주겠다. 이 네 가지 사고방식은 전혀 추상적이지 않으며, 실제로 일상에서 놀라울 정도로 유용하다. 이 접근 방식은 울프럼이 제시한 '새로운 종류의 과학'이라기보다는 친구들에게 조깅을 하라고 설득하는 것에 가깝다. 이 접근 방식은 다툼의 여지가 있는 주제를 파트너와 논의하는 새로운 방식, 초콜릿케이크 중독에서 벗어날 수 있는 새로운 방식, 파티에서 소외감을 느끼는 이유를 이해하는 새로운 방식이다. 무엇보다도 자신을 독특하고 복잡한 개인으로 바라보는 새로운 방식이기도 하다.

이 새롭고 실용적인 사고방식을 탐구하기 위해 나는 울프럼의 분류를 확장하여 이 책의 네 개 장에서 다룰 예정이다.

네 가지 사고방식 중 첫 번째는 **통계적 사고**statistical thinking다. 우리는 언제 숫자를 믿어야 하고, 언제 의심해야 할까? 더 나아가 식습관과 운동, 혹은 행복과 성공에 관한 과학적 연구에서 나온 조언을 어떻게 해석해야 할까? 데이터와 통계는 사회 전체를 이해하는 데 핵심적인 역할을 하지만, 개인에게는 언론 보도의 헤드라인이 암시하는 만큼 그 내용이 중요하지 않다는 사실을 이 책에서 보여줄 것이다.

그렇다면 어떻게 삶에서 더 큰 충족감을 느낄 수 있을까? 이 질문은 두 번째 사고방식인 **상호작용적 사고**interactive thinking에서 답을 찾을 수 있다. 상호작용적 사고는 우리가 사는 사회적 세계의 비밀을 찾아낼 수 있는 사고방식이다. 어떻게 하면 집단의 역동성을 더 건설적인 방향으로 유도할 수 있을까? 갈등을 해결하기 위해 의사소통 방식을 어떻게 바꿀 수 있을까? 이 장에서 나는 우리가 다른 사람들에게 어떤 영향을 주는지를 더 잘 이해하는 방법과 다른 사람에게 상처받았을 때 느끼는 감정을 어떻게 다뤄야 하는지를 설명할 것이다. 사실 인간관계를 개선하는 일은 생각보다 쉽다.

하지만 여기에 문제가 하나 있다. 우리가 삶을 통제하려 애쓸수록, 삶은 더 예측 불가능해진다는 것이다. 모든 것을 알 수도 통제할 수도 없는 이 세상에서 다시 중심을 잡으려다 실패한 시도들은 오히려 혼란과 무질서를 만들어내기 일쑤다. 세 번째 사고방식인 **카오스적 사고**chaotic thinking는 우리가 언제 상황을 통제하려 노력해야 하고, 언제 내려놓아야 할지 판단하는 데 도움을 준다.

문제가 복잡할수록 해결은 더 어려워진다. 그런데 무언가가 '복잡하다'는 것은 무엇을 의미할까? 나는 이 질문에 대해, 시스템의 복잡성은 그것을 가장 간결하게 표현할 수 있는 설명의 길이에 달려 있다고 대답한다. 즉, 우리가 처한 사회적 상황, 걱정, 그리고 생각을 간결하게 요약하는 능력을 기르면 우리는 그것들의 본질을 좀 더 정확하게 파악할 수 있다는 것이다. 일상적인 문제 해결에 초점이 맞춰진 앞의 세 가지 사고방식과는 달리, 네 번째인 **복잡계적 사고**complex thinking는 자기 성찰과 내면 탐구에 더 중점을 둔다. 또한 복합적 사고는 자기 자신과 주변 사람들을 더 깊이 이해하는 데 도움을 주는 이야기를 찾는 과정이다.

첫 번째에서 네 번째 범주로의 여정은 지난 100년간의 과학적 사고를 탐험하는 과정이다. 이 과정에서 우리는 과학적 사고를 형성하는 데 기여한 영웅적인 과학자들(그리고 반영웅적인 과학자들)의 생각을 들여다볼 수 있으며, 안으로는 우리 자신을, 밖으로는 우리가 함께 만드는 세상을 탐구하게 될 것이다. 또한 이 과정에서 집안일을 하면서 부딪히는 일상적이고 사소한 문제에서 현재의 자기 자신을 만드는 것이 무엇인지에 관한 심오한 문제에 이르기까지 두루 살펴볼 것이다.

그리고 이제 한 젊은 박사 과정 학생이 발견의 여정을 떠나면서 이 모든 이야기는 시작된다.

서문

여정을 시작하며

1997년 3월의 어느 날, 나는 그레이하운드 버스에서 내려 뉴멕시코 주의 뜨거운 햇살 속으로 걸어 나왔다. 당시 나는 스물세 살이었고, 미국은 처음이었다. 산타페 연구소Santa Fe Institute의 복잡계complex systems 여름학교는 참가 경쟁이 매우 치열했지만, 다행히도 나는 박사 과정 지도교수의 추천 덕분에 자리를 얻을 수 있었다. 교수님 역시 이전에 이 연구소의 초청 연구 모임에 참가해 저명한 학자들과 어깨를 나란히 한 경험이 있었다. 교수님은 산타페 연구소를 복잡계에 대한 통합적인 접근 방식을 찾기 위해 물리학·경제학·생물학·수학 등 여러 분야의 뛰어난 학자들이 모이는 곳이라고 설명했다. 이 연구소는 다양한 학문 분야의 경계를 넘나들며 근본적인 질문에 대한 답을 찾아 새로운 과학을 창출하려는 곳이었다.

복잡계 여름학교의 목표는 빠르게 축적되는 지식을 다음 세대로 전달하는 것이었다. 이 프로그램에 참여한 박사 과정 학생들과 젊은 연구자들은 4주 동안 산타페 연구소에서 조금 떨어진 곳에 있는 리

버럴 아츠 칼리지liberal arts college*의 작은 기숙사에 머물렀다. 아침에는 강의가 있고, 오후에는 연구소 연구자들의 지도 아래 공동 프로젝트에 참여했다. 저녁에는 전 세계에서 온 다양한 학문적 배경을 가진 학생들과 교류할 수 있었다.

여름학교에 참가하기 전에 교수님은 내게 이렇게 말했다.

"멋진 경험이 될 거야. 모두에게 말을 걸어보고, 모든 걸 흡수하려고 노력해봐. 처음엔 다른 사람들이 너보다 더 많이 아는 것처럼 느껴질 수도 있어. 하지만 그들도 대부분은 자신이 아는 것보다 더 많이 아는 척할 뿐이야. 그러니 겁내지 말고 바보 같은 질문도 해봐. 어떤 답이 나올지 모르니 말이야."

연구소 건물을 찾느라 한참을 헤매야 했고, 가까스로 도착했을 때는 이미 프로그램 소개가 시작된 후였다. 나는 여름학교의 기획자 에리카 젠Erica Jen의 설명이 상당 부분 진행된 상태에서 강의실 맨 뒤쪽 줄의 빈자리를 찾아 앉았다. 에리카 젠은 눈을 반짝이며 학생들 앞에서 말하고 있었다.

"우리 목표는 여러분에게 새로운 사고방식을 가르치는 것입니다. 하지만 그 목표에 도달하려면 많은 내용을 다뤄야 합니다. 지난 100년 동안 과학자들이 연구에 접근하는 방식은 엄청나게 변화했습니다. 우리는 여러분이 그 역사를 이해하도록 돕고, 그와 동시에 여러분에게 어디서도 배울 수 없는 특별한 접근 방식을 전수하고자 합니다."

젠은 강의에서 먼저 데이터를 통해 신뢰할 수 있는 통계적 결론을

---

*인문학·사회과학·자연과학 분야를 중점으로 하는 대학.

끌어내는 기본 원리를 소개한 뒤 포식자가 생태계 내의 균형에 어떻게 영향을 미치는지, 뉴런이 뇌 안에서 어떻게 신호를 주고받는지, 인간 사회가 시간에 따라 어떻게 변화하는지 등을 상호작용 측면에서 탐구할 것이라고 설명했다. 이어서 카오스와 무작위성의 역할과 더불어 미래에 어떤 일이 일어날지 예측하는 것이 왜 그토록 어려운지에 대해서도 배우게 될 것이라고 덧붙였다. 젠은 최종적으로 우리가 "'복잡성이란 무엇인가?', '우리가 복잡한 사회 또는 문화 안에서 살고 있다는 말이 무슨 뜻인가?' 같은 가장 거대한 질문들을 다루게 될 것"이라고 말했다.

젠은 산타페 연구소가 우리의 뇌를 설명할 수 있는 수학적 모델을 찾고, 사회적 상호작용을 시뮬레이션하려고 애쓰는 한편, 생명체의 근본적인 역동성을 찾기 위해 노력하고 있다고 말했다. 또한 젠은 각자의 전문 분야에서 이미 뛰어난 성과를 입증한 산타페 연구소의 과학자들(이들 중 많은 이가 노벨상 수상자였다)이 한곳에 모여 과학적 사고의 미래를 만들어가고 있다고 설명했다. 마지막으로 젠은 덧붙였다.

"이제부터 4주 동안 여러분은 복잡성을 탐구하는 여행을 할 겁니다. 이 여정은 여러분의 사고방식을 영원히 바꿔놓을 겁니다."

1장

통계적 사고

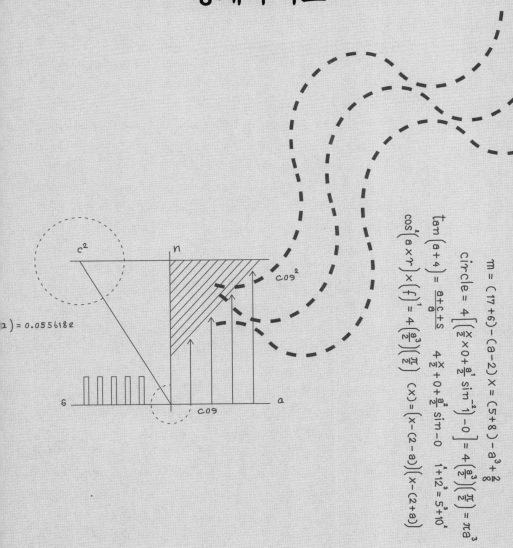

산타페에서 만난 젊은 천재들

젠 박사의 프로그램 소개가 끝난 후, 우리는 앞으로 4주간 머물 기숙사로 갔다. 나와 방을 같이 쓰는 루퍼트는 이미 짐을 다 풀어놓은 상태였다. 창문 가까이에 있는 왼쪽 침대를 먼저 차지한 그는 방 안에 있는 유일한 책상 위에 과학 논문들과 손으로 쓴 노트를 가지런히 쌓아두었다. 그는 옥스퍼드대학교에서 경제학 박사 과정을 밟고 있다고 했다. 그는 내가 그와 같은 영국인이라는 것을 안 뒤 "아마도 그래서 우리를 같은 방에 배정했겠지요"라고 말했다.

그는 그러면서 "하버드에서 온 젊고 똑똑한 친구들과 같은 방에 배정됐다면 더 좋았을 것 같아요. 그랬다면 시야가 더 넓어지는 경험을 할 수 있었을 텐데……"라며 아쉬워했다. "하지만 당신도 괜찮아요"라고 웃으면서 덧붙였다.

루퍼트 역시 지도교수 추천으로 이곳에 왔지만, 그가 지도교수에게서 들은 말은 나와 달랐다. 그는 "거기서 무슨 일이 벌어지고 있는지 알아보라"라는 지시를 받았지만, 너무 이 프로그램에 빠져들지 말라는 당부도 같이 받았다고 했다. 실제로 그는 지도교수의 말에 충실했다. 그는 "복잡계라는 말도 안 되는 것"에 대해 그다지 큰 관심이 없어 보였고, 이곳에서 많은 시간을 낭비할 생각도 없어 보였다. 그의 목표는 강의에서 중요 내용을 흡수한 뒤 오후에는 기숙사 방 안에서 개인적인 연구를 하는 것이었다. 그래서 자신에게 책상이 꼭 필요하다고 내게 말했다. 또한 내가 되도록 그의 연구를 방해하지 않으면 좋겠다고 덧붙였다.

그는 젠 박사의 프로그램 소개에도 별 감동이 없었던 것 같았다. "젠 박사는 전형적인 미국인 영업사원 같았어요. 늘 과장이 심한 영업사원 말이에요"라고 말했다.

게다가 그는 다른 학생들과 적극적으로 교류하면서 뭔가를 배우려 하지도 않았다. 그렇다고 모든 학생에게 관심이 없었던 건 아니었다. 그는 "이곳에는 다양한 유형의 연구자들이 많을 겁니다. 생물학자, 역사학자, 사회학자 같은 사람들이겠지요. 아마 철학자도 있을 겁니다. 이런 곳에 오면 누구를 만날지 어떻게 알겠어요?"라고 말했다.

"다들 '복잡계'라는 개념에 아주 흥분해 있을 겁니다." 루퍼트는 손가락으로 따옴표를 그리며 말을 이어갔다. "제 말은, 이건 마치 모두에게 여름휴가 같은 거잖아요. 잠시 일상에서 벗어날 기회죠."

그러더니 그는 내게 경고하듯 말했다.

"하지만 우리 둘은 정신을 바짝 차려야 합니다."

또한 그는 참가자 가운데 많은 이들이 우리와는 달리 학문적 배경이 견고하지 않을 수 있다고 걱정하면서, 다른 참가자들이 기초가 부족한 것 같으니 우리가 그들을 가르쳐야 한다고 말하기도 했다. 그는 내 지도교수의 말처럼 질문이 중요하다고 생각하기보다는 다른 학생들을 자연스럽게 가르치는 것이 중요하다고 생각하는 사람이었다.

이어서 그는 이렇게 말했다. "우리는 여기서 무언가를 대표하고 있어요. 나는 우리가 이성을 대표하고 있다고 봅니다. 여기서 우리는 데이터를 사용하는 사람들을 대표하고 있는 거지요. 이곳에 있는 다른 학생들 대부분은 통계에 대한 기본적인 지식조차 없을 겁니다."

그 말을 마친 후 그는 책상에 앉아 논문을 정리하기 시작했다. 우리의 대화는 사실상 그걸로 끝난 듯했다.

나는 여름학교 참가자들 모두가 루퍼트 같지는 않을 거로 생각하며 다른 사람들과도 이야기해보기로 했다. 그러던 중 복도에서 맥스라는 미국인 이론물리학자를 만났다. 그에게 제일 가까운 펍^{pub}이 어디인지 물었다. 속으로는 같이 한잔하면 좋겠다고 생각하면서.

그는 미국에서는 펍을 바^{bar}라고 부르며 대부분의 바는 스포츠 바라고 알려줬다. 그러면서 그는 딱 좋은 곳을 알고 있으며, 기꺼이 함께 가겠다고 말했다.

바에 도착해 자리를 잡은 후, 맥스는 미국인들이 지속적인 자극을 원한다고 말하면서 벽 여기저기에 걸린 TV를 가리켰다. 미국 사람들은 맥주를 마시면서 대화를 나누는 것처럼 한 번에 한두 가지를 하는 것만으로는 만족하지 않기 때문에 농구나 미식축구 경기도 같이 봐야 하며, 그것도 모자라, 경기 시작 전에 음악이 울려 퍼져야 하고, TV 화면에는 선수들의 통계 정보로 가득 차 있어야 한다는 것이 그의 설명이었다. 나는 맥스에게 일반적으로 영국의 펍에는 TV가 없으며, 있다고 해도 대개 꺼져 있다고 말했다.

"영국도 미국처럼 될 겁니다. 난 시간 문제라고 봐요." 맥스가 말했다. 그러면서 그는 미국 사회의 진화 과정을 점점 증가하는 엔트로피 차원에서 모델링할 수 있다고 했다.

"엔트로피에 대해서는 잘 알고 있겠지요?" 맥스는 내가 대답할 틈도 주지 않고 이어 말했다. "정보를 다루고, 처리하고, 이해하는 방법을 고안한 건 바로 제2차 세계대전 이후의 미국 연구자들이었어요. 그리고 지금 우리는 우리가 개발한 기술을 이용해 사람들 사이에서 엔트로피를 증가시키고 있어요."

맥스가 의미심장한 미소를 지으며 말했다. 나는 그의 말에 소심한 미소로 응답하면서 조만간 엔트로피를 더 알아봐야겠다고 생각했다.

대화를 나누면서 나는 맥스가 스포츠 바와 엔트로피뿐만 아니라 모든 것을 알고 있다는 생각이 들었다. 당시 그는 프린스턴대학교에서 박사 학위를 마친 뒤 스탠퍼드대학교에서 통계물리학 박사 후 연구원으로 일하고 있었다. 맥스에게 나는 룸메이트 루퍼트가 이번 과정에 대해 별로 흥미를 느끼지 않는다고 이야기했다. 그러자 맥스는 루퍼트야말로 교육이 필요한 사람이라고 말했다. 그는 옥스퍼드와 케임브리지는 과거에 갇혀 카오스와 비선형성non-linearity(이 역시 내가 잘 모르는 용어였다)의 중요성을 이해하지 못하고 있다고 말했다. 그는 '옥스브리지'가 학문의 중요한 기초 작업을 하는 것은 맞지만, 지나치게 보수적이며 미래가 아닌 현재의 과학에 이론적 정당성을 부여하는 수준에 머물러 있다고 말했다. 맥스는 산타페 연구소가 중요한 이유가 바로 여기에 있다며 말을 이었다.

"최고의 연구가 모두 이곳에서 이뤄진다고 할 수는 없어요. 사실, 대부분은 프린스턴과 스탠퍼드에서 이뤄지지요. 하지만 산타페 연구소는 만남의 장으로서 중요한 역할을 합니다."

그러면서 그는 물리학자 필립 앤더슨Philip Anderson, 머리 겔만Murray Gell-Mann, 경제학자 케네스 애로Kenneth Arrow, 브라이언 아서Brian Arthur, 생물학자 크리스 랭턴Chris langton, 입자물리학자 스티븐 울프럼 같은 이름을 열거했다. 이들 중 절반은 노벨상을 받았고, 나머지는 괴짜 천재로 알려졌다. 이들은 모두 산타페 연구소를 거쳐 간 사람들이었다. 그는 유럽의 학자들도 산타페 연구소에 주목하기 시작했다며 "루퍼트도 곧 그렇게 될 것"이라고 말했다.

우리가 이런 대화를 나누는 사이에 스포츠 바 테이블에는 다른 여름학교 참가자들이 여러 명 앉기 시작했다.

테이블 반대편에서는 브라질 출신의 생태학자 안토니우가 대화를 주도하고 있었다. 그는 종 분화와 생태적 지위ecological niche에 대한 자신의 새로운 이론을 빠른 속도로 풀어놓았다. 하지만 시간이 지나면서 안토니우의 이런 미니 강의에 지루해하던 호주 출신의 생물학자 매들린은 모두 자기소개를 제대로 하는 시간을 갖자고 제안했다.

우리는 돌아가면서 자기소개를 했다. 매들린 옆에 조용히 앉아 있던 프랑스 출신의 철학 연구자 자미야는 자크 데리다Jacques Derrida의 포스트모더니즘 이론과 루트비히 비트겐슈타인Ludwig Wittgenstein의 연구를 연결하는 작업을 하고 있다고 했다. 그녀 옆에 앉아 있던 오스트리아 출신의 알렉스는 맥주 한 잔씩을 모두에게 산 뒤, 화학 반응에서의 카오스 이론을 연구 중이라고 말했다. 스칸디나비아 출신의 컴퓨터 과학자인 에스테르는 월드와이드웹의 네트워크 구조에 관한 연구를 막 시작했다고 했다. 그들의 연구 이야기는 알아듣기가 쉽지 않았다. 당시 나는 데리다나 비트겐슈타인이 누구인지조차 몰랐으니 말이다. 하지만 나는 미소를 지으며 응용수학자로서 내 수학 연구를 실제로 적용할 수 있는 문제를 찾고 있다고 말했다. 테이블의 모든 사람이 자신의 연구 주제에 관한 이야기를 마치자, 매들린이 환한 미소를 지으며 강한 호주 억양으로 말했다.

"다들 대단한 연구를 하네요. 하지만 저는 세상에서 가장 중요한 것을 연구해요. 바로 개미들이 어떻게 경로 네트워크를 만드는가 하는 거죠. 이건 가장 복잡한 시스템이에요!"

그러자 안토니우가 다시 열을 올리며 개미가 핵심 종$^{keystone species}$*이라는 점을 설명했다. 내 머릿속은 내가 마신 맥주와 온갖 말들로 뒤죽박죽이었다. 스포츠 중계방송 소리, 맥스와 다른 사람들이 한 말들을 이해하려는 노력 그리고 이곳 산타페에 있다는 감각까지 한데 엉키고 있었다.

루퍼트의 말이 맞았다. 이곳은 정말 다양한 배경과 학문 분야가 뒤섞인 곳이었다. 여기서 만난 사람들은 내가 대학에서 강의를 들으며 만났던 전형적인 '수학 덕후' 그룹과는 완전히 달랐다. 이곳에는 전 세계에서 온 사람들이 있었다. 이들은 철학, 생물학, 화학, 물리학, 경제학, 컴퓨터 과학 분야의 가장 뛰어난 박사 과정 학생들이었다.

나에게 이보다 더 좋은 곳은 상상할 수 없었다.

---

*개체 수가 적으면서도 생태계에 큰 영향을 미치는 생물.

통계 속 평균의 함정

이제 이 친구들은 1990년대 산타페에 남겨두고 다시 현재의 런던으로 돌아와 보자.

런던의 4월은 보통 흐린 날이 많고, 오늘도 평균적인 날씨다. 기온은 15℃에 약간의 비가 내리고 있다. 런던 직장인들의 평균 출근 시간은 42분이며, 중위소득은 4만 파운드(약 7,515만 원) 정도다.[1] 그들은 저녁에 집에 돌아가 평균 183분 동안 TV를 본다(이는 역대 최고치였던 2011년의 242분에서 줄어든 수치다).[2] 런던 시민의 약 51%는 하루에 소셜 미디어를 두 번 이상 사용하며, 2%만이 권장대로 하루에 다섯 가지 채소를 섭취하며, 64%는 한 주에 한 번 술을 마신다. 런던 시민 중 이성애 커플은 보통 일주일에 한 번, 평균적으로 7.6분 동안 성관계를 한다.[3] 동성애 남성 커플은 약간 더 잦은 빈도로 일주일에 1.5회 정도 성관계를 한다.[4] 하지만 동성애 여성 커플의 성관계 데이터는 찾기 힘들다. 런던 시민들의 평균 수명은 80년이며,[5] 그동안 평균 1.6명의 자녀를 낳는다.[6] 만약 그들에게 삶의 만족도를 1에서 10까지의 척도로 평가해달라고 묻는다면, 평균적으로 6.94라고 답할 것이다.[7]

런던 시민들이나 다른 곳에 사는 사람들에 대한 통계를 나열하거나 연구 결과를 요약하는 것만으로도 몇 페이지를 쉽게 채울 수 있다. 영국 통계청, 아워 월드 인 데이터Our World in Data, OWID*, 스웨덴의 비

---

*빈곤, 질병, 기아, 기후 변화, 전쟁, 실존적 위험, 불평등과 같은 대규모 글로벌 이슈에 초점을 맞춘 과학 분야 온라인 출판물.

영리 통계분석 서비스인 갭마인더Gapminder, 세계은행, 각국의 인구조사국, 퓨Pew 소셜 미디어 보고서, 갤럽, OECD 경제 인사이트, 세계행복보고서 등에서 제공되는 수많은 자료가 우리의 건강, 복지, 행복, 행동을 기록하고 있다. 이들 데이터에서 발견된 통계적 관계들은 정부, 기업, 기타 조직의 의사 결정에 도움을 줄 뿐만 아니라 우리가 개인적으로 내리는 결정에도 영향을 미친다. 또한 우리는 무엇을 먹고 얼마나 자주 운동해야 하는지, 어떻게 하면 삶의 만족도를 높이거나 시험공부를 가장 효과적으로 할 수 있는지 등 모든 것에 대해 과학적 연구의 권고를 따른다.

하지만 통계적 사고를 우리 삶에 적용할 때의 어려움은, 데이터로 무엇을 말할 수 있는지 아는 것뿐만 아니라 무엇을 말할 수 없는지도 명확히 아는 데 있다. 수많은 과학적 연구 중 어떤 것이 정말로 개인에게 적용될까? 우리가 접하는 통계는 인과관계를 의미하는가, 아니면 단순히 우연에 의한 상관관계일 뿐인가? 우리는 통계와 데이터를 통해 세상을 보는 방식에 얼마나 영향을 받아야 할까? 그리고 언제 숫자를 무시하고 다른 도구를 사용하는 것이 더 나을까?

이러한 질문에 답하려면 먼저 통계와 측정의 기초로 짧은 여행을 떠나야 한다. 통계가 어떻게 사용되는지를 이해해야 통계가 때로는 어떻게 잘못 사용되는지 비판적으로 볼 수 있기 때문이다.

앞서 런던의 평균 수치를 나열하는 것만으로도 우리가 익숙하게 느낄 법한 도시와 그 주민들의 모습을 그릴 수 있었다. 날씨, 통근, 급여, 라이프스타일 선택, 성생활 등 각각의 숫자가 런던 생활에 대한 전반적인 인상을 형성한다. 평균은 가장 기본적이면서도 강력한 통계다. 평균은 한 도시의 진실을 말해준다.

이름	나이	연 소득	지난 주에 마신 오트 밀크 라테의 잔 수	오이 피클에 대한 선호
앤터니	34	£12,000	7	예 (1)
아이샤	31	£36,000	12	아니오 (0)
찰리	29	£52,000	0	예 (1)
베키	29	£23,000	0	아니오 (0)
제니퍼	28	£22,000	0	예 (1)
리처드	36	£62,000	0	아니오 (0)
니아	35	£106,000	15	아니오 (0)
존	34	£40,000	0	예 (1)
소피	31	£41,000	5	아니오 (0)
수키	30	£34,000	0	아니오 (0)

또한 통계는 더 작은 집단들에 대해서도 알려준다. 이 책 전반에 걸쳐 나는 런던에 사는 친구 열 명의 삶을 예시로 들어 다양한 사고 방식을 설명할 것이다. 위 표에 나오는 열 명의 친구들은 모두 허구의 인물이지만, 나는 그들의 외모나 직업을 설명하는 대신, (역시 허구의) 통계 자료로 그들을 소개하려 한다.

만약 이 친구들을 텍스트로 소개한다면, 나는 이렇게 쓸지도 모른다. "니아는 런던 중심부 사무실로 가는 길에 오트밀크라테를 사고, 오전 10시 정각이면 그녀의 비서가 다시 오트라테 한 잔을 가져다준다." "제니퍼는 학비를 벌기 위해 아르바이트를 해야 하는 학생이다. 그녀는 오이피클을 먹으면서 넷플릭스 시리즈를 보는 것조차 사치라고 생각한다." 한편 숫자는 단어만큼 생생한 느낌을 주지는 않지만, 개인에 대한 정보를 매우 효과적으로 전달한다. 실제로, 숫자

를 통해 우리는 개인의 직업, 라이프스타일, 오이피클에 대한 선호
도를 상상할 수 있다.

또한 숫자는 집단 전체에 대해서도 많은 것을 알려준다. 예를 들
어 위의 표에 있는 사람들의 평균 연령을 계산하면 31.7세다.

$$\frac{34+31+29+29+28+36+35+34+31+30}{10} = 31.7$$

리처드와 존, 니아, 앤터니는 조금 더 나이가 많고, 베키와 제니퍼,
찰리는 조금 더 어리다. 하지만 이들은 평균적으로 1990년대 초반에
태어났으므로 밀레니얼 세대로 분류하는 것이 타당하다.

소득을 비교할 때는 평균^{mean}보다 중위값^{median}(중앙값)을 사용하는
경우가 많다. 중위값은 모든 소득 수치들을 오름차순으로 정렬한 후
계산한다. 표의 소득 수치들을 오름차순으로 정렬하면 다음과 같다.

£12,000, £22,000, £23,000, £31,000, £34,000, £36,000,
£40,000, £52,000, £62,000, £106,000

이 수치 가운데 중간을 차지하는 값은 3만 4000파운드와 3만
6000파운드이다. 이 둘의 평균을 구하면 3만 5000파운드가 된다. 이
는 런던 전체의 중위소득보다 약간 낮지만, 이 친구들이 대부분 경
력 초기 단계에 있다는 점을 고려하면 비교적 높다고 할 수 있다. 일
부는 아마도 주택 구입을 위해 허리띠를 졸라맬 수도 있지만, 빈곤
하게 살아간다고 평가할 만한 사람은 없다. 연 1만 2000파운드를 버
는 앤터니가 어떻게 하루에 한 잔씩 라테를 마실 여유가 있는지 궁

금할 수도 있을 것이다. 하지만 앤터니가 가장 연 소득이 많은 니아와 결혼했다는 사실을 알면 의문이 풀릴 것이다. 전반적으로 이들은 생활하는 데 충분한 돈을 가지고 있으며 앞으로 다양한 기회를 가질 수 있는 친구들이다. (이 책에서 언급되는 수학 관련 개념들을 쉽게 설명하기 위해 나는 평균값^{mean}, 중위값^{median} 그리고 비율^{proportions}에 관한 온라인 강의를 제작했다. 자세한 내용은 https://fourways.readthedocs.io 참조.)

언제 중위값을 사용할지, 언제 평균값을 사용할지에 대한 명확한 규칙은 없다. (통계학자들이 일반적으로 말하는 '평균^{average}'은 중위값이 아니라 평균값이다.) 친구들의 나이처럼 개별 값들의 차이가 적은 경우, 평균값을 사용하는 것이 가장 적절하다. 하지만 소득의 경우, 니아의 연 소득 10만 6000파운드는 평균을 상향 왜곡시키므로 중위값을 사용하는 것이 더 적절하다. 『포브스』에 따르면, 런던에는 63명의 억만장자가 거주한다. 이런 슈퍼리치$^{super-rich}$를 평균 소득 계산에 포함하면, 평균값은 중위값보다 훨씬 더 커지며(대도시의 경우 일반적으로 25~50% 정도 평균값이 중위값보다 커진다), 그로 인해 슈퍼리치가 아닌 우리 같은 사람들은 실제보다 더 가난하다고 느끼게 된다. 따라서 평균값과 중위값 중 어떤 것을 사용할지는, 데이터에서 무엇을 강조할 것인지에 대한 선택의 문제다. 중위값을 사용하면 매우 드물게 존재하는 억만장자들을 무시할 수 있다.*

위의 표에서 평균값과 중위값의 차이를 극단적으로 보여주는 예는 오트밀크라테의 소비량이다. 이 경우 중위값은 0이지만(대다수가

---

* 'average'는 일반적인 의미의 '평균', 'mean'은 통계학적인 의미의 '산술 평균^{arithmetic} ^{mean}(주어진 수의 합을 수의 개수로 나눈 값)'을 뜻한다. 혼동을 피하기 위해 이 책에서는 'average'는 평균, 'mean'은 평균값으로 번역했다.

라테를 마시지 않기 때문이다), 평균값은 3.9이다. 이 그룹의 친구들을 제대로 요약하려면 평균값과 중위값이 둘 다 필요하다. 이들이 오트밀크라테를 좋아하지 않는다고 말하는 것도, 일주일에 거의 네 잔을 마신다고 말하는 것도 모두 잘못된 표현이기 때문이다!

평균값과 중위값을 구분하는 것은, 데이터를 설명할 때 통계를 활용하는 방법이 하나만이 아니라 여러 가지가 있음을 보여준다. 그렇다면 이는 어떤 방법을 사용해도 문제가 없다는 뜻일까?

그렇지 않다. 통계적 방법에도 좋은 것과 나쁜 것이 있다. 예를 들어 열 명의 친구들 나이를 모두 더하고 10으로 나누어 평균 나이를 계산하는 것이 올바른 통계적 방법이라는 것을 어떻게 확신할 수 있을까? 나는 우리가 학교에서 배운 방법을 사용했다. 하지만 이 방법이 과연 올바른 방법일까? 세상을 측정하는 방식의 가장 기초적인 부분에 대해 이런 비판적 질문을 던지는 것이 바로 통계적 사고의 핵심이다.

이런 비판적 사고를 바탕으로 오이피클에 대한 선호도 질문에서 나온 데이터를 더 자세히 살펴보자. 여기서 '예'와 '아니오'라는 답변을 각각 '예'는 1, '아니오'는 0으로 나타낼 수 있다. 이제 오이피클을 좋아하면 1, 그렇지 않으면 0으로 표시해 이 친구들의 응답을 다시 정리해보자.

앤터니	아이샤	찰리	베키	제니퍼	리처드	니아	존	소피	수키
1	0	1	0	1	0	0	1	0	0

이 데이터에서 런던의 밀레니얼 세대 주민들이 오이피클을 좋아

하는 빈도를 가장 잘 추정한 값을 구할 수 있을까?

직관적으로 보면, 정답은 10분의 4, 즉 40%로 보인다. 위의 표에서 1과 0의 값을 모두 평균 내면 정확히 이 답이 나온다.

$$\frac{(1+0+1+0+1+0+0+1+0+0)}{10}=\frac{4}{10}$$

하지만 이 답이 정확하다는 것을 어떻게 확신할 수 있을까? 예를 들어 일부 친구들이 매우 의심스러워 보이는 논리를 내세우면서 평균을 사용하는 것에 반대한다고 상상해보자. 앤터니는 먼저 질문을 받은 사람들의 응답이 '초기 응답original'이므로, 먼저 질문을 받은 사람들의 응답에 가중치를 부여해야 한다고 주장한다. 이를테면, 먼저 질문을 받은 다섯 명의 응답에는 가중치를 적용해 합산하고(2+0+2+0+2=6) 그 뒤에 질문을 받은 다섯 명의 응답은 (가중치를 적용하지 않고) 그대로 합산해(0+0+1+0+0=1), (6+1)/15=7/15라는 비율을 얻을 수 있다고 주장할 수 있다.*

하지만 앤터니의 이 주장에 대해 아이샤는 다섯 명만 조사하고 나머지는 무시하는 것이 더 낫다고 반박한다. 아이샤는 이 그룹에서 두 번째, 네 번째, 여섯 번째, 여덟 번째, 열 번째로 질문받은 사람을 살펴보면 존만 오이피클을 좋아한다고 대답했기 때문에 올바른 비율은 5분의 1이라고 주장할 수 있다. 한편 찰리는 "얘들아, 그냥 첫 번째 사람 말을 듣고 그걸 진실로 받아들이자. 그러면 더 이상 논쟁할 필요가 없을 거야"라고 말한다.

----

*여기서 분모가 15인 이유는 먼저 질문을 받은 다섯 명에 가중치를 적용해 열 명으로 계산했기 때문이다.

그러면서 찰리는 "앤터니가 오이피클을 좋아하니까 다른 친구들도 모두 오이피클을 좋아하는 거야!"라고 외친다.

그러자 베키가 손사래를 친다. "오이피클에 대해 너희들이 무슨 말을 하는지 도저히 이해가 안 가. 찰리는 너무 간단하게 말하고, 앤터니와 아이샤의 말은 지나치게 복잡해. 그냥 서로 의견이 다르다는 걸 인정하고 넘어가자. 개인이 오이피클을 좋아하는지 아닌지는 우리가 아무것도 모른다고 하자."

베키는 틀렸다. 이 말은 친구들이 논쟁을 멈춰야 한다는 점에서는 옳을 수 있다. 하지만 우리가 수집한 데이터에서 오이피클에 대한 선호를 전혀 알 수 없다는 주장은 틀렸다. 친구들 사이에 다양한 의견이 있다고 해서 모든 의견이 똑같이 가치 있는 것은 아니다.

문제는 어떻게 베키, 앤터니, 아이샤, 찰리를 설득하느냐다. 즉 오이피클을 좋아하는 사람들의 비율을 측정하는 올바른 방법은 단 하나뿐이며, 그 비율이 40%라는 사실을 말이다. 우리는 친구들의 주장이 타당하지 않다는 것을 알고 있다. 그러나 어떻게 해야 이 특정한 비율이 가장 정확한 추정치임을 증명할 수 있을까?

이를 위해서 우리는 과거로 돌아가, 처음으로 가장 좋은 측정 방법을 찾아야 할 필요성을 깨달은 사람을 만나야 한다.

피셔가 내놓은 그럴듯한 답

영화의 한 장면을 상상해보자. 카메라는 대학의 사각형 안뜰을 높은 곳에서 비추며, 자막에는 '영국, 케임브리지대학교, 1912년'이라고 쓰여 있다. 카메라는 점점 아래로 내려가 창문을 통해 론이라는 학생의 담배 연기 자욱한 방 안으로 들어간다. 론은 책상에 홀로 앉아 있다. 방은 엉망진창이고, 책상과 바닥에는 종이와 책이 흩어져 있다. 론은 분명 며칠 동안 씻지도 옷을 갈아입지도 않은 듯하다. 론은 파이프 담배를 문 채 미친 듯이 글을 쓰면서 간간이 책에서 특정한 내용을 찾기 위해 글쓰기를 멈추곤 한다.

시험까지는 겨우 2주가 남았을 뿐이다. 론은 영국뿐만 아니라 전 세계적으로도 가장 어려운 시험의 하나로 꼽히는 수학 트라이포스Mathematical Tripos 마지막 시험을 치러야 한다.[1] 론은 고등학교를 수석으로 졸업했으며, 지금도 성적이 케임브리지대학교에서 상위권에 속한다. 곧 그의 이름은 대학 기록부의 랭글러스Wranglers 명단에 올라갈 것이다. 랭글러는 이 시험에서 가장 좋은 성적을 받은 케임브리지대학교 수학과 최고의 학생을 말한다.

론은 자신의 수학적 재능을 다른 사람들에게 과시하는 것을 즐기며, 자신의 천재성을 오만하게 인정하는 데 거리낌이 없다. 하지만 그는 다가오는 시험에 별 관심이 없다. 사실 그는 시험공부를 하고 있지도 않다. 그의 관심은 훨씬 더 고차원의 것들에 있다. 그를 둘러싼 종이들은 복습 노트가 아니라 과학 논문들이다. 이 논문 중에는 카를 프리드리히 가우스Carl-Friedrich Gauss와 토머스 베이즈Thomas Bayes 목사의 수학 논문도 있고, 생물학 관련 논문도 있다. 그의 책상에는 찰스 다윈의 『종의 기원』이 펼쳐져 있다. 바닥에 널린 노트들은 (인간을 포함한) 동물을 번식과 인위적 선택을 통해 '개선'할 수 있는 원리를 다룬 내용들이다.

론은 자신이 탐구하는 질문에 적절한 이름조차 붙이지 못하고 있다. 아직 그 질문은 생물계와 인간 사회에서 수량을 추정하는 수많은 방식들 중 단 하나의 올바른 방법이 반드시 존재할 것이라는 어렴풋한 생각에 불과하기 때문이다. 그는 자신을 가르치는 교수들을 비롯한 모든 사람이 잘못된 생각을 하고 있다고 의심한다.

론이 어떤 식으로 생각하고 있는지 감을 잡기 위해 앞 장에서 다룬 오이피클 논쟁을 다시 떠올려보자.

이 논쟁은 1912년 론이 깨어 있는 시간 내내 매달려 있던 더 일반적인 질문의 특별한 사례라고 할 수 있다. 그 질문은 "데이터를 활용해 측정할 때 가장 이상적이고 정확한 방법은 무엇인가?"였다. 수학자, 특히 케임브리지의 랭글러라면 자신의 계산 방법이 왜 최선인지 설명할 수 있어야 한다.

론이라면 다음과 같이 논의를 전개할 것이다. 우선, 그는 오이피클을 좋아하냐는 질문에 "예"라고 답할 사람들의 정확한 비율을 알 수는 없지만, 그 비율이 0%에서 100% 사이라는 것은 확실하다고 가정할 것이다. 그런 다음, 그는 앤터니(15분의 7을 제안한 사람), 아이샤(5분의 1을 주장한 사람), 찰리(모든 사람이 오이피클을 좋아한다고 생각하는 사람)에게 오이피클에 대한 선호 데이터를 바탕으로 자기 주장의 가능도likelihood*를 계산해보라고 요청할 것이다.

아이샤의 주장부터 살펴보자. 그녀는 한 사람이 피클을 좋아할 확률이 5분의 1, 즉 20%라고 제안했다. 아이샤의 주장이 맞다면, 찰리가 "예"라고 답할 가능도는 5분의 1이다. 찰리가 피클을 좋아한다고 답했기 때문이다. 또한 아이샤의 주장대로 80%의 사람들이 피클을 좋아하지 않는다면, 수키의 대답이 "아니오"일 가능도는 5분의 4다. 그렇다면 이제 각 사람이 대답을 내놓을 가능도는 다음과 같이 정리할 수 있다.

앤터니	아이샤	찰리	베키	제니퍼	리처드	니아	존	소피	수키
1/5	4/5	1/5	4/5	1/5	4/5	4/5	1/5	4/5	4/5

모든 답변의 결합 가능도는 각각의 가능도를 서로 곱하여[2] 계산할 수 있다.

$$\frac{1}{5} \times \frac{4}{5} \times \frac{1}{5} \times \frac{4}{5} \times \frac{1}{5} \times \frac{4}{5} \times \frac{4}{5} \times \frac{1}{5} \times \frac{4}{5} \times \frac{4}{5} = 0.000419$$

물론 대답들이 이 특정한 순서대로 나올 확률은 매우 작다. 이 확률은 대답들이 매우 특정한 순서로 나올 확률이기 때문이다. 하지만 이 사실만으로 아이샤가 틀렸다는 것을 증명할 수는 없다. 어떤 순서든 특정한 순서로 대답이 나올 확률은 매우 낮을 수밖에 없기 때문이다. 이 계산의 유용한 점은 아이샤의 제안과 다른 제안의 가능도를 비교할 수 있게 한다는 데 있다.

우선 아이샤가 제안한 가능도와 찰리가 제안한 가능도를 비교해보자. 찰리는 모든 사람이 피클을 좋아한다고 주장했는데, 이 경우의 결합 가능도는 다음과 같이 계산할 수 있다.

$$1 \times 0 \times 1 \times 0 \times 0 \times 0 \times 0 \times 1 \times 0 \times 0 = 0$$

찰리의 주장에 따르면, 모든 사람이 피클을 좋아해야 하므로 우리가 실제로 얻은 답변이 나올 가능성은 0이다. 즉 아이샤가 피클을 좋아하지 않는다고 말하는 순간, 찰리의 주장은 반박된다. 따라서 이 경우에는 아이샤가 제안한 가능도가 더 진실에 가깝다. 이제 15분의 7을 제안한 앤터니의 결합 가능도를 계산하면 다음과 같다.

$$\frac{7}{15} \times \frac{8}{15} \times \frac{7}{15} \times \frac{8}{15} \times \frac{7}{15} \times \frac{8}{15} \times \frac{8}{15} \times \frac{7}{15} \times \frac{8}{15} \times \frac{8}{15} = 0.00109$$

앤터니가 제안한 수치는 아이샤보다 좀 더 진실에 가깝다. 0.00109는 0.000419보다 크기 때문이다. 하지만 앤터니와 아이샤는 둘 다 정확한 예측, 즉 앞에서 우리가 계산한 10분의 4와는 거리가 멀다.

$$\frac{4}{10} \times \frac{6}{10} \times \frac{4}{10} \times \frac{6}{10} \times \frac{4}{10} \times \frac{6}{10} \times \frac{6}{10} \times \frac{4}{10} \times \frac{6}{10} \times \frac{6}{10} = 0.00119$$

따라서 우리는 앞에서 계산한 40%가 가장 높은 가능도를 가지므로 이 추정치를 써야 한다는 것을 알 수 있다.[3]

다시 1912년으로 돌아가 보자. 이제 카메라는 마침내 멈춰 서며 론의 어깨 너머로 내려다보는 각도에서 고정된다. 화면은 그가 열심히 수학 기호를 쓰고 있는 종이에 초점이 맞춰져 있다. 그는 글을 쓰다 잠시 멈추더니 허공을 응시하며 파이프 담배를 피운다.

"바로 그거야! **최대가능도**^{maximum likelihood}!"

100여 년 전의 그날 오후, 케임브리지 대학생 론은 이전까지 누구도 보지 못한 무언가를 발견했다. 그것은 가우스, 라플라스, 베이즈 같은 위대한 학자들조차도 미처 보지 못한 것이었다. 옆방에서 다른 학생들이 씨름하던 수학 이론들이 제시한 결과와는 전혀 달랐다. 그들의 계산 결과도 훌륭하긴 했지만, 현실 세계의 관찰과는 거리가 멀었다. 론이 진정으로 찾고자 했던 것은 현실 세계와 수학을 이어주는 연결고리였다. 그리고 그는 자신이 방금 만들어낸 방정식이 바로 그 연결고리 역할을 할 수 있다고 생각했다. 실제로 론이 생각해낸 최대가능도 개념은 어떤 정당을 지지하는지에 대한 여론조사에서 식물의 성장률, 심지어 오이피클 같은 절임 음식에 대한 선호도에 이르기까지 모든 것을 정확하게 측정할 수 있는 신뢰할 만한 방법을 우리에게 알려준다.

이 학생의 이름이 바로 로널드 피셔^{Ronald Fisher}였다. 그가 이 이론을 완성한 뒤, 지금도 통계학에서 사용하는 '최대가능도 측정 방법'이라는 이름이 붙기까지 12년이 더 걸렸다.[4] 피셔는 실존 인물이다. 그가 이 이론을 떠올린 계기가 앞에서 묘사한 대로인지는 확실하지 않지만, 이 이론이 그가 학부 마지막 해에 쓴 논문에서 발전했다는 사실은 분명히 알려져 있다. 이 논문에서 피셔는 최대가능도를 계산하면 단순히 평균을 측정하는 것뿐만 아니라, 데이터에 적합한 곡선의 형태까지도 단 하나의 정확한 방식으로 측정할 수 있다는 점을 보여주었다.

오늘날 피셔의 연구는 통계학의 초석으로 평가받는다.

통계의 힘

산타페 연구소에서의 첫 주 강의는 응용통계학자 엘리나 로드리게스Elina Rodriguez 교수가 맡았다. 월요일에 그녀는 데이터를 실제로 가장 잘 활용하는 방법을 보여주는 것이 자신이 맡은 일이라고 설명했다. 사례 중심의 이 강의는 사람들의 키에서 평균값과 표준편차를 추정하는 방법, 흡연과 인후암 사이를 비롯한 다양한 통계적 관계의 강도를 측정하는 방법을 다뤘다. 이 강의는 내 기대와는 좀 달랐다. 에리카 젠은 프로그램 소개에서 새롭고 혁신적인 아이디어를 강조했던 반면, 로드리게스 교수는 기본기를 탄탄히 다지는 데 중점을 두었다.

그녀의 둘째 날 강의가 끝난 뒤 나는 스웨덴 출신 컴퓨터 과학자인 에스테르와 함께 점심을 먹었다.

에스테르는 다른 사람들에 비해 마치 우리가 모르는 무언가를 알고 있는 것처럼 다소 무관심해 보였다. 그녀는 여름학교 2주 차 강의를 맡을 파커 교수의 지도 아래 석사 학위 과정을 마친 지 얼마 되지 않은 상태였다. 당시 파커 교수는 프린스턴 고등연구소에서 연구하고 있었으며, 독창적인 사고와 수학적 모델을 통해 현실 세계의 시스템을 이해하는 능력으로 유명했다.

에스테르는 급속하게 성장 중인 인터넷에서 이뤄지는 사람들 간의 연결에 대한 분석이 자신의 석사 학위 연구 프로젝트였다고 말했다. 파커 교수는 인터넷이 성장하는 방식과 우리 뇌가 구조화되는 방식이 매우 비슷하다고 생각하는 사람이었다. 그는 인터넷과 우리 뇌가 둘 다 복잡계complex system의 일종이라는 생각을 바탕으로 이 두 시스템이 보여주는 근본적인 상호작용을 분석하려고 시도했다. 나는 이 이야기가 로드리게스 교수가 아침에 한 통계 강의보다 훨씬 더 흥미롭게 느껴졌다.

그날은 자세한 이야기를 나눌 시간이 없어서 나는 더 많은 것을 알고 싶은 마음에 다음 날 점심시간에 다시 에스테르를 찾아 나섰다. 그녀는 여름학교 참가자들과 약간 떨어진 곳에서 루퍼트와 함께 앉아 있었다. 루퍼트는 A4 용지에 뭔가를 계산하면서 차근차근 설명하고 있었다. 에스테르는 그의 말에 고개를 끄덕이며 간간이 연필로 메모했다.

"저 사람들 뭘 하는 걸까요?" 나는 식당의 다른 테이블에 함께 앉아 있던 맥스와 안토니우에게 물었다.

"경제학에서 사용하는 통계 방법에 대해 루퍼트가 설명하는 것 같아요. 가장 흔한 실수를 피하는 법, 최대가능도 방법이 작동하는 방식, 상관관계와 인과관계를 혼동했을 때 발생하는 위험 같은 것들 말이에요." 맥스가 대답했다.

"에스테르가 아주 몰입한 것 같군요." 내가 말했다.

"영국 신사가 다른 영국 신사를 질투하는 건가요?" 안토니우가 웃으며 물었다.

"아닙니다." 약간 당황하며 내가 답했다. "에스테르가 그 정도는 다 알고 있을 것 같다는 생각이 든 것뿐입니다."

나는 에스테르의 석사 학위 지도교수가 파커 교수라는 사실을 얘기하며, 그가 단순한 통계적 사고를 넘어서서 더 깊고 상호작용적인 접근 방식에 대해 알려줄 것 같다고 말했다. 나는 루퍼트가 에스테르에게 설명하는 내용은 너무 기초적이라고 느꼈다.

그러자 안토니우가 나를 보면서 말했다. "산타페에 왔다고 해서 통계에 대해 생각할 필요가 없어지는 건 아니지요."

그러더니 그는 자신이 하는 열대우림의 역학 연구에서 정확한 측정이 얼마나 중요한지 설명했다. 다른 모든 참가자처럼 상호작용, 카오스계와 복잡계의 역학에 대해 배우기 위해 산타페 여름학교에 온 그는 이런 개념들이 생태계를 설명하는 데 도움이 될 수 있다고 믿었다. 하지만 우리 모두가 알아야 할 기본 지식이 있다고 말했다. 걸음마를 배우기 전에 달릴 수는 없다는 게 그의 생각이었다.

"그래도 루퍼트는 조금 오만한 것 같아요." 내가 말했다.

그러자 안토니우는 대부분 상황에는 올바른 측정, 실험, 접근 방식이 존재한다며 "루퍼트를 어떻게 생각하든 그 사실은 변하지 않습니다"라고 말했다.

안토니우는 말을 계속 이어가려고 했지만, 맥스가 "쉿" 소리를 내며 그의 말을 막았다. 에스테르가 자리에서 일어나 우리 쪽으로 걸어왔고, 루퍼트가 그녀 뒤를 따랐다. 에스테르는 메모가 적힌 종이를 한 손에 든 채 우리에게 "이제 다 이해한 것 같아요"라고 말했다.

에스테르는 이전에도 통계를 공부한 적이 있었지만, 주로 가설을 검증하는 수단으로만, 예를 들어, 약물이 효과가 있는지, 비료가 실제로 작물의 성장을 촉진하는지 등을 검증하기 위한 수단으로만 통계를 생각했다고 말했다. 그러면서 그녀는 이제 통계의 잠재력이 훨씬 더 크다는 사실을 알게 됐다고 했다. 그녀는 현재 월드와이드웹에서 이루어지는 것처럼 데이터를 더 많이 수집할수록 우리의 행동에서 점점 더 많은 패턴을 발견할 수 있을 것이라고 말했다. 또한 그녀는 이런 통계 작업을 자동화하는 것이 인류를 분류하고 이해하는 과정에서 핵심적인 역할을 할 것이라고도 했다.

루퍼트는 그녀 뒤에서 미소를 지었다. 그는 자신이 제안한 접근 방식에 동의하는 사람이 하나 더 늘었다고 생각하는 듯 만족스러운 표정이었다.

"강의가 시작되기도 전에 두 분은 문제를 다 해결한 것 같군요." 내가 말했다.

에스테르가 살짝 웃으며 응답했다. "'산타페 접근 방식'에 대해서는 꽤 오랫동안 관심이 있었어요. 기본적인 것들을 다시 돌아보게 만든다는 점이 이 방식의 장점이지요."

'산타페 접근 방식'이라는 말을 하면서 에스테르는 손가락으로 따옴표를 그렸다. 루퍼트가 첫날 내게 '복잡계'라는 말을 하면서 손가락으로 따옴표를 그렸던 것이 생각났다. 그녀가 그 동작을 하자 루퍼트는 킥킥거리며 웃었다.

하지만 나는 루퍼트와는 달리 에스테르에게는 열린 마음이 있다는 걸 느낄 수 있었다. 여름학교 강의가 본격적으로 시작되기도 전에 그녀는 옥스퍼드 경제학과 학생이 자신이 모르는 무언가를 알고 있음을 알아차리고, 그로부터 배움을 얻기 위해 적극적으로 다가간 것이다. 그녀가 손에 들고 있는 A4 용지에 빼곡히 적힌 내용은 바로 그 노력의 결과였다. 그녀는 배운 것을 어떻게 활용할지 생각하는 듯 보였다.

내 박사 과정 지도교수가 얘기했던 것이 바로 이런 자세였다. 평판은 신경 쓰지 말고, 누군가가 알고 있는 것을 겸허하게 배우려는 자세 말이다.

12년 더 오래 사는 법

런던 친구들이 오이피클 선호도에 대한 논쟁을 벌이다가 베키는 그냥 서로 의견이 다르다는 걸 인정하고 넘어가는 수밖에 없다고 했다. 하지만 그 주장은 잘못된 것이었다. 평균은 오이피클에 대한 의견뿐만 아니라 그 외의 모든 주제에 대해 그룹 구성원들의 다양한 의견을 하나의 숫자로 요약해준다. 예를 들어 어떤 집단의 평균 연령은 그 구성원들이 밀레니얼 세대임을 알려주고, 중위소득은 그들의 경제적 지위에 대해 말해준다. 이런 추정치는 모든 사람에게 정확히 들어맞지는 않지만, 그룹에 대한 가장 유용한 정보를 제공한다. 충분한 데이터를 충분한 수의 사람들로부터 수집하면, 강력하고 안정적이며 신뢰할 수 있는 측정을 할 수 있다.

예를 들어 건강에 관한 조언을 생각해보자. 런던의 친구들은 이제 그들이 가장 좋아하는 주제인 다이어트에 관해 이야기하고 있다. 선택지는 무수히 많다. 수키는 저탄수화물 식단을 기반으로 하는 앳킨스Atkins 다이어트를 시도한 적이 있다. 소피는 음식과 와인에 중점을 둔 지중해식 식단을 선호한다. 존은 구석기 시대의 수렵채집인 생활 방식을 따를지 고민 중이다. 리처드는 저지방 식품에 대한 글을 읽고 있다. 이외에도 두 격투기 선수가 홍보하는 상반된 다이어트가 온라인에서 인기를 끌고 있다. 청코너에는 넷플릭스 다큐멘터리 「게임 체인저Game Changers」에 등장하는 제임스 윌크스의 비건 다이어트가 있고, 홍코너에는 직접 사냥한 야생 동물과 신선한 채소를 기반으로 하는 조 로건의 다이어트가 있다. 이 두 다이어트는 서로 경쟁하며 우리의 관심을 끌고 있다. 주 2일 단식, 설탕 기피, 채식주의, 다양한 비건 접근법 등도 그 대열에 합류한다.

그렇다면 수키, 소피, 존, 리처드는 이렇게 다양한 주장 속에서 자신들의 건강에 가장 유익할 가능성이 큰 다이어트 방법을 찾아낼 수 있을까?

이 질문은 2014년 『공중보건 연회보Annual Review of Public Health』에 발표된 데이비드 캐츠David Katz와 수전 멜러Susan Meller의 포괄적인 연구 논문에서 다뤄진 바 있다.[1] 그들의 결론은 질문의 의미에 따라 답이 달라진다는 것이었다. 만약 질문이 "지중해식 식단이나 구석기식 식단이 앳킨스 식단이나 채식주의 식단보다 훨씬 더 건강에 좋다는 과학적 증거가 있는가?"라면 답은 "아니다"이다. 윌크스의 비건 다이어트가 로건의 수렵채집인 다이어트보다 우월하다는 증거도 없다. 이렇게 다양한 다이어트 중에서 어떤 것을 선택하든 건강에 미치는 영향에 유의미한 차이는 없었다.

반면 질문이 "어떤 음식을 먹을지에 대한 일반적인 가이드라인이 존재하는가?"라면 답은 확실하게 "그렇다"이다. 이 부분에서 과학은 매우 분명한 답을 제시한다. 가공식품을 과도하게 섭취하지 않고, 가공하지 않은 신선한 채소와 과일을 충분히 먹는다면, 뭘 먹든 별로 문제가 되지 않는다. 앞에 나온 모든 다이어트는 그 어떤 것도 제대로만 실천한다면 기본적인 요건을 충족시킬 수 있다. 캐츠와 멜러는 건강한 식사의 핵심을 "식물성 식품을 주로 먹되, 너무 많이 먹지 말라"라는 말로 요약한다.

여기서 우리가 알아야 할 것이 몇 가지 있다. 저당 식단은 염증을 줄이는 데 효과적이다. 급격한 체중 감량을 위해 비건 다이어트를 시도하는 청소년은 필요한 영양소를 충분히 보충하지 못할 수 있다. 붉은 육류 섭취에 중점을 두는 앳킨스 다이어트는 환경친화적이지 않다. 또한 만약 우리가 모두 조 로건처럼 자동화된 무기로 사냥한다면, 많은 야생 동물이 몇 주 만에 멸종할 것이다. 하지만 무엇보다 중요한 사실은, 건강한 식사의 핵심은 신선한 채소를 먹고 상자나 캔에 담긴 가공식품을 피하는 데 있다는 것이다.

식품 산업과 언론은 이렇게 간단한 해답을 원하지 않는다. 미국의 평균적인 슈퍼마켓에는 4만 개가 넘는 제품이 있다. 그 대부분이 가공식품이며 많은 제품이 건강상 이점을 주장하는 마케팅 메시지를 담고 있다.

이러한 마케팅 문구는 각 다이어트 식단에 대한 합의가 없다는 사실을 악용하여 자기 제품이 저지방이나 저탄수화물이라는 점을 강조한다. 하지만 해당 제품이 고도로 가공된 식품이라면 저지방이든 저탄수화물이든 별다른 이점이 없다는 사실은 언급하지 않는다. 아이러니하게도 건강에 좋은 음식, 즉 신선한 생선, 고기, 과일, 채소는 대개 아무런 마케팅 메시지 없이 판매된다.

건강에 대한 이러한 통찰은 합리적 의심의 여지가 없을 정도로 확립된 상태다. 과학자들은 다이어트뿐만 아니라 우리의 생활 방식 전반에 걸쳐 대규모의 장기적인 통계 연구를 수행해왔다.[2] 예를 들어 현재 노르웨이 공중보건 연구소의 알코올·담배·약물 부서 책임자인 엘리사베트 크바비크Elisabeth Kvaavik는 1985년부터 2005년까지 20년에 걸쳐 영국 전역에서 4886명의 생활(그리고 사망)을 연구했다.[3] 그녀와 동료들은 최대가능도 방법을 사용해 생활 방식이 사망률에 어떤 영향을 미치는지 추정했다. 그 결과, 우리에게 매우 유익한 결론을 도출했다. 흡연, 주당 14 알코올 단위(남성의 경우는 21단위)를 초과하는 음주*, 주당 2시간 미만의 여가 운동, 하루 3회분 미만**의 과일 또는 채소 섭취 등 건강에 해로운 네 가지 행동을 한 사람은 20년 동안 15%의 사망 확률을 보였다. 반면 이 네 가지 행동을 전혀 하지 않은 사람들은 5% 미만의 사망 확률을 보였다. 이 네 가지 건강하지 못한 생활 습관을 피하면 사망 위험은 3분의 2(15%에서 5%)로 줄어들었다. 크바비크와 동료들은 보고서에 "이 네 가지 건강에 해로운 습관을 가진 사람들은 그렇지 않은 사람들에 비해 전반적인 사망 위험이 마치 12세 더 나이 많은 사람과 비슷한 수준으로 나타났다"라고 썼다.

이 연구 결과는 실제로 모든 사람에게 적용된다. 건강한 식사, 규칙적인 운동, 음주를 줄이는 것 그리고 금연은 모두 당신의 수명을 연장시킨다. 수명이 꼭 12년 더 늘어난다고 단정할 수는 없다. 10년일 수도 있고 15년일 수도 있다. 하지만 이런 행동이 미치는 영향은 상당하며, 측정이 가능하다. 건강에 대한 통계적 사고는 효과가 있다.

---

*1 알코올 단위는 약 10㎖ 또는 8g의 순수 알코올에 해당한다. 예를 들어 알코올 도수 5%의 맥주 500㎖ 한 잔은 2.5 알코올 단위가 된다.
**여기서 1회분은 약 80g 정도의 과일 또는 채소를 뜻한다. 예를 들어 사과, 오렌지, 배 등 중간 크기 과일은 1개가 1회분에 해당한다.

차를 어떻게 마시나요?

1911년 어느 날, 로널드 피셔는 밤을 새워 '빈도 곡선에 맞추기 위한 절대적 기준에 관하여On the absolute criterion for fitting frequency curves'라는 제목의 논문을 작성했다. 그는 자신의 역작인 이 논문을 소규모 대학 저널에 발표한 뒤, 자신이 마땅히 받아야 할 인정을 기다렸다.

하지만 바라던 일은 일어나지 않았다. 이 논문은 그의 동료들조차 읽은 사람이 거의 없었고, 읽었다 하더라도 흥미를 느끼지 못했다. 피셔의 동료들에게 이 논문의 수학적 내용은 사소해 보였고, 그들은 논문에 담긴 핵심 메시지, 즉 통계 측정을 올바르게 수행하는 유일한 방법이 존재한다는 것을 이해하지 못했다. 10대 시절부터 뛰어난 지적 능력을 인정받아 각종 상을 휩쓸어온 21세의 피셔는 이런 무관심에 깊은 실망감을 느꼈다.

설상가상으로 피셔는 가난했다. 그의 아버지는 한때는 넉넉했던 재산을 모두 잃은 상태였다. 시력이 좋지 않았던 피셔는 1914년에 제1차 세계대전이 발발하자 군에 입대하고자 했으나 거절당했고, 어쩔 수 없이 남자 중고등학생들을 가르치는 일을 선택해야 했다. 그는 이 일을 한순간도 좋아하지 않았다. 동료 교사들은 그를 냉담하고 거만한 사람으로 여겼으며, 학생들은 그의 재미없는 수업에 집중하지 않았다. 그는 자신의 연구가 외면당하는 것은 다른 사람들의 어리석음 때문이라 여겼다. 그가 생각한 해결책은 인간을 더 똑똑하게 만들고, 평균 IQ를 높이며, 깨어 있는 사람들로 가득한 사회를 만드는 것이었다.

오늘날 분노에 찬 젊은이가 금기시된 주제를 다루는 온라인 채팅 방에서 동지를 찾듯, 피셔는 『우생학 리뷰Eugenics Review』 같은 학술지 편집과 집필 활동을 하면서 같은 생각을 하는 이들과 연결된다. 그는 학술지 회의에서 자신의 조국인 영국에서 "열등한 계층이 우월한 계층보다 더 많이 번식하고 있다"라고 주장하며, 인류를 구할 유일한 방법은 "과학적 통찰력을 지닌 남성들, 특히 인간의 우수성을 깊이 이해하는 사람들"이 적합한 여성과 결혼하여 번식하는 것이라고 역설했다.[1] 그는 다가오는 전쟁이 이 목표를 달성할 기회라고 믿으며, "국가주의가 가치 있는 우생학적 기능을 수행할 수 있다"라고 주장했다. 당시 피셔는 분노와 좌절에 빠져 있었다.

실용적인 일에는 서툴고 다소 덜렁대는 학자였던 피셔에게 빛이 된 것은 1917년에 남자다움을 보여주기 위해 농부가 되기로 결심한 일이었다. 이 결정은 처음에는 다소 기이해 보였다. 참전하고 싶었지만 그럴 수 없었던 그는 자신의 노력과 인내심을 바탕으로 농사를 지어 조국인 영국에 기여해서 자신의 가치를 입증하려 했다. 그러나 결국 그가 돌파구를 찾아 성공하게 된 것은, 이러한 노력의 직접적인 결과라기보다는 다른 요인에 의한 영향이 더 컸다. 그는 농장 운영을 당시 만삭이었던 10대 아내 아일린과 그녀의 언니이자 런던의 사교계 인사였던 제럴딘 기네스에게 맡겼다. 피셔는 제럴딘이 북유럽 여신을 닮았다며 '구드루나Gudruna'라고 불렀다. 그는 제럴딘이 남편과 이혼하고 자신의 실험적 모험에 재정까지 지원하는 것을 당연시했다. 동물, 작물, 우유를 대상으로 한 다소 엉성한 실험들도 성공의 열쇠가 되지는 못했다. 이런 실험은 구드루나의 자금을 더욱 낭비했을 뿐이었다. 한번은 극심한 생활고에 시달리면서도 피셔가 고집을 부려 100파운드(당시 평균 연봉의 절반에 해당하는 금액)나 되는 우유 균질기를 구입했지만, 결국 그 장비를 사용할 시간이 없어 방치하기도 했다.

실제 그의 성공은 로섬스테드 농업 연구소의 소장 존 러셀John Russell 경의 눈길을 끌면서 찾아왔다. 당시 러셀은 '데이터를 분석해 우리가 놓친 정보를 추출할 수 있는' 괴짜 수학자를 찾고 있었다. 폐허가 된 농장에서 두 여성과 기괴한 실험 장비들로 가득 찬 창고를 운영하던 랭글러(케임브리지대학교의 수학 최우등 졸업생) 피셔는 이 직책에 완벽히 부합했다. 러셀은 피셔에게 연구직을 제안했다.

1919년의 어느 날 오후, 로섬스테드 농업 연구소에서 사람들이 차를 마시고 있었다. 이제는 사랑받는 전통이 된 이 티타임은 W. 브레츨리W. Brechley 양이 최초의 여성 직원으로 합류했을 때 시작되었다. 존 경은 이 모임을 피셔에게 소개하며 이렇게 말했다.

"여성 직원을 어떻게 대해야 할지 아무도 몰랐지만, 여성 직원이 차를 마실 수 있어야 한다는 생각은 했습니다."[2]

피셔는 이 정기 모임의 가장 열정적인 참여자가 되었다. 그는 다른 사람들이 차를 마시는 나무로 된 간이 테이블 아래쪽 땅바닥에 쪼그려 앉았다. 초라한 옷을 입은 그는 몸을 앞으로 기울여 대화에 몰입하면서도, 동료들에게 담배 연기를 뿜어내는 동시에 그것을 마치 자신의 파이프에서 나온 것이 아닌 듯 손으로 흩뜨리려 했다. 그는 민감한 주제들, 특히 인종 문제에 대해 천천히 길게 이야기했으며, 테이블에 앉아 있던 진지한 젊은 여성들이 얼굴을 붉혀도 신경쓰지 않았다.

이런 상황에서 피셔는 뮤리얼 브리스톨Muriel Bristol 박사에게 주전자로 차를 따라주어도 되겠냐고 물었다. 브리스톨 박사는 자신은 차가 아니라 우유를 먼저 따르는 것을 선호한다고 말했다. 그러자 피셔는 믿을 수 없다는 듯 말했다.

"말도 안 돼요, 분명 아무 차이도 없을 겁니다!"

하지만 브리스톨 박사는 주변 사람들의 설득에도 굴하지 않았다. 그녀는 자신이 맛으로 그 차이를 알아낼 수 있다고 확신했다.

피셔는 이런 사소한 주장이라도 증거 없이 받아들일 수 없었다. 그는 다른 동료인 윌리엄 로치William Roach(이후 브리스톨 박사와 결혼하는 인물)와 함께 실험에 착수했다.[3]

티타임에 참석한 모든 사람은 찻잔 두 개만을 사용하는 실험으로는 충분하지 않다는 것을 알고 있었다. 단순히 운만으로도 브리스톨 박사가 절반의 확률로 정답을 맞힐 수 있었기 때문이다. 로치는 두 잔의 차를 한 쌍으로 묶어 여러 번의 실험을 진행하자고 제안했다. 브리스톨 박사에게 매번 두 잔의 차를 제공하고 각각의 경우에서 차이를 구분할 수 있는지 확인하자는 것이었다. 이렇게 한다면 그녀가 연속으로 두 번 운 좋게 맞힐 확률은 $1/2 \times 1/2$, 즉 4분의 1이었고, 세 번 연속 운으로 맞힐 확률은 8분의 1, 네 번 연속 맞힐 확률은 16분의 1로 점점 낮아질 것이었다. 이는 분명 신뢰할 만한 테스트였다. 그녀가 단순한 운으로 네 번 연속 테스트를 통과할 가능성은 매우 낮았기 때문이다.

하지만 피셔는 만족하지 않았다. 그는 언제나 최적의 측정 방법을 찾고자 했기 때문이었다. 그는 로치의 제안을 무시하면서 총 여덟 잔의 차를 준비해달라고 요청했다. 이 중 네 잔은 우유를 먼저 따르고, 나머지 네 잔은 차를 먼저 따르게 한 뒤, 이 잔들을 쟁반에 무작위로 배열했다. 피셔는 브리스톨 박사에게 우유를 먼저 따른 네 잔을 찾아내보라고 요청했다.

"대체 내 방식과 뭐가 다르다는 거죠?"

로치가 혼란스러워하며 물었다. 어차피 두 방법 모두 같은 수의 찻잔을 사용하기 때문이었다. 피셔가 답했다.

"글쎄요. 만약 브리스톨 박사가 맛의 차이를 구분할 능력이 없다면, 우연히 네 잔을 모두 맞힐 확률은 70분의 1이 됩니다. 16분의 1보다 훨씬 낮아지지요. 훨씬 더 엄격한 테스트가 되는 셈입니다. 실제로 이 방법이야말로 최대한으로 엄격한 테스트 방법입니다."

피셔의 말이 왜 옳은지 이해하기 위해 차 담당자가 찻잔들을 배열할 수 있는 모든 경우의 수를 생각해보자. 첫 번째 찻잔을 배치할 때 차 담당자는 여덟 개의 잔 중에서 선택할 수 있고, 두 번째 잔을 선택할 때는 일곱 개 중에서 선택하며, 이런 식으로 계속 진행된다. 따라서 여덟 개 잔을 배열할 수 있는 모든 경우의 수는 $8 \times 7 \times 6 \times 5 \times 4 \times 3 \times 2 \times 1 = 40320$이 된다. 하지만 여기엔 중복된 조합이 존재한다. 즉, '우유 먼저' 잔 네 개와 '차 먼저' 잔 네 개를 어떻게 구성하느냐만 보면, 순서만 다르고 조합 자체는 동일해서 사실상 같은 결과로 취급해야 한다. 이러한 동일한 조합의 수를 계산하려면, 일단 우유를 먼저 따른 잔을 배치할 수 있는 모든 경우의 수를 계산한다. 이는 $4 \times 3 \times 2 \times 1 = 24$이다. 같은 방식으로, 차를 먼저 따른 잔들을 배열할 수 있는 경우의 수도 $4 \times 3 \times 2 \times 1 = 24$이다. 마지막으로 이 값을 비율로 계산하면 다음과 같다.

$$\frac{4\times3\times2\times1\times4\times3\times2\times1}{8\times7\times6\times5\times4\times3\times2\times1} = \frac{24\times24}{40320} = \frac{1}{70}$$

이 값은 각각의 특정한 찻잔 배열이 발생할 확률을 나타낸다. 이 계산 과정은 그림 1에서 자세히 살펴볼 수 있다.

모든 가능한 배열 중 정답은 오직 하나뿐이었고, 따라서 브리스톨 박사가 네 잔 모두를 맞힐 확률은 70분의 1에 불과했다. 물론 이는 그녀가 진짜로 차이를 감지할 수 없다는 전제에 기초해 계산한 것이다.

하지만 브리스톨 박사는 차이를 감지해냈다. 모두가 놀라워하는 가운데 브리스톨 박사는 우유를 먼저 따른 네 잔과 차를 먼저 따른 네 잔을 하나씩 정확히 구별해낸 것이다.

피셔는 브리스톨 박사의 능력을 과소평가했지만, 동료들의 눈에는 다른 것이 증명되었다. 이 초라한 차림의 수학자는 자신들보다 훨씬 더 정교한 실험을 설계할 수 있다는 사실이었다. 그의 방법은 실험을 시작하기도 전에 성공 가능성을 높이는 데 기여했다. 로널드 피셔의 방법은 로섬스테드에서 널리 채택되었고, 시간이 지나면서 전 세계의 생물학자와 임상의들 사이에서도 점차 받아들여졌다. 피셔의 천재성은 케임브리지에서 논쟁을 벌이던 수학자들에게서가 아니라, 실질적인 문제를 다루는 과정에서 비로소 전 세계 생물학자들의 인정을 받았다. 한 미국 통계학자는 나중에 농담처럼 이렇게 말했다.

"피셔는 실험주의자들에게 실험하는 법을 가르쳤다."

5년 후, 우리의 영화 속 주인공 로널드 피셔는 보리밭 한가운데 서서 젊은 남녀들에게 다양한 구획에서 수확량을 측정하는 방법을 신

그림 1 우유를 먼저 부었는지 아닌지를 구별하는 능력이 브리스톨 박사에게 있는지 테스트하는 방법

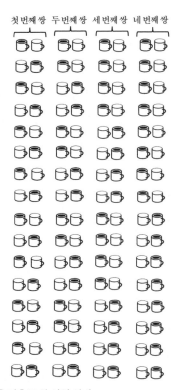

잔을 배열하는 모든 경우의 수는 70가지다.

쌍을 기초로 한 실험 설계:
모든 가능한 차의 쌍 맛보기 테스트의 예시. 가능한 총 16개의 테스트 각각에서 각 쌍의 한 잔은 우유를 먼저 따른 잔이고, 다른 한 잔은 차를 먼저 따른 잔이다.

피셔의 실험 설계:
총 70가지 테스트를 할 수 있으며, 각 테스트에서 우유를 먼저 따른 잔들과 차를 먼저 따른 잔들의 배열 순서는 서로 다르다.

중히 설명하고 있다. 그의 무작위 실험 설계randomized experimental designs는 실험 처리를 무작위로 선택된 구획에 할당함으로써, 통계적으로 유의미한 결과가 단순한 우연에 의해 발생할 가능성을 최소화한다. 감

동적인 음악이 흐르고, 카메라는 위로 천천히 이동하며 피셔의 아이디어로 가능해진 실험과 발견의 몽타주를 보여준다.

마침내 로널드 피셔는 그의 과학적 업적에 걸맞은 인정을 받았다. 그가 로섬스테드에서 수행한 연구는 오늘날 미생물학에서 사회학까지 모든 분야에서 과학자들이 실험을 설계하고 수행하는 방식의 기초가 되었다. 그의 '자연선택의 기본 이론fundamental theory of natural selection' 정리는 진화생물학의 초석으로 자리 잡았다. 또한 통계 이론에 대한 그의 기여는 20세기 내내 동료들 사이에서 그 누구도 따라올 수 없는 업적으로 평가되었다. 피셔는 1933년 로섬스테드를 떠나 유니버시티 칼리지 런던에서 교수직을 맡았고, 이후 자신의 모교인 케임브리지대학교로 돌아갔다.

젊은 시절의 로널드 피셔는 옳았다. 측정과 데이터를 다루는 올바른 방법은 무한히 많은 잘못된 방법 속에 감춰져 있지만, 그것은 단 하나뿐이다.

숫자로 보는 행복한 세상

피셔의 연구는 실험 또는 관찰 연구를 설계하는 가장 효과적인 방법, 즉 무작위 설계randomized design의 기초를 마련했고, 최대가능도라는 틀을 통해 연구 결과를 해석하는 방법을 제공했다. 지난 100년 동안 그의 통계적 접근법은 의료 실험, 심리학 설문지, 사회학 조사, 비즈니스 분석에 영향을 미쳤고, 심지어 소셜 미디어 기업들이 우리의 온라인 상호작용을 분석하는 방식에도 기반이 되었다. 케임브리지와 로섬스테드에서 피셔가 한 연구는 오늘날 우리가 삶의 모든 측면에서 수많은 통계를 수집하게 된 이유 중 하나다.

대체로 연구 결과를 활용하면 우리는 자신을 더 깊이 이해할 수 있다. 장수가 생활 방식의 선택에 달려 있다는 연구 결과가 그 대표적인 예다.

하지만 숫자를 이용해 건강한 생활 방식을 찾아내는 데 성공했다고 해서 우리가 접하는 모든 과학적 연구의 조언을 무조건 따라야 하는 것은 아니다. 우리는 숫자를 비판적으로 검토하고, 그것이 실제로 무엇을 말해주는지 질문하는 능력을 키워야 한다.

지난번 만남 이후로 아이샤와 앤터니는 통계적 기술을 갈고닦았다. 베키는 보다 건설적인 회의론자가 되는 방법을 배우고 있었다. 한편 찰리는 행복에 관한 과학적 연구를 찾기 위해 신문과 온라인 기사를 샅샅이 뒤지고 있었다.

찰리는 '세계 행복 보고서'라는 온라인 보고서를 발견했다. 이 보고서는 2005년부터 매년 갤럽의 세계 여론조사 결과를 분석해왔다. 이 조사는 전 세계 인구의 99%를 포함하는 160개국에서 진행되며, 무작위로 선정된 응답자들에게 소득, 건강, 가족 등 다양한 주제에 대해 100개 이상의 질문을 한다. 그중에는 행복에 대한 다음과 같은 질문도 포함된다.

"모든 것을 고려했을 때, 요즘 전반적으로 삶에 얼마나 만족하고 있습니까? 0에서 10까지의 척도를 사용하여 답변해주십시오. 여기서 0은 '매우 불만족한다', 10은 '매우 만족한다'를 의미합니다."

이 숫자 응답은 개인의 행복도를 측정하는 데 활용될 수 있다. 이제 이 질문에 대해 스스로 마음속으로 답해보자. 당신의 삶에 대한 만족도는 0에서 10 사이에서 어느 정도인가?

제각각의 나라에 사는 사람들은 서로 다른 답변을 한다. 영국의 2022년 평균 점수는 이미 서문에서 언급했듯이 6.94로, 그해 행복도 순위에서 세계 17위를 차지했다. 1위는 핀란드로, 점수는 7.82였다. 일반적으로 스칸디나비아와 북유럽 국가들이 상위권이다. 미국은 16위로 영국보다 0.03점 앞섰다. 중국은 5.59점을 기록하며 72위에 자리해 조사 대상 국가의 중간 정도에 위치했다. 중간 순위의 다른 국가로는 몬테네그로, 에콰도르, 베트남, 러시아 등이 있다. 순위표 하단으로 내려가면 아프리카 국가들이 다수 포함되어 있다. 예를 들어 우간다는 117위, 에티오피아는 131위에 자리하고 있다. 중동 국가 중에는 이란이 110위, 예멘이 137위를 기록했다. 2022년 세계에서 가장 행복하지 않은 나라는 아프가니스탄으로, 평균 행복 점수가

2.40에 불과했다.

각 나라 간의 차이를 더 깊이 이해하기 위해 앤터니는 각 나라의 평균 기대수명을 행복 점수와 비교해 그래프로 나타냈다. 이는 그림 2a에 표시되어 있다. 그래프의 각 원은 하나의 국가를 나타내며, x축은 해당 국가의 기대수명을, y축은 0에서 10까지의 수치로 삶에 대한 평균 만족도를 나타낸다. 전반적으로 국가의 기대수명이 높을수록 행복도 또한 높은 경향을 보인다.

이 관계를 정량화하는 한 가지 방법은 점들을 통과하는 직선을 그려, 기대수명이 증가함에 따라 행복도가 어떻게 증가하는지 보여주는 것이다. 예를 들어 한 나라에서 사람들이 12년 더 오래 살수록 행복도가 1점 더 높아진다고 가정해보자. 이 경우 행복도를 나타내는 식은 다음과 같을 것이다.

$$행복 = \frac{1}{12} \times 기대수명$$

예를 들어 한 나라의 평균 기대수명이 60세라면 위의 식에 따라 행복도는 60/12=5로 예측할 수 있다. 기대수명이 78세라면 평균 행복도는 78/12=6.5가 된다.

이 식은 그림 2b에서처럼 나라별 데이터를 나타내는 점들의 분포를 통과하는 직선으로 표현할 수 있다. 그림 2b의 x축(출생아 기대수명)에서 60에 손가락을 놓고, 직선까지 올린 후 y축을 읽어보면 행복도가 5임을 알 수 있다. 같은 방식으로 그래프를 읽으면, 기대수명 78세일 때 행복도는 6.5가 된다는 것을 알 수 있다. 이 식에서 12분의 1이라는 숫자는 직선의 기울기를 뜻한다. 즉, 이는 x축에서 12년

그림 2 전 세계 136개국에서 조사된 출생아 기대수명과 평균 행복도 간의 관계

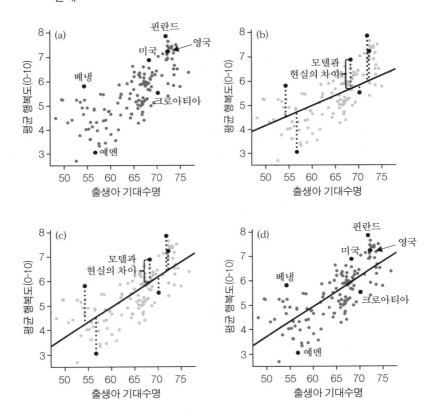

자세한 내용은 2019년 세계 행복 보고서 참조. (a) 각 나라는 회색 원으로 표시되며, 특정 국가들은 검은색으로 강조 표시됨. (b) 본문에서 언급된 행복도와 기대수명 간의 잠재적 직선 관계. 이 직선의 기울기는 12분의 1이며 x절편은 0이다(x절편의 위치는 그림에 표시돼 있지 않다). 실선에 연결된 점선은 특정 국가에 대한 모델과 현실의 차이를 나타낸다. (c) 행복도와 기대수명 간의 관계를 정확하게 나타낼 가능성이 가장 큰 직선의 기울기는 0.112, x절편은 -2.41이다. (d) 모델이 데이터에 맞춰지면, 다양한 나라들에서 모델이 현실과 얼마나 일치하는지 비교할 수 있다.

이 증가할 때마다 y축의 행복도가 1점 증가한다는 뜻이다.

(행복도가 기대수명의 12분의 1이라고 예측하는) 이 특정한 직선은 행복도와 기대수명 간의 관계를 설명하기 위해 사용될 수 있는 수많은 선 중 하나일 뿐이다. 문제는 이 직선이 '최적의' 직선인가 하는 점이다. 12분의 1이라는 기울기는 대략적으로 맞아 보이지만, 피셔라면 그것이 가장 가능성이 높은 직선인지 질문했을 것이다. 여기서 우리는 무수히 많은 잘못된 답이 존재하는 가운데, 옳은 답은 단 하나뿐이라는 점을 기억해야 한다.

올바른 답을 찾으려면 먼저 직선과 각 점 사이의 거리를 측정해야한다. 이 측정 방식은 행복도를 기대수명의 12분의 1로 예측하는 그림 2b 직선에서 찾아볼 수 있다. 이 그림에서 베냉, 예멘, 크로아티아, 미국, 영국, 핀란드를 연결하는 점선이 실선과 얼마나 떨어져 있는지를 보여주며, 이는 예측값(실선)과 실제 값(각 국가를 나타내는 까만 점) 사이의 차이를 의미한다.

모든 점과의 거리가 가장 가까운 직선은 그림 2c로, 다음의 식으로 나타낼 수 있다.

$$행복도 = 0.123 \times 기대수명 - 2.425$$

이 직선의 기울기는 그림 2b에 표시된 직선의 기울기보다 약간 더 가파르며, x절편은 −2.425이다(첫 번째 식에서는 x절편이 0이었다).

나는 두 번째 직선(그림 2c)이 첫 번째 직선(그림 2b)보다 모든 점에 더 가깝다고 주장했지만, 피셔의 기준에 부합하도록 이를 확실히 증명하려면 어떻게 해야 할까? 이를 위해 직선과 모든 점 사이 거리의 제곱합*을 계산해보자. 행복 점수가 6.88이고, 평균 기대수명이 68.3세인 미국을 예로 들어보자. 첫 번째 식(그림 2b)에 따르면, 미국의 행복도는 다음과 같다.

$$미국의 \ 행복도 = \frac{1}{12} \times 68.3 = 5.69$$

따라서 예측과 현실 사이의 제곱 거리는 $(6.88-5.69)^2 = 1.416$이 된다. 반면 두 번째 식(그림 2c)에 따르면, 미국의 행복도는 다음과 같다.

$$미국의 \ 행복도 = 0.123 \times 68.3 - 2.425 = 5.98$$

따라서 예측과 현실 사이의 제곱 거리는 $(6.88-5.98)^2 = 0.8100$이 된다. 이 숫자는 첫 번째 식으로 계산한 1.416보다 작다. 이는 적어도 미국에 관해서는 두 번째 식이 첫 번째 식보다 실제 데이터에 더 가깝다는 것을 의미한다.

이런 방식으로 우리는 모든 나라에 대해 동일한 계산을 반복하여 각각의 직선에 대해 제곱 거리의 합을 구한 뒤, 이를 합산한다. 통계학에서는 이 방법을 '제곱 거리 합sum of squared distances 계산 방식'이라고 부르며, 제곱 거리 합이 가장 작은 직선을 최적의 직선으로 간주한다. 그림 2b의 직선은 제곱 거리 합이 82.84인 반면, 그림 2c의 직선은 더 작은 값인 71.76을 기록한다. 따라서 두 번째 직선이 첫 번

----

*모든 데이터를 제곱한 값의 합.

째 직선보다 실제 데이터에 더 가깝다.

이 책의 웹사이트에 나는 제곱 거리 합을 계산하는 과정을 단계별로 설명해두었다(자세한 내용은 이 책의 주 참조). 또한 이 웹사이트에서 독자들은 두 번째 식이 첫 번째 식보다 나을 뿐만 아니라, 제곱 거리 합의 관점에서 데이터에 가장 가까운 직선이라는 것도 확인할 수 있을 것이다. 이 직선보다 미국의 실제 데이터 평균에 가까운 직선은 존재하지 않는다. 하지만 이 직선이 모든 나라의 경우에 그렇다는 것은 아니다. 예를 들어, 크로아티아의 경우 그림 2b의 직선이 실제 데이터에 더 가깝다. 하지만 모든 나라를 평균적으로 고려했을 때, 두 번째 직선이 실제 데이터에 더 가깝다.

앤터니와 아이샤는 컴퓨터 앞에 앉아 행복 데이터에 맞춰진 선을 보며 감탄하고 있다. 그때 베키가 들어온다.

그러자 앤터니는 이전에 베키가 오이피클에 관한 토론을 벌일 때 그냥 서로의 차이를 인정하며 넘어가자고 한 일을 떠올리며 아이샤에게 귓속말한다.

"베키가 의견을 제시하기 전에 우리가 알아낸 걸 말해줍시다."

베키가 입을 열기도 전에, 아이샤는 건강하게 오래 사는 사람들이 더 행복하다며 행복의 비결은 오래 사는 것이라고 설명하기 시작한다. 아이샤는 데이터 점들의 분포를 통과하는 직선이 이 관계를 보여주는 증거라고 말한다.

하지만 이번에는 베키도 준비가 되어 있었다. 그녀는 이 데이터의 출처인 세계 행복 보고서를 이미 읽은 상태였다. 베키는 기대수명이 행복과 상관관계가 있는 유일한 지표가 아니라고 말한다. 나라별 데이터를 검토했을 때, 행복도와 국내총생산GDP 간에도 직선 관계가 존재한다는 것을 발견했다는 것이다. 또한 베키는 "당신은 자신의 삶에서 무엇을 할지 선택할 자유가 있다고 생각하십니까?"라는 질문에 대해 "그렇다"라고 답한 사람들의 비율, 국가별로 개인이 자선단체에 기부하는 평균 금액 그리고 국가 내 부패에 대한 인식이 행복과 상관관계가 있다고 주장했다. 그러면서 베키는 한 가지 가장 중요한 행복의 예측 변수가 있으며, 이는 기대수명보다도 더 강력하다고 말한다. 그녀는 사람들이 주변 사람들로부터 지지받고 있다고 느끼는지가 바로 그 변수라고 주장한다. "당신이 어려운 상황에 부닥쳤을 때, 언제든 도와줄 친척이나 친구가 있습니까?"라는 질문에 대해 "그렇다"라고 대답하는 사람이 많은 나라일수록 삶의 만족도가 높고 더 행복하다는 것이다.

베키는 행복과 기대수명 간의 관계가 매우 복잡하다고 설명한다. 서로 얽혀 있는 요인이 너무 많으며, 직선 모델은 이를 지나치게 단순화한 것이라고 한다.

"이 데이터만으로는 한 사람이 행복한지를 알 수 없어요. 특히 개인의 행복에 대해서는 이 데이터가 아무런 정보를 제공하지 못하죠."

이번에는 베키가 옳았다.

세계 행복 보고서의 데이터를 집계한 존 헬리웰John Helliwell과 그의 동료들은 더 행복한 세상을 만들기 위해 사회적 기반이 중요하다고 강조한다. 이들에 따르면 행복은 우리가 선택할 수 있는 자유를 가질 때, 주변 사람들이 관대하고 사교적일 때, 빈곤에서 벗어나 있을 때, 그리고 더 오래 살 수 있을 때 생겨난다. 그러나 이러한 결과를 해석할 때는 신중해야 한다. 국가 간 비교 데이터만으로는 **어떤 요인이 행복을 유발하는지** 알 수 없으며, 그 요인이 **우연히 행복과 상관관계**

를 가질 수도 있기 때문이다. 더 나은 의료 서비스나 더 나은 사회적 지원이 행복을 증가시키는지, 아니면 삶에 대해 더 긍정적인 태도를 가진 사람들이 더 나은 의료와 사회적 지원을 구축하는 나라를 만드는지 알 수 없는 것이다. 실제로 우리가 아는 것은 더 안정적이고, 더 사회적 지원이 많은 번영한 나라에 사는 사람들이 스스로를 더 행복하다고 묘사하는 경향이 있다는 사실뿐이다.

앞에서 살펴본 건강 관련 대규모 연구들이 제시하는 내용과 달리, 국가별 설문 조사 결과만으로 개인이 행복해지는 방법을 구체적으로 계획하는 것은 불가능하다. 사실 헬리웰과 그의 동료들이 연구한 대부분 요인은 개인이 통제할 수 없는 것들이다. 핀란드 사람들이 자신을 행복하다고 느낀다고 해서, 핀란드로의 이주가 곧바로 행복을 보장하는 것은 아니다. 마찬가지로 자신이 더 오래 살게 될 것이라는 사실을 안다고 해서 삶의 만족이 올라가는 것도 아니다. 데이터에서 보이는 상관관계의 이면에는 경제 발전, 의료 서비스, 사회 보장, 민주주의, 표현의 자유와 같은 복잡한 관계들이 있다. 간단히 말해 국가 간 비교로는 인과관계를 분명하게 밝혀낼 수 없다.

내 행복은 몇 점일까?

개인은 자신의 행복을 결정하는 요인을 어떻게 찾을 수 있을까? 친구들은 국가 간 비교에서 벗어나 개인에 초점을 맞춘 연구로 관심을 돌리기로 한다.

찰리는 '행복은 돈으로 살 수 있다…… 시간을 절약하는 데 돈을 쓰면 된다'라는 제목의 기사에 주목했다. 『USA투데이』에 실린 이 기사는 집안일 대행, 배달 서비스, 택시 승차 등에 돈을 쓰는 사람들이 그렇지 않은 사람들보다 더 행복하다는 사실을 심리학자들이 발견했다는 내용이었다.[1] 이 연구는 브리티시컬럼비아대학교의 엘리자베스 던Elisabeth Dunn 교수가 하버드 경영대학원의 애슐리 윌런스Ashley Whillans 조교수 등과 함께 수행한 것이다. 찰리는 이 연구를 좀 더 알아보기 위해 미국 『국립과학원 회보Proceedings of the National Academy of Sciences』에 게재된 이 연구 논문을 다운로드해 친구들과 함께 배울 점을 찾아보기로 했다.

던과 그녀의 동료들은 먼저 미국, 캐나다, 덴마크, 네덜란드에서 설문 조사를 실시해 사람들이 돈을 어떻게 쓰고 있으며, 얼마나 행복한지를 조사했다. 이 접근 방식은 앞에서 우리가 살펴본 갤럽 조사와 비슷했지만, 분석 대상이 나라가 아니라 개인에게 초점이 맞춰진 것이었다. 따라서 이 연구는 나라가 아닌 사람들, 즉 찰리와 그의 친구들과 훨씬 더 관련이 깊었다. 연구자들은 매달 시간을 절약하기 위해 더 많은 돈을 쓰는 사람들이 삶의 만족도 척도life satisfaction scale에서 더 높은 점수를 기록한다는 것을 발견했다.

찰리는 이 연구 결과를 아이샤와 앤터니에게 전했고, 이 세 친구는 자신들이 새로 익힌 통계 기술을 활용해 데이터를 더 자세히 분석할 수 있으리라 생각했다. 던의 오랜 협력자인 라라 애크닌^{Lara}

Aknin(사이먼프레이저대학교 심리학 교수)은 행복에 대한 다양한 과학적 연구 데이터를 수집해 저장소를 구축했는데, 이런 저장소에 저장되는 모든 데이터는 연구 대상의 신원이 드러나지 않도록 익명화되며, 심리학 연구의 표준 데이터로 활용된다. 이 데이터를 통해 다른 연구자들, 심지어 아이샤와 앤터니 같은 아마추어들도 연구 결과를 더 깊이 이해하고 검증할 수 있다.

우선 아이샤와 앤터니는 미국에서 이루어진 설문 조사 데이터부터 분석하기 시작했다. 조사 응답자 중 시간 절약을 위한 소비를 하지 않은 사람들의 평균 행복 점수는 6.70인 반면, 시간 절약을 위한 소비를 한 사람들의 평균 점수는 7.22였다. 이 차이는 단순히 우연에 의한 것이라고 볼 수 없었다. 1000명 이상의 사람들이 조사에 참여했기 때문이다.

아이샤와 앤터니는 이 연구 결과를 베키에게 전했다. 하지만 베키는 여전히 회의적인 태도를 보이며 이렇게 말한다.

"사람들이 다 똑같지는 않아요. 이 결과가 시간을 절약하기 위해 돈을 쓰는 **모든** 사람이 그렇지 않은 사람들보다 평균적으로 0.5점 더 행복하다는 걸 의미하는 건 아니잖아요?"

베키의 질문에 답하기 위해 앤터니는 두 그룹의 행복 점수를 히스토그램 두 개로 그린다. 하나는 시간을 절약하기 위해 돈을 쓴 사람들, 다른 하나는 돈을 쓰지 않은 사람들을 대상으로 한 것이다(그림 3). 이렇게 그려진 히스토그램들은 베키의 생각이 실제로 맞다는 것

그림 3 행복도 점수를 1~10점 사이로 대답한 사람들의 비율을 보여주는
행복도 히스토그램

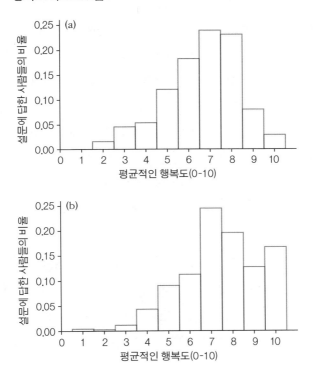

(a)는 시간 절약을 위해 돈을 쓰지 않은 사람들 (b)는 시간 절약을 위해 돈을
쓴 사람들.

을 보여준다. 이 히스토그램들에 따르면 사람들의 행복도는 매우 다
양하며, 두 그룹 간의 차이는 크지 않았다. 시간을 절약하기 위해 돈
을 쓰지 않은 사람들은 점수 5와 6을 약간 더 자주 기록했고, 돈을 쓴
사람들은 점수 9와 10을 약간 더 자주 기록했지만, 두 그룹 모두 점
수 7과 8을 기록한 비율이 가장 높았다.

아이샤는 자신이 수행한 통계 테스트 결과를 베키에게 설명한다. 그녀는 시간을 절약하기 위한 소비를 한 그룹에서 무작위로 한 명을 뽑고, 그렇지 않은 그룹에서도 무작위로 한 명을 뽑아 그들의 행복 점수를 비교했다. 아이샤는 컴퓨터로 이 과정을 10만 번 반복한 결과, 시간을 절약하기 위해 돈을 쓴 사람이 더 행복할 확률이 55%에 불과하다는 결과를 얻는다.

이 결과를 앞서 제시했던 질문, **"모든 것을 고려했을 때, 삶에 얼마나 만족하고 있습니까?"**에 대한 당신의 답변과 연결해 생각할 수 있다. 만약 현재 매달 시간 절약을 위해 돈을 전혀 쓰지 않는다면, 이 55%라는 값은 당신이 시간을 절약하기 위해 돈을 썼을 때 더 행복해질 확률의 추정치다. 이는 시간을 절약하기 위해 현재 어느 정도 돈을 쓰고 있다면, 돈을 쓰지 않았을 경우 더 행복할 확률은 45%라는 뜻이기도 하다. 따라서 시간을 절약하기 위해 돈을 쓰는 것이 합리적으로 보이지만, 결과가 보장되는 것은 아니다. 만약 돈을 쓰는 것이 행복에 전혀 영향을 미치지 않는다면, 그 확률은 정확히 50%일 것이다.

이 설문 조사에서 참가자들은 물질적인 상품 구매, 경험 소비 그리고 시간을 절약하기 위한 서비스에 매달 쓴 금액을 보고했다. 앤터니는 이 데이터를 바탕으로 제곱 거리 합이 가장 작은 직선을 만들어 냈다. 그는 시간 절약을 위해 100달러를 사용할 때마다 행복도 점수가 평균적으로 0.31점 증가한다는 사실, 즉 시간 절약을 위해 매달 0달러에서 약 300달러까지 소비를 늘리면 행복도가 거의 1점 상승한다는 사실을 발견한다. 또한 이 직선 모델은 경험을 위해 돈을 썼을 때의 행복도 증진 효과가 시간을 절약하기 위해 돈을 썼을 때 효과의 절반 정도이며, 물질적 상품 구매에 돈을 썼을 때의 효과는 시간 절약을 위해 돈을 썼을 때 효과의 5분의 1에 불과하다는 사실도 보여준다. 이 분석은 단순히 돈을 쓰는 것이 행복을 가져다주는 것이 아니라, 시간을 사는 것과 어느 정도는 경험을 사는 것이 물건을 구매하는 것보다 행복을 더욱 효과적으로 증진시킨다는 점을 시사한다. 또한 앤터니의 분석은 이런 소비가 300달러를 넘어가면 행복도 증진 효과가 줄어드는 경향을 보이기 때문에 시간 절약을 위해 이 금액보다 훨씬 많은 금액을 투자하는 것은 가치가 없다는 점도 말해준다.

이 분석에 깊은 인상을 받은 찰리는 이번에는 결과를 자신의 생활 방식에 맞게 해석할 수 있을 것 같다고 생각한다. 그는 시간을 절약하기 위한 소비가 자신에게 효과적이지 않을 수도 있지만, 시도해볼 가치는 분명히 있다고 느낀다. 하지만 베키는 또 다른 우려를 제기했다.

"이 연구는 시간을 절약하기 위한 소비가 사람들을 행복하게 만드는 직접적인 원인임을 증명할 수 없어요. 어쩌면 행복한 사람들이 더 기꺼이 시간을 절약하는 데 돈을 쓰는 것일 수도 있잖아요."

이런 질문은 피셔가 앞서 차 맛보기 실험에서 했던 것처럼, 그리고 그가 다양한 작물의 성장 실험을 위해 제안했던 것처럼, 실험 구조를 정교하게 설계함으로써 더 정확하게 답할 수 있다. 즉 좀 더 배경이 비슷한 사람들을 찾아 이들을 무작위로 두 그룹에 배정하면 특정한 개입의 효과를 테스트할 수 있다.

던과 그녀의 동료들이 한 실험이 바로 그랬다. 이들은 과학 박람회에서 사람들을 모집한 뒤, 한 주에는 40달러를 주면서 시간 절약을 위한 소비를 하게 하고, 다른 한 주(이전 또는 이후 주)에는 40달러를 주면서 물질적인 상품을 구매하게 했다. 구매 순서는 무작위로 정해졌다. 아이샤는 참가자 60명이 각각 어떤 구매를 했는지와 그로 인해 행복도가 어떻게 달라졌는지 살펴보았다. 예를 들어 한 주에 '아이라이너와 화장품'을 구매한 한 여성 참가자는 그다음 주에 '택시 기사에게 팁을 준 행동'을 한 뒤 훨씬 더 큰 행복감을 느꼈다고 보고했다. 또한 '야외 놀이 세트'를 샀던 한 남성은 그다음 주에 '가족 저녁 식사'를 한 뒤 더 큰 행복감을 느꼈다고 보고했다. 하지만 반대의 경우도 있었다. 한 여성은 '등산 장비'를 샀을 때가 '네일 케어를 받았을 때'보다 더 행복했다고 보고했다. 전체적으로 연구에 참여한 60명 중 26명은 시간을 절약하는 소비를 했을 때 더 행복했고, 14명은 물질적 소비에서 더 큰 만족감을 느꼈다. 나머지 20명에게는 소비 유형이 행복에 별다른 영향을 미치지 않았다.

이 결과를 해석하려면 통계의 두 가지 핵심 개념인 유의성significance과 효과 크기effect size를 이해해야 한다. 통계적 유의성은 연구 결과가 우연에 의해 발생했을 가능성을 측정하는 척도다. 예를 들어 시간을 절약하기 위해 돈을 쓰거나 물질적 소비에 돈을 쓴 뒤 더 행복해졌다고 느낀 40(26+14)명을 생각해보자. 만약 이 두 소비 유형 간에 차이가 없다면, 20명은 시간 절약을 위해 돈을 쓴 뒤에 더 행복하고, 나머지 20명은 물질적 소비 후에 더 행복해졌을 것이다. 설령 시간 절약형 소비 후 행복해진 사람이 21명 또는 22명이라고 해도, 이것만으로는 이 유형의 소비가 더 효과적이라는 결론을 내리기 힘들다. 이렇게 작은 차이는 단순한 우연으로도 설명될 수 있기 때문이다.

그렇다면 여기서 중요한 것은 (시간을 절약하기 위해 돈을 쓰거나 물질적 상품을 구매하는 데 돈을 쓴 뒤 더 행복해졌다고 느낀) 이 40명 중에서 26

명이 시간 절약을 위해 돈을 쓴 뒤 더 행복해졌다고 느낀 것이 우연인지 알아내는 일이다. 테스트 방법은 간단하다. 동전을 40번 던졌을 때 26번 이상 앞면이 나올 확률을 계산하면 된다. 이 확률은 약 2%로, 꽤 낮다. 따라서 이 결과는 통계적으로 유의미하다고 할 수 있다.[2]

통계적 유의성은 효과 크기와는 다른 개념이다. 이 연구에서 시간 절약 소비와 물질적 소비 사이의 행복도 차이 중위값은 0에서 5까지의 척도에서 0.167이었다. 이 숫자는 이 두 가지 소비가 행복도에 미치는 영향 면에서 차이가 거의 없음을 보여준다. 아이샤는 시간 절약형 소비를 한 사람과 그렇지 않은 사람을 무작위로 한 명씩 선택해 비교했을 때도 차이가 거의 없다는 점을 발견했다. 쌍별 비교pairwise comparison*의 45%에서는 오히려 시간 절약에 돈을 쓰지 않은 사람이 더 행복한 것으로 나타났다. 다시 말해 이 결과는 통계적으로 유의미하다(단순히 우연에 의한 것으로 설명될 수 없다). 하지만 시간 절약을 위한 소비가 행복에 아무런 영향을 미치지 않았다 하더라도, 쌍별 비교에서는 시간 절약을 위한 소비를 한 사람이 50%의 확률로 더 행복할 것으로 예상됐다(마치 동전을 던졌을 때 절반은 앞면이 나오는 것처럼). 여기서 우리는 50%와 비교했을 때, 45%라는 효과는 상당히 작다는 점을 알 수 있다.

연구 결과에 관한 헤드라인을 읽을 때는 통계적 유의성, 효과 크기 그리고 인과관계를 함께 고려해야 한다. 앞서 살펴본 생활 방식과 기대수명에 관한 연구는 통계적으로 유의미하며, 인과관계도 확립되었고, 효과 크기(12년의 추가 수명)도 크다. 반면 기대수명과 행복

---

*두 개의 개체 또는 집단을 직접 비교해 차이점을 분석하는 방법.

의 관계를 다룬 국가 비교 연구는 통계적으로 유의미하고 효과의 크기도 크지만, 인과관계를 확립하지 못했다. 시간 절약을 위한 소비와 행복의 관계를 살펴본 연구는 인과관계가 확립되고, 통계적 유의성도 충족됐지만, 효과의 크기는 작았다.

그러니 다음번에 뉴스 헤드라인을 읽거나 영감을 주는 TED 강연을 보거나, 행복을 약속하는 링크를 클릭할 때는 이 세 가지, 즉 **인과관계, 통계적 유의성, 효과 크기**를 생각해보자. 이 세 가지가 모두 충족되어야만 그 연구 결과가 당신에게도 적용될 수 있다.

피셔가 보여준 통계의 위험성

"처음 로드리게스 교수가 어느 대학에서 강의하는지 알았을 때, 솔직히 조금 의심이 들었어요…… 뉴욕주 북부의 어떤 대학이라고 하더군요. 하지만 강의를 들어보니 정말 훌륭했어요. 그리고 오늘 강의 주제가 로널드 피셔라니! 솔직히 말해서 그녀의 강의는 정말 대단하다고 생각합니다."

루퍼트는 이번 주 강의 중에서 마지막에서 두 번째로 예정된 강의를 들으러 강의실로 걸어가며 내게 말했다. 루퍼트는 자신이 생각하는 과학의 영웅 중 한 명이 피셔라고 했다. 실제로 피셔는 실험 설계, 최대가능도 추정법 그리고 통계 이론의 다양한 측면을 연구했을 뿐만 아니라, 유전학과 수리생물학에도 엄청나게 기여한 사람이다. 루퍼트는 피셔야말로 현대 과학 분야에서 성공하는 데 필요한 적극적인 태도를 완벽하게 보여준 사람이라고 강조했다.

루퍼트는 가끔 피셔가 예민한 반응을 보였다고 했다. 예를 들어 그의 획기적인 저서 『실험의 설계The Design of Experiments』가 1934년에 『영국 의학 저널』에서 호평받으며 출간되었을 때, 그의 실험이 농업 실험소에서 이뤄졌다고 이 저널이 가볍게 언급한 것에 대해 발끈했다.[1] 그는 저널에 편지를 보내 그의 실험이 기술된 페이지 수를 정확히 지적하며, 자신의 연구 결과는 농업 분야뿐만 아니라 다양한 연구 분야에서 나온 것임을 강조했다.

피셔는 자신을 인정하지 않는다고 생각했던 동료 통계학자들과 나눈 서신 교류로도 매우 유명했다. 그는 자신의 탁월함을 전 세계의 통계학 교수들이 인정하지 않는다며, 그들을 '수학자들'이라고 불렀다. 그가 그렇게 부른 이유는 그들의 연구는 추상적인 데 반해 자신의 연구는 현실과 연결되어 있다고 보았기 때문이다. 이 수학자들은 논쟁에서 피셔를 이긴 적이 거의 없었다. 루퍼트는 피셔가 거의 모든 동료보다 더 뛰어난 통계학자이자 생물학자였으며, 더 창의적인 사고를 지닌 사람이었다고 설명했다. 한 동료는 그가 "우리보다 독창적이고, 옳고, 중요하고, 유명하며, 존경받는 사람이 되고 싶은" 강렬한 욕망에 사로잡혀 있었다고 말했다.[2] 루퍼트는 강의실에 자리를 잡으면서 피셔 이야기를 마무리했다.

"우리 모두 피셔처럼 열정적이고 철저하게 아이디어를 추구한다면 위대한 발견을 할 수 있을 겁니다. 나는 우리가 앞으로 몇 주간 배우게 될 이 신비한 복잡성이라는 개념에 너무 휘둘릴 필요는 없다고 생각해요."

강단에 선 로드리게스 교수는 우리가 조용해지길 기다렸다. 강의실이 완전히 조용해지자 그녀는 말없이 로널드 피셔의 사진을 오버헤드 프로젝터에 띄웠다.

"많은 사람에게 로널드 피셔는 영웅입니다." 그녀가 말했다. "그리고 그는 과학이 기반한 통계적 접근 방식을 이해하기 위한 출발점을 확실히 제공합니다. 하지만 피셔에게는 또 다른 측면도 있습니다. 오늘은 그의 또 다른 측면에 대해 알아보겠습니다."

로드리게스 교수는 피셔가 연구할 때 강한 경쟁심과 고집을 드러냈으며, 자신과 의견이 다른 사람들을 격렬하게 공격했다고 말했다. 로드리게스 교수에 따르면 한 친구는 피셔를 "괴짜이며, 성미가 급한 데다 고집이 세고, 매우 주관적이었다"라고 묘사했다.[3] 또한 피셔의 이런 성격은 집에서 더 심하게 드러났다. "그의 딸이자 전기 작가인 조안 피셔 박스Joan Fisher Box는 가끔 그가 '거대한 분노'를 폭발시켜 아내를 힘들게 하는 장면을 직접 목격했다"[4]라고 썼다. 제2차 세계대전 중에 그의 연구 프로그램 중 하나가 폐기되자 분노를 표출하면서 잔인한 행동을 편집증적으로 보였으며, 아내에게 '가학적인 박해'를 가했고, 자녀들이 엄마를 보호하려고 하면 '손찌검'을 하기도 했다.

로드리게스 교수가 피셔에 관해 설명하는 동안 일부 학생들은 놀라움에 숨을 들이켰고, 다른 학생들은 비난하는 표정으로 고개를 내젓기도 했다. 그녀가 설명을 끝내자마자 루퍼트가 손을 들고 물었다.

"피셔의 가정사가 그의 과학 연구와 무슨 관계가 있죠?"

"글쎄요." 로드리게스가 대답했다. "전쟁 전에 폐기된 그의 연구 프로그램은 우생학에 초점이 맞춰져 있었습니다. 인간과 동물을 최적으로 번식시키려는 시도였죠. 피셔는 일부 인간은 본질적으로 열등하며, 일부는 본질적으로 우월하다고 생각했어요. 그리고 그는 자신이 보기에 우월한 사람들이 더 많은 아이를 낳게 만들어야 한다고 믿었습니다."

젊은 시절 피셔는 지능과 성취의 차이가 인종적 차이에서 비롯된 결과라고 믿었다. 그는 사회 계층과 국가마다 고유한 유전적 특성을 가지고 있으며, 서로 우위를 차지하기 위해 경쟁하고 있다고 생각했다.[5] 또한 제2차 세계대전을 앞둔 1920년대와 1930년대에 "정신적 결함이 있는feeble-minded" 여성들에게 "자발적 불임 시술"을 강제하는 법안을 제정하기 위해 지속적인 캠페인을 벌이기도 했다.

로드리게스 교수는 "피셔의 불임 시술 캠페인에서 가장 기이했던 점은 그가 이 캠페인을 벌이면서 자신의 이론적 연구 결과에 반대되는 주장을 했다는 점입니다"라고 말했다.[6]

그녀는 우리에게 '정신적 결함'에 대한 정의 문제(오늘날 우리는 이 용어가 유효한 의학적 진단 용어가 아니라는 것을 알고 있다)와 불임 시술 프로그램이라는 완전히 비윤리적인 생각에 대해서는 잠시 논의에서 제외하자고 요청했다. 그녀는 지금은 불쾌하게 느껴지지만, 당시 피셔를 비롯한 우생학자들이 특정한 사람들을 그렇게 분류할 수 있다는 믿음에 기초해 선의로 행동했다고 가정하라고 했다.

문제는 당시에도 피셔를 비롯한 우생학자들이 '정신적 결함'이 있는 아이들의 대부분 부모에게 '정신적 결함'이 없었다는 것을 알고 있었다는 사실이다. 또한 '정신적 결함'이 있는 부모가 반드시 '정신적 결함'이 있는 아이를 낳는 것도 아니었다. 이는 이를 유발한다고 생각되던 가상의 대립유전자allele가 열성이라는 것, 즉 아이가 '정신적 결함'을 가지려면 부모 모두가 그 유전자를 가지고 있어야 한다는 뜻이었다. 1915년에 이미 피셔의 케임브리지대학교 동료들은 이런 드문 열성 유전자를 제거하는 데 수천 세대, 혹은 수만 세대가 필요하다는 것을 증명한 상태였다.[7] 따라서 설령 효과적인 불임 시술 캠페인이 실행된다고 해도 '정신적 결함'을 제거하는 것은 불가능했다. 오늘날 우리는 이를 유발하는 유전자는 존재하지 않으며, 지능은 다양한 유전자와 환경적 요인이 복잡하게 조합된 결과라는 사실을 알고 있다. 그때 당시 축적된 과학적 근거로만 보더라도 피셔의 입장은 정당화될 수 없었다.

"피셔의 성격과 인격 그리고 그의 가정사가 중요한 이유가 바로 여기에 있습니다."

로드리게스 교수가 루퍼트를 똑바로 보며 말했다.

"그의 우생학적 주장은 비윤리적이었을 뿐만 아니라, 그는 과학적으로 실행 불가능한 아이디어를 고집스럽게 옹호했습니다. 게다가 그가 저지른 이런 종류의 실수는 이것만이 아니었습니다."

제2차 세계대전 이후 인간 우생학에 대한 피셔의 관심은 줄어들었고, 1950년대에 그는 자신이 이전부터 관심 있던 주제인 흡연에 집중했다. 그는 흡연과 암 사이에 상관관계가 있다는 점은 인정했지만, 인과관계를 확립하기에는 증거가 충분하지 않다고 주장했다. 흡연자가 암에 더 자주 걸릴 수는 있지만 그 사실만으로 흡연이 암을 유발한다고 단정할 수는 없다고 생각했다. 대신 그는 흡연과 암 발병 사이에 유전적 연관성이 있을 수 있다는 대안 가설을 제시했다. 이는 동일한 유전자가 흡연과 암 모두에 영향을 미칠 수 있다는 주장이었다.

당시에는 피셔의 가설을 완전히 배제하기 어려웠다. DNA의 구조가 막 밝혀진 시점이었고, 현재 우리가 사용하는 유전학적 기술은 전혀 존재하지 않았기 때문이다. 피셔는 자신의 가설 일부를 뒷받침하기 위해 소규모 연구를 수행했고, 그 결과 일란성 쌍둥이가 이란성 쌍둥이에 비해 흡연 습관이 서로 더 비슷하다는 사실을 발견했다. 또한 그는 흡연 중 연기를 들이마신다고 답한 사람들이 연기를 들이마시지 않았다고 주장한 사람들보다 암에 걸릴 가능성이 작다는, 이전에 이미 폐기된 데이터를 찾아냈다.[8] 이런 연구 중 어떤 것도 그의 이론을 확실히 증명하지는 못했지만, 담배와 암 사이의 인과적 연관성에 대한 의문을 어느 정도 제기하는 데는 성공했다.

당시 피셔를 비롯한 통계학자들을 적극적으로 지원했던 담배 업계의 노력에도 불구하고, 흡연과 암의 연관성은 결국 부정할 수 없는 사실로 입증됐다. 방대한 증거에 기초해 현재 미국 공중보건국은 흡연으로 인해 매년 미국에서 약 50만 명이 사망한다고 추정한다.[9] 피셔의 연구에서 흡연자가 오히려 암에 걸릴 가능성이 작게 나타난 이유 중 하나는 암에 걸린 사람들이 자신의 생활 방식을 정당화하기 위해 나중에 자신이 "연기를 들이마시지 않았다"고 주장했을 가능성이 있다. 피셔는 상관관계와 인과관계를 혼동한 것이다. 결국 그가 틀렸다는 사실이 실험적으로 입증되기에 이른다. 하지만 그것은 1962년 피셔가 대장암 합병증으로 사망한 이후의 일이었다. 그제야 담뱃갑에 건강 경고가 포함되기 시작했다. '천재' 통계학자의 지칠 줄 모르는 사실 왜곡 시도가 많은 생명을 잃게 했을 가능성이 크다. 로드리게스 교수는 이렇게 경고했다.

"이 두 가지 이야기를 강의 초반에 들려드린 것은 경고와 함께 우리가 배울 내용을 소개하기 위해서입니다. 우리는 피셔보다 더 나아야 합니다. 더 나은 과학자이자 더 나은 사람이 되어야 합니다."

그녀는 로널드 피셔처럼 확신을 가진 반대론자가 통계 기술을 이용해 진실에 반하는 주장을 펼칠 수 있다고 설명했다. 그런 사람은 하나의 가설이 반박당하면 또 다른 그럴듯한 대안 가설을 끝없이 찾아내면서도 자신은 단지 중립적인 입장에서 다양한 가능성을 제시하고 있을 뿐이라고 주장한다고 설명했다. 흡연에 관한 피셔의 논문들은 '정신적 결함'에 관한 논문들과 마찬가지로, 거드름 피우며 사실을 외면하는 태도의 전형적인 사례였다. 그는 직함과 학문적 권위를 이용해 자기 주장에 신뢰를 부여했고, 상대방을 깎아내리며, 그들이 자신의 주장을 이해하지 못하는 이유가 통계 기술이 부족하기 때문이라고 깎아내렸다. 하지만 궁극적으로 피셔는 잘못된 입장을 옹호하고 있었다.

또한 로드리게스 교수는 이렇게 말했다.

"바람직한 과학 연구 그룹이나 공동체에서는 피셔 같은 반대론자와 합의를 추구하는 다수 사이의 균형이 필요합니다. 이 균형을 제대로 맞추는 것은 모든 과학자가 깊이 고민하는 문제입니다. 우리는 우리의 가설이 도전받기를 원하지만, 불확실성 때문에 마비 상태에 빠지기를 원하지는 않습니다. 시간과 자원이 한정된 상황에서 우리는 데이터를 모으고 실험을 통해 진실에 최대한 가까이 다가가고자 합니다."

이어 로드리게스 교수는 다시 한번 제1차 세계대전 이전에 피셔가 케임브리지에서 진행한 연구를 언급했다. 그는 모든 역경을 딛고 사물을 측정하는 가장 최적의 방법을 발견한 젊은 학자였다. 그 과정에서 그는 통계가 과학적 진보에 어떤 도움을 줄 수 있는지 보여준 사람이었다. 이는 당연하게 여기기 쉽지만, 사고의 위대한 도약이었으며, 피셔는 아마도 인류 역사상 그 누구보다도 사고의 도약에 도움을 준 인물이었다. 그의 업적은 진정으로 놀라웠고, 그로 인해 20세기 과학의 위대한 영웅 중 한 명으로 꼽히고 있다.

하지만 나이가 들어서도 피셔가 완벽히 이해하지 못했던 점은 자신이 내린 결정, 즉 어떤 데이터를 모을 것인지, 무엇을 측정할 것인지에 관한 결정이 새로운 형태의 편향을 끌어들일 수 있다는 사실이었다. 흡연자들이 죽어가고 있다는 것을 보여주는 데이터를 무시하면서 흡연자의 연기 흡입 여부에 대한 데이터 분석에 집중하거나,

교육받을 기회가 주어지지 않았던 사람들을 설명하기 위해 의학적 근거가 전혀 없는 '정신적 결함'이라는 진단을 도입한다면, 측정을 아무리 정확하게 한다 한들 아무 소용이 없다.

피셔는 필요에 따라 인과관계를 무시했으며 자신의 세계관을 뒷받침하는 연구들이 효과 크기가 작다는 점을 고려하지 않았다. 대신 그는 통계적 기술을 활용해 복잡한 세상을 지나치게 단순화된 렌즈를 통해 보도록 이끌었다. 그는 자신의 편견, 즉 흡연이 우리에게 해롭지 않다는 것과 어리석은 사람들은 번식하지 말아야 한다는 주장을 객관적 과학으로 포장했다. 로드리게스는 이렇게 결론을 내렸다.

"피셔의 성공만큼이나 그의 실패에서도 배울 점이 많습니다."

숲을 나무로 혼동하지 마라

통계적 사고의 힘은 데이터의 관계를 측정하는 방식에 있다. 우리는 건강한 생활 방식만을 채택하면 평균적으로 12년이라는 추가 수명을 얻을 수 있다고 확실하게 말할 수 있다. 실제로 우리는 술을 줄이고, 채소를 먹고, 몸을 움직여야 한다. 또한 통계는 행복, 안전, 부, 기대수명이 국가별로 어떻게 상관관계를 갖는지 보여준다. 이는 통계가 의학적·사회학적 연구를 통해 보건과 공공 정책을 설계하는 데 활용되는 수많은 사례 중 단 두 가지에 불과하다.

하지만 우리는 통계적 사고만으로는 충분하지 않다는 것도 알게 되었다. 통계만으로는 상관관계와 인과관계를 완벽하게 구분할 수 없다. 행복한 국가가 부유한 국가이기도 하지만, 그렇다고 해서 돈이 행복을 가져온다고 단정할 수는 없다. 이 두 가지, 즉 인과관계와 상관관계를 명확히 구분하려면 신중히 설계된 실험과 세심한 관찰이 필요하다.

통계는 남용될 수도 있다. 예를 들어 양심이 없는 사람은 엉뚱한 것을 측정하고 숫자를 이용해 자신의 행적을 감추면서 진실을 숨길 수 있다. 마크 트웨인이 지적한 세 가지 악행, 즉 "거짓말, 새빨간 거짓말 그리고 통계" 중에서 **최악은 통계**라고 할 수 있다. 피셔는 데이터를 이해하고 실험을 수행하는 올바른 방법과 잘못된 방법이 존재한다는 것을 증명했으며, 통계를 이용해 흡연과 암에 대해 거짓말을 했고, 혐오스러운 우생학 이론을 정당화하기 위해 숫자를 사용했다.

피셔는 이런 실수를 했지만, 그렇다고 해서 통계가 항상 거짓말을 하는 것은 아니다. 실제 대체로 통계는 진실을 밝혀내며, 연구자들에 의해 정직하게 사용된다. 하지만 잘못된 방식으로 사용된다면 통계는 진실을 가리고 사람들을 오도할 수 있다.

통계의 한계는 매우 미묘한 형태로 나타난다. 아주 정교하게 설계된 실험조차도 개인 간 차이(변동성)의 일부분만을 설명하는 데 그치는 경우가 많다. 예를 들어 더 많은 돈을 시간 절약이나 타인을 돕는 데 사용하는 사람들이 더 행복하다는 것은 일반적으로 사실이다 (이는 엘리자베스 던과 그녀의 동료들이 수행한 연구의 또 다른 결론이다). 하지만 이 사실이 당신이라는 독특한 개인에게도 반드시 적용된다고 말할 수는 없다. 우리가 살펴본 행복 연구에 따르면, 많은 사람은 시간 절약을 위해 돈을 쓰라는 조언을 따른다 해도 혜택을 얻지 **못한다.** 그렇다고 해서 시간 절약을 위해 돈을 쓰라는 충고가 전혀 가치가 없는 것은 아니다. 여기서 내가 말하고 싶은 바는 신문 헤드라인에서 읽은 이 아이디어나 다른 아이디어가 당신에게 효과가 없을 때도 크게 실망하지 말아야 한다는 것이다. 연구 결과를 집단 전체를 대상으로 한 측정치로 이해해야 하는데도, 이를 자신에게 개별적으로 적용된다고 보는 실수는 통계학자들 사이에서 흔히 생태학적 오류ecological fallacy의 사례로 언급된다. 나는 이 오류를 숲(집단 전체)을 나무(개인)로 혼동하는 것이라고 설명하고 싶다.

다른 형태의 사고방식으로 여정을 계속하기 전에, 이 한계를 좀더 자세히 살펴보자. 책, 신문, 소셜 미디어, 유튜브 동영상, TED 강연은 우리의 심리, 동기, 성격에 대한 다양한 과학적 연구에 접근하게 해준다. 이 모든 과학적 연구들은 우리가 더 행복하고, 더 성공적이며, 삶에 더 만족할 방법을 나름대로 제안한다. 그렇다면 이런 연구 중에서 **당신이라는 개인에게** 적용될 수 있는 것을 어떻게 찾아낼 수 있을까?

예를 들어 끈기와 열정을 지닌 성격을 뜻하는 '그릿grit'이라는 개념을 살펴보자. '성실함: 열정과 끈기의 힘'이라는 앤절라 더크워스 Angela Duckworth의 강연은 TED 역사상 가장 많이 시청된 25개 강연 중 하나다. 이 강연은 더크워스와 그녀의 동료들이 대학생, 웨스트포인트 사관학교 생도, 미국 스펠링 비 대회 참가자들을 대상으로 수행한 연구를 바탕으로 한다.[1] 그녀는 연구 참가자들에게 "나는 몇 달마다 새로운 활동에 관심이 생긴다", "실패해도 나는 낙담하지 않는다" 같은 열두 개의 문장이 자신에게 얼마나 잘 맞는지 1점에서 5점 척도로 평가해달라고 요청했고, 이 점수들을 종합해 참가자들의 끈기를 측정했다. 더크워스는 끈기가 강한 학생들이 더 높은 학점을 받았고, 끈기가 더 강한 사관생도들이 첫 여름 훈련 프로그램을 통과할 가능성이 더 컸으며, 끈기가 더 강한 스펠링 비 참가자들이 대회 결승에 더 많이 진출할 수 있다는 사실을 발견했다.

더크워스의 연구는 앞에서 우리가 살펴본 행복에 관한 연구에서 사용된 통계적 방법으로 매우 철저하게 이뤄졌다. 하지만 2300만 명에 이르는 TED 강연 시청자들은 아마도 자신에게 성공할 만큼의 '그릿'이 충분한지 자문하면서도 어느 정도의 성취가 그릿으로 설명되고, 나머지는 어떤 다른 요인들 때문인지 잘 인식하지 못했을 것이다. 실제로 그릿만으로 설명할 수 있는 성취는 거의 없다. 연구에 따르면 그릿, 즉 끈기는 개인 간 차이의 4% 정도를 설명하지만, 나머지 96%는 설명하지 못한다. 숲속에는 끈기로 성공한 나무들이 어느 정도 있을 수 있지만, 그렇다고 해서 당신이라는 개인이 더 많은 끈기를 가지면 반드시 성공한다고 말할 수는 없다.

지난 5~10년 동안 심리학자들은 우리의 성격, 심리적 특성, 경험이 삶의 다양한 결과에 어떻게 영향을 미치는지를 조사하는 포괄적인 메타 연구를 수행했다. 메타 연구에서는 다수의 독립적인 실험 결과를 종합해 전체적인 효과 크기를 도출하며, 대부분의 경우이 효과 크기는 매우 작은 것으로 나타난다.[2] 메타 연구 결과, 학생들간의 차이를 끈기로 설명할 수 있는 비율은 미미한 것으로 나타났다. 성장 마인드셋에 대한 메타 연구 결과도 이와 비슷했다. 성장 마인드셋은 학생들에게 능력은 고정된 것이 아니며, 노력으로 스스로를 변화시킬 수 있다는 점을 강조한다. 이 개념은 널리 알려져 있으며 전반적으로 사실임이 분명하다. 하지만 여기서 우리는 "학교 교육의 한 철학으로 성장 마인드셋을 강조하는 것이 학생들의 시험 결과를 실제로 개선하는가?"라는 중요한 질문에 직면한다. 실험 결과, 성장 마인드셋 접근법은 시험 상황에서 낮은 성취를 보이는 특정 유형의 학생들에게만 효과가 있었으며 그 효과조차도 이들 학생 간의 차이를 설명하는 비율은 매우 미미한 수준에 그쳤다.[3]

우리의 집단적 의식에 스며든 '영감을 주는' 많은 아이디어들은 개인인 당신에게는 매우 제한적으로만 적용될 수 있다. 예를 들어 참가자들에게 하루 동안 일어난 세 가지 좋은 일을 적도록 요청하는 긍정 심리학 개입positive psychology interventions은 일부 사람들에게는 도움이 될 수 있지만, 이런 접근법이 사람들 간의 차이를 설명하는 비율은 약 1%에 불과하다.[4] 자주 언급되는 또 다른 대안적 접근법은 감성 지능을 활용한 학습 및 업무 능력 측정이다. 하지만 일반 지능과 성실성conscientiousness(끈기와 비슷한 성격 특징)을 고려했을 때, 감성 지

능이 개인 간 학업 성과의 변동성을 설명하는 비율은 3~4%에 불과하다.[5]

TED 강연처럼 과학적이고 스마트한 사고에 기초해 영감을 주는 강연을 보거나, 어떻게 더 행복하고 더 나은 사람이 될 수 있는지에 대한 최신 연구를 읽을 때, 우리는 항상 생태학적 오류를 떠올려야 한다. 다시 말해 특정한 연구 결과가 흥미롭다고 해도, 그 결과가 당신이라는 개인에게는 적용되지 않을 가능성이 크다는 점을 염두에 둬야 한다. 당신은 한 그루의 나무이고, 연구는 숲을 대상으로 했기 때문이다.

숫자는 인간을 이해하는 데 필수적이지만, 그것만으로는 충분하지 않다. 우리 자신과 주변 사람들을 개별적 존재로 알고 싶다면, 우리는 숫자 그 이상의 무엇이 필요하다.

관점 바꾸기

산타페에서 지낸 날들은 강렬했다. 우리는 늦은 밤까지 스포츠 바나 기숙사 공용실에 앉아 배운 내용을 토론했고, 강의를 듣기 위해 아침 일찍 일어났다. 맥스는 항상 앞줄에 자리 잡고 앉아 로드리게스의 강의가 진행되는 동안 빠르게 연필을 움직이며 노트에 필기했다. 알렉스는 뒷줄에 앉아 다리를 앞줄 좌석 위로 뻗은 채 있었지만, 주의 깊게 강의를 들었다. 에스테르, 자미야, 매들린은 강의실 중간 줄에 나란히 앉았다. 매들린 옆에는 두 좌석 떨어진 곳에 안토니우가, 나는 그의 옆에 앉았다. 루퍼트는 혼자 앉아 있었지만, 우리가 나누는 대화와 로드리게스의 강의를 모두 들을 수 있을 만큼 가까운 곳에 자리 잡고 있었다.

4주 프로그램의 첫 주 마지막 강의에서 로드리게스 교수는 우리가 통계에 대해 배운 내용을 요약하면서 통계의 장단점을 모두 짚어주었다. 그녀는 흡연과 암의 관계 규명이 통계의 성공적인 활용 사례로 볼 수 있음을 상기시켰다. 담배 제조업체, 의사, 과학자, 정치인 등이 흡연과 암의 연관성 연구를 방해하기 위해 공모했지만, 진실은 결국 밝혀졌다. 흡연은 암을 유발한다.

로드리게스 교수는 피셔의 실수가 20세기의 과학적 진보에서 비롯된 오만의 전형이라고 말했다. 그녀는 처음에는 모든 것이 실험과 관찰로 답을 찾을 수 있을 것처럼 보이지만, 이 모든 세부 사항이 어떻게 조화를 이루는지에 관한 문제는 망각될 때가 많다고 설명했다. 피셔는 사회 문제에 관한 모든 정보를 유전학의 문제로 단순화시켰고, 그 결과 '정신적 결함'이라는 위험한 개념으로 이어졌다. 흡연과 암의 연관성에 관한 수십 년간의 연구는 피셔에 의해 흡연자의 연기 흡입 여부라는 단순한 문제로 축소됐다. 로드리게스 교수는 이렇게 말했다.

"우리의 역할은 이보다 더 크게 생각하는 것입니다. 더 깊은 연결 관계를 이해하는 것이죠. 통계적 사고만으로는 이런 깊은 이해를 할 수 없어요."

연결 관계를 찾는 방법은 관점을 바꾸는 것이라고 그녀는 덧붙였다. 모든 것을 아는 전지전능한 존재처럼 세상을 위에서 내려다보는 방식이 아니라, 아래에서 올려다보는 시각을 가져야 한다고 했다. 세상을 이해하는 방식은 하나만 있는 것이 아니라는 사실을 깨달아야 한다고 강조했다. 그녀는 마치 말을 듣지 않는 학생을 꾸짖는 듯한 손짓으로 화면 속 피셔를 가리키며 이렇게 말했다.

"세상에는 이보다 훨씬 더 많은 것이 있습니다. 여러분은 앞으로 몇 주 동안 '더 많은 것'을 배우게 될 겁니다."

그날 저녁, 열띤 토론이 진행되었다. 모두가 로드리게스 교수의 강의에 대해 각자의 의견이 있는 듯했다. 맥스는 강의가 너무 좋았다며, 로드리게스 교수가 새천년에 들어서는 과학의 강점과 약점을 정말 잘 분석했다고 말했다. 그러면서 그는 "앞으로 25년은 정말 흥미로울 겁니다. 우리는 단순히 모든 문제에 통계를 던져 넣는 환원주의적 접근에서 벗어나 복잡성을 진정으로 고려하게 될 겁니다"라고 말했다.

안토니우도 동의했다. 그는 로드리게스 교수가 아직 최신 이론들을 다루지는 않았지만, 과거에 대한 그녀의 설명은 정확했다고 말했다. 반면 매들린은 실용적인 관점을 드러냈다. 그녀는 생물학 연구 전반에 통계를 활용하고 있었기 때문에, 대안을 확립하기 전에 기존의 지식을 모두 버리는 것은 현명하지 못할 것이라고 말했다. 에스테르가 고개를 끄덕이며 동의했다. 그녀는 "루퍼트가 며칠 전에 아주 명확하게 설명해줬어요. 수학적 모델링에 필요한 것은 차분하고 신중한 분석뿐이라고 말이지요."

에스테르의 칭찬에 힘을 얻은 루퍼트는 "로드리게스 교수님의 문제는, 비판은 대단하지만, 명확한 해결책이 부족하다는 겁니다"라고 말하면서 수학적 모델은 그 결과를 말로 설명할 수 있을 때만 유용하다는 노벨 경제학상 수상자 케네스 애로의 말을 인용했다. 루퍼트는 대안적인 접근 방법이 있다면 그 접근 방법이 어떻게 효과를 내는지 로드리게스 교수가 설명해야 했다고 주장했다. 루퍼트는 자신의 영웅인 피셔에 대한 로드리게스의 설명이 공허한 말들의 집합이자 은근한 비난에 불과하다고 했다. 그는 피셔를 개인적으로 공격하는 것은 부적절하다고 생각했다.

자미야는 "피셔는 과거의 인물일 뿐이에요. 파커 교수님은 피셔의 과학 연구 그리고 그 시대의 과학적 사고를 비판하는 것이지요. 앞으로 우리가 더 잘하면 돼요"라고 말했다.

그러자 맥스는 화제를 돌리고자 "다음 주까지 기다려보면 알게 될 겁니다"라고 말했다. 그는 우리에게 파커 교수가 프린스턴 고등연구소 소속이라는 사실을 상기시켰다. 그곳은 아인슈타인이 미국에 왔을 때 일했던 곳이었다. 파커는 새로운 접근 방식을 설명하고자 했다. 그 접근 방식은 시스템을 상호작용의 관점에서 분해하는 방식이었다.

맥스의 열정적인 모습에 루퍼트는 답답해하는 기색을 보였다. 하지만 루퍼트는 파커가 프린스턴 고등연구소 소속이라는 점에서 그를 진지하게 받아들여야 한다는 것도 알고 있었다. 그는 "그냥 좀 기다려봅시다"라고 말했다.

"맥스 말이 맞아요." 안토니우가 끼어들었다. "파커 교수의 강의는 엄청날 것 같아요. 그의 연구는 동적 시스템과 혼돈 이론을 다루고 있어요. 정말 멋진 주제들이지요. 그의 연구에는 인구 변화, 기상 시스템, 경제 붕괴 같은 것을 이해하는 데 적용할 수 있는 놀라운 결과들이 포함돼 있어요. 정말 어디에든 응용할 수 있다고요!"

"안토니우는 이미 너무 많이 알고 있는 것 같아요. 차라리 안토니우가 강의하는 것이 낫겠어요."

매들린이 농담을 던졌다.

2장
상호작용적 사고

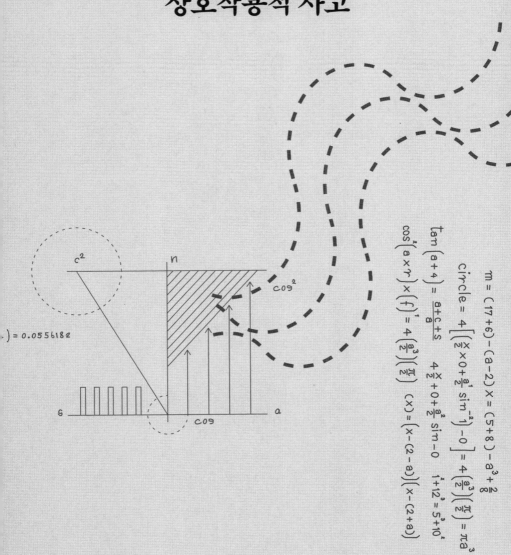

생명의 순환

다시 20세기 초로 돌아가, 피셔처럼 우리를 실망하게 할 사람이 아 닌 새로운 영웅을 찾아보자. 1902년 알프레드 로트카Alfred Lotka는 영 국 버밍엄대학교 화학과에서 마지막 학년을 보내고 있었다. 그는 성 적이 좋았지만, 공부하는 내내 공허함을 느꼈다. 당시에 그는 산酸과 염기鹽基를 정교하게 혼합하는 실험을 진행하고 있었다.[1] 이 두 물질 이 섞이면 물과 염이 만들어진다. 로트카는 녹지 않고 비커 바닥에 남아 있는 염 덩어리를 조심스럽게 휘저으며 무언가 새로운 일이 일 어나기를 기다린다. 그러나 아무 일도 일어나지 않는다. 실험은 평 형 상태에 도달하면서 끝나고, 결과가 기록되고, 생성물의 무게가 측정된 뒤 다음 실험이 시작된다.

저녁이면 로트카는 로널드 피셔처럼 찰스 다윈의 책을 읽는다. 거 기서 그는 복잡성과 패턴, 생명의 순환 그리고 끝없이 투쟁하는 존 재를 발견한다. 그는 묻는다. 화학은 어떤 역할을 하는가? 소가 먹은 풀이 소의 일부가 되는 반응은 어떤 반응에 속하는가? 여우가 토끼 를 쫓는 동안 여우의 다리를 움직이게 하는 원동력은 무엇인가? 머 릿속에서 사고의 순환을 일으키는 것은 무엇인가? 교수들이 말하는 것처럼 혼란스럽고 만화경 같은 생명이 화학 반응으로 이루어져 있 다면, 왜 화학 반응 자체는 이렇게 지루할 정도로 안정적일까?[2]

그는 19세기의 사회과학자이자 철학자인 허버트 스펜서Herbert Spencer의 책을 읽는다.[3] 스펜서는 다윈의 이론을 설명하기 위해 '적자 생존'이라는 용어를 만들어낸 사람이다. 스펜서는 자연 속 갈등이

"모든 식물 종과 동물 종이…… 끊임없이 개체 수의 리듬 있는 변동을 겪게 만든다"라고 썼다. 스펜서는 생물학에만 그치지 않고 우리의 감정, 사고, 그리고 사회의 끊임없는 움직임에 관해서도 연구한 사람이다. 로트카가 연구하고 싶어 한 것은 바로 이러한 생명의 진동이었지, 그의 화학 실험의 끝없는 결과물이나 비커 바닥에 남아 아무 반응도 나타내지 않는 염이 아니었다.

로트카는 교수들과 동료 학생들의 차분한 모습을 바라보며, 스펜서의 말이 자신의 사고를 얼마나 뒤흔드는지 드러내는 것을 두려워한다. 그의 독서는 답할 수 없는 질문들을 불러일으켰고, 그 질문들은 결코 쉽게 놓아지지 않는다. 그는 폴란드 출신의 이민자였고, 매우 영국적인 동료 학생들 사이에서 잘 어울리기 위해 노력해왔다. 그는 자기 생각을 억누르면서 실험실에 얼마 전에 들어온 분젠 버너^{Bunsen Burner}*의 효율성이나 학교에 새로 생기는 다과실에 대한 이야기를 차분하게 나누는 법을 배우고 있었다.

결국 로트카는 용기를 내어 가장 좋아하는 교수에게 왜 화학은 생명을 다루지 않는지 물어본다. 그 교수 역시 답을 알지 못했으며, 젊은 로트카의 질문을 완전히 이해하지도 못했지만, 그의 고민에는 공감했다. 그 교수는 로트카에게 도움을 줄 가능성이 있는 사람을 소개해준다. 라이프치히대학교의 빌헬름 오스트발트^{Wilhelm Ostwald} 교수였다. 오스트발트는 분자가 화학 반응의 근본적인 구성 요소라는 중심 개념을 거부하고, 대신 생물학적 생명을 구성하는 다양한 패턴들을 설명하기 위해 물리학의 한 분야인 열역학으로 눈을 돌린 사람이

---

*자연과학 실험실에서 자주 쓰이는 가열용 실험 기구.

었다. 허버트 스펜서처럼 오스트발트도 물리학에서 시작해 생물학을 거쳐 우리의 사회적 행동의 역동성에 이르는 연결 관계를 설명할 근본 원리를 찾고 있었다.

로트카는 1년 동안 대학원을 다니기 위해 라이프치히로 건너가 오스트발트의 강의를 듣는다. 스펜서와 오스트발트는 같은 목표를 가지고 있었지만, 접근 방식은 매우 달랐다. 스펜서는 그의 책에서 화려한 언어로 복잡성을 묘사했지만, 오스트발트는 수학과 계산을 강조했다. 로트카는 오스트발트가 비밀을 밝히는 열쇠라고 주장하는 수학적 도구인 미적분과 미분 방정식을 배우기 시작한다.

점차 로트카는 자신이 생각하던 문제를 해결하는 데 필요한 단서를 잡기 시작했다. 실험실에서 실험하는 대신, 머릿속에서 실험할 수 있다면 어떨까? 로트카는 몰랐지만 이 일은 그 무렵 스위스 베른의 우체국에서 근무하던 아인슈타인이 하고 있던 일이기도 했으며, 훗날 피셔가 케임브리지의 연구실에서 하게 될 일이기도 했다. 수학은 그가 사고 실험thought experiment을 엄격하고 정밀하게 수행할 수 있게 해주는 도구였다.

로트카는 라이프치히에서 1년을 보낸 후 미국으로 이주해 직업을 찾는다. 처음에는 제너럴 케미컬 회사에서, 이후에는 과학 편집자로 일하며 저녁 시간에는 계속 연구를 이어간다. 책상에 앉아 있던 중 그는 한 가지 아이디어를 떠올린다. 바로 '화학이지만 화학이 아닌 화학'을 해보자는 것이었다. 그는 다음과 같은 화학 반응식을 적어 내려갔다.

$$R \rightarrow 2R$$

$$R + F \rightarrow 2F$$
$$F \rightarrow D$$

처음엔 세 가지 반응식이 학교에서 배운 것과 비슷해 보였다. 예를 들어 수소 기체와 산소 기체가 반응해 물을 생성하는 화학 반응식은 다음과 같다.

$$2H_2 + O_2 = 2H_2O$$

이 반응식은 두 개의 수소 분자가 한 개의 산소 분자와 반응해 두 개의 물 분자를 생성한다는 것을 나타낸다. 여기서 우리는 같은 용어를 사용해 로트카의 화학 반응식을 설명할 수 있다. 첫 번째 반응식은 R '분자'가 자발적으로 두 개의 R '분자'로 변할 수 있다고 말한다. 두 번째 반응식은 R '분자'가 F '분자'와 반응해 두 개의 F '분자'를 생성한다고 말한다. 마지막 반응식은 F '분자'가 D '분자'로 변한다고 말한다.

여기까지는 괜찮다. 하지만 모든 훌륭한 화학 교사가 알다시피, 화학 반응은 반드시 '균형'을 맞춰야 한다. 즉, 화살표 양쪽에 있는 원자의 수가 같아야 한다. 물 생성 반응은 균형이 맞춰져 있다. 화살표 왼쪽에는 수소 원자 네 개와 산소 원자 두 개가 있으며, 오른쪽에도 수소 원자 네 개와 산소 원자 두 개가 있다. 하지만 로트카의 반응식은 이 균형을 무시하고 있다. 첫 번째 방정식은 화살표 오른쪽에 두 개의 R이 있지만 왼쪽에는 하나만 있다. 두 번째 방정식은 왼쪽에 R과 F가 있지만, 오른쪽에는 두 개의 F만 있다. 로트카의 모델은 분명히 화학의 기본 규칙을 위반하고 있었다.

하지만 바로 여기에서 통찰이 떠올랐다. 로트카는 화학적 균형과 안정성을 무시함으로써 자신이 찾고 있던 패턴을 만들어낼 수 있다는 사실을 깨달았다. 그는 생명 자체의 주기적 역동성을 만들어낼 수 있었던 것이다.

안정 상태에 도달하지 못하는 이유

파커 교수는 손에 든 하얀 분필로 그의 뒤에 있는 세 구역으로 나뉜 큰 칠판을 가리켰다. 칠판의 왼쪽 위 모서리에는 알프레트 로트카가 1910년에 처음 설명했던 다음과 같은 세 가지 화학 반응식이 적혀 있었다.

$$R \rightarrow 2R$$
$$R + F \rightarrow 2F$$
$$F \rightarrow D$$

파커 교수는 R 분자를 토끼로, F 분자를 여우로 보면 된다고 설명했다. 그는 로트카의 화학 반응식에서 첫 번째 반응식인 $R \rightarrow 2R$은 "토끼는…… 음, 토끼는 토끼답게 번식한다"라는 뜻이라며, 자신의 농담에 만족스러운 미소를 지었다. 만약 토끼가 여우에게 방해받지 않는다면, 한 마리의 토끼는 곧 두 마리가 될 것이다. 두 번째 반응식인 $R + F \rightarrow 2F$는 여우가 토끼를 잡아먹으면 더 많은 여우가 생긴다는 것을 의미한다. 여우가 충분히 많은 토끼를 먹고 나면 새끼 여우를 낳기 시작한다는 것이다. 마지막 반응식인 $F \rightarrow D$는 여우도 결국 죽는다는 것을 나타낸다.

파커 교수는 이 수식들을 모두 암컷인 토끼와 여우의 추상적인 모델로 보는 것이 가장 좋다고 말했다. 암컷들이 원할 때마다 번식할 수 있도록 주변에 충분한 수컷 토끼들과 여우들이 뛰어다니며 준비하고 있다고 가정하자는 것이다. 그는 몇 가지 (완전히 현실적이지는 않은) 가정을 도입하면 로트카의 반응식은 여우 같은 포식자가 토끼 같은 먹잇감의 개체 수에 미치는 영향을 설명하는 합리적인 모델이 된다고 말했다.

그는 화학 반응식을 시간에 따른 변화를 설명하는 미분 방정식 형태로 다시 쓰는 방법을 보여주었다. 화학을 수학으로 바꾸기 위해, 그는 우리에게 들판에서 마구 뛰어다니는 토끼와 여우처럼 화학 실험에서 비커 속의 분자들이 서로 부딪치는 모습을 상상해보라고 했다. 그런 다음 토끼가 태어나는 것과 같은 비율로 여우에게 잡아먹히는 상황에서 여우의 개체 수는 어떻게 될지 계산해보라고 했다.

"그건 아주 쉬워요." 내 옆에 앉아 있던 루퍼트가 불쑥 말했다. "수요와 공급 차원에서 생각하면 됩니다. 토끼가 태어나는 속도가 여우가 토끼를 잡아먹는 속도와 같으면, 개체 수는 변하지 않아요. 그게 평형 상태죠."

"맞습니다." 파커 교수가 차분히 설명했다. "토끼의 개체 수가 일정하게 유지되는 평형 상태가 생기는 거죠."

파커는 이미 칠판에 그래프의 축을 그려놓았다. x축은 토끼, y축은 여우를 나타냈다. 이제 그는 그래프를 가로지르는 선을 하나 더 그렸다(그림 4a의 수평 점선).

"이 점선 위의 모든 지점이 평형 상태입니다." 그가 말했다. "토끼를 잡아먹는 여우의 수가 새로 태어나는 토끼 수와 균형을 이루는 상태를 말하죠. 즉, 이 상태는 토끼의 개체 수가 증가하거나 감소하지 않는 상태입니다."

파커 교수는 이번에는 여우를 나타내는 선을 그렸다. 칠판 위에서

그림 4 파커 교수가 설명한 로트카의 포식자-피식자 모델

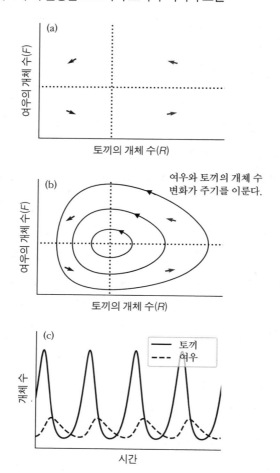

(a) 수평 점선은 여우가 토끼를 먹는 속도와 토끼가 번식하는 속도가 동일한 평형 상태를 나타낸다. 수직 점선은 여우가 번식하는 속도와 죽는 속도가 동일한 평형 상태를 나타낸다. 화살표는 각 사분면에서 여우와 토끼의 개체 수가 증가하는지 감소하는지 보여준다. (b) 토끼와 여우의 개체 수 변화 주기를 추가한 그래프 (c) 토끼와 여우의 개체 수 변화 주기에 시간 경과를 포함한 그래프.

아래로 수직으로 그어진 이 선은 여우의 평형 상태를 나타내며, 여우의 개체 수를 안정적으로 유지하는 데 필요한 토끼의 수를 보여준다. 이는 일정 수의 여우가 죽는 것을 보완하기 위해 충분한 먹잇감이 공급되어야 한다는 뜻이며, 그림 4a의 세로 점선이 그것을 나타낸다. 그는 이 선들이 칠판을 네 개의 구역, 즉 사분면으로 나누며 각 구역에서 토끼와 여우의 개체 수가 서로 다른 성장 패턴을 보인다고 설명했다. 그는 먼저 오른쪽 아래 사분면을 가리키면서, 이 구역은 토끼는 많고 여우는 거의 없는 상황을 나타낸다고 말했다. 그는 "이 구역에서는 토끼의 번식을 막을 만큼 여우가 충분하지 않기 때문에 토끼 수가 계속 늘어나요. 남아 있는 여우들은 먹이가 충분하므로 여우의 개체 수 역시 증가합니다"라고 말했다.

그는 오른쪽 위로 향하는 화살표를 오른쪽 아래 사분면에 그리면서, 이 사분면에 있는 어떤 지점에서도 토끼와 여우의 수가 모두 증가한다는 사실이 중요하다고 말했다. 그는 토끼의 평형 상태를 나타내는 수평선을 가리키며 "이 선을 넘어가면, 즉 여우의 수가 충분히 증가하면, 이제 토끼의 수가 줄어들게 됩니다"라고 설명했다. 그러더니 그는 오른쪽 위 구역의 중앙에 화살표를 그려 넣었다. 이 화살표는 왼쪽 위를 향하고 있었는데, 화살표가 위로 향하는 것은 여우 수의 증가, 왼쪽을 향하는 것은 토끼 수의 감소를 나타냈다. 교수는 칠판의 다른 구역으로 이동하며 각 사분면에서 화살표가 어떤 방향을 가리키는지 보여주었다(그림 4a의 화살표).

"진정한 통찰력이 보이는 곳은 바로 여깁니다. 이 화살표들을 따라가 보면……."

파커 교수가 말했다. 그는 분필로 화살표 방향을 따라가는 궤적을 그렸다(그림 4b의 실선). 오른쪽 아래, 즉 토끼가 여우보다 더 많은 지점에서 시작한 궤적은 오른쪽 위로 올라갔다. 이곳은 토끼와 여우가 모두 많은 상태였다. 하지만 여우가 토끼를 잡아먹으며 토끼의 개체 수가 감소하자, 그는 왼쪽 위 사분면에 도달했고, 여기에서 여우의 개체 수도 감소하기 시작했다. 그리고 마지막으로 칠판의 왼쪽 아래 구역에 들어서자, 여우의 감소와 함께 토끼의 개체 수가 다시 증가했다. 그가 다시 오른쪽 아래 사분면으로 넘어가자, 주기가 처음부터 다시 시작되었다. 파커 교수가 말했다.

"이것이 우리가 결코 안정 상태에 도달하지 못하는 이유입니다. 종들 사이의 상호작용이 우리를 끝없는 주기로 이끌기 때문입니다."

파커 교수는 이 결과가 손으로 계산한 것이지만, 컴퓨터로 시뮬레이션해도 똑같다고 설명했다. 그는 슬라이드를 가리키며, 칠판 위를 도는 주기(그림 4b)가 시간의 흐름에 따라 토끼와 여우의 개체 수가 어떻게 변화하는지를 보여주었다(그림 4c).

루퍼트와 나는 교수의 그래프 옆에 적힌 방정식을 필기했다. 처음에는 루퍼트가 중얼거리듯 혼잣말을 하며, 가끔은 나에게도 작은 목소리로 반론을 제기했다. 그는 파커 교수의 논리에서 허점을 찾으려고 애쓰며, 결국에는 토끼의 공급이 여우의 수요를 상쇄해 두 개체 수가 안정화되어야 한다고 확신했다. 이것이 바로 그가 옥스퍼드대학교에서 경제 모델을 공부하면서 익힌 사고방식이었다. 그는 동일한 평형 상태가 여기에도 적용되어야 한다고 믿었다.

그러나 루퍼트가 실수를 발견했다고 생각할 때마다 파커 교수는 루퍼트가 질문하기도 전에 그가 생각한 반론이 왜 틀렸는지 설명했다. 파커 교수는 로트카가 처음 제안한 수학적 모델에 몇 가지 문제가 있음을 인정했지만, 로트카 이후 수십 년 동안 다른 연구자들에 의해 이 문제들이 해결되었다고 말했다. 상호작용이 이루어지는 시스템에서는 주기적 변화가 평형 상태만큼이나 흔한 현상이었다. 그리고 이런 주기는 우리 주변 어디에서나 발견되었다.

파커 교수는 루퍼트와 나를 번갈아 보면서 이렇게 말했다.

"놀라운 점은 전기 신호가 우리 뇌를 통과하는 현상, 심장 박동, 반딧불이가 밤하늘에서 반짝이는 현상, 찌르레기 떼 안에서 이뤄지는 빠른 방향 전환을 위한 신호 교환, 전염병의 확산, 유행의 부침, 경제의 호황과 불황 등 모든 주기적 현상이 개체들의 상호작용에서 비롯되는 패턴이라는 거지요. 뇌의 활동은 수십억 개의 개별 뉴런들로부터 비롯되며, 새 떼는 각각의 새들로 구성되며, 경제는 사람들의 개별적인 상품 매매로 이루어집니다."

파커 교수는 로트카가 사용한 방법의 핵심은 시스템의 개별 요소가 다른 요소에 어떤 영향을 미치는지를 설명하는 데 있다고 말했다. 파커의 칠판에 그려진 예에서 그 요소는 여우와 토끼였다. 신경과학자들이 뇌 모델을 만들 때, 그 요소는 뉴런과 뉴런 사이에 전달되는 화학적·전기적 신호다. 우리 사회나 경제 시스템을 모델링할 때는 우리, 즉 개별적인 인간들이 그 구성 요소가 된다.

파커는 현대 경제학의 아버지 애덤 스미스가 틀렸다고 말했다. 스미스의 안정적 사고는 시장이 평형 상태에 도달하면 그 상태를 유지할 것이라고 믿었지만 파커는 그것이 지나치게 환원주의적 사고라고 지적했다. 우리의 상호작용, 그리고 우리가 동물의 무리처럼 행동하는 방식을 고려할 때 **인간 사회는 결코 안정적이지 않다.** 우리는 토끼와 여우의 개체 수처럼 끊임없는 상승과 하강을 겪으며, 언제나 변화 속에 있다.

강의 종료까지 2분밖에 남지 않았을 때, 파커는 잠시 침묵하며 자신의 말이 청중에게 스며들 시간을 주었다. 그는 고개를 숙인 채, 마지막으로 어떤 말을 전할지 곰곰이 생각했다. 그리고 마침내 조용한 목소리로 말했다.

"이것은 거의 마법과도 같습니다."

그는 손을 들어, 그림과 방정식으로 가득 찬 칠판을 가리켰다.

"이것은 다른 사람들이 보지 못하는 것을 보는 방법입니다. 이 내용을 이해한다면, 상호작용을 보는 법과 인과의 역학을 이해하는 법을 배우게 될 것입니다. 그리고 그것이 바로 진실을 보는 방법입니다. 세상은 안정적이지 않습니다. 로트카 이전의 환원주의 이론들, 그리고 여전히 우리의 과학적 사고에 스며들어 있는 그 이론들은 우리를 눈멀게 할 뿐입니다. 이 칠판에 적힌 것들이야말로 세상을 보는 방법입니다. 상호작용이 어떻게 개별 부분의 합을 넘어서는 패턴을 만들어내는지를 발견하는 길입니다."

루퍼트는 파커 교수를 뚫어지게 바라보았다. 그는 파커가 사용한 "마법"이라는 표현이 과장되었다고 반박하고 싶은 듯한 태도를 보였다. 하지만 그는 동시에 칠판을 가득 채운 계산식들을 바라보고 있었다. 그 식들은 권위와 엄격함의 상징처럼 느껴졌다. 이 모든 결과는 신중한 고민과 철저한 증명을 거쳐 나온 것이었다.

나는 루퍼트의 생각이 틀렸다고 확신했다. 옥스퍼드에서 그는 안정적 평형만을 다루는 수학과 통계를 배웠다. 하지만 파커 교수는 전혀 다른 어떤 것, 즉 세상을 더 잘 설명할 수 있는 뭔가를 제안하고 있었다. 그리고 나는 그것을 더 깊이 이해하고 싶었다.

사회적 화학 반응

이제 화학 반응의 관점에서 세상을 한번 바라보자. 이 세상에 단 두 종류의 사람들만 있다고 상상해보자. Y는 웃는 사람이고, X는 웃지 않는 사람이다. 만약 웃지 않는 X가 웃는 Y를 만나면, X도 웃게 된다. 이를 로트카가 했던 것처럼 수식으로 표현하면 다음과 같다.

$$X + Y \longrightarrow 2Y$$

웃지 않는 사람이 웃는 사람을 만나면, 두 사람 모두 웃게 된다. 물론 이 반응이 실제 화학 반응은 아니다. 우리가 웃을 때 뇌에서 실제로 화학 반응이 일어날 수도 있지만, 그것이 여기서 우리가 설명하려는 것은 아니다. 이 방정식은 한 사람이 웃을 때 두 사람 사이에서 일어나는 개인적인 화학 반응을 단순하게 묘사한 것이다. 이 반응을 이제부터 '사회적 반응'이라고 부르자.

다른 예를 들어보자. 경찰(C)과 도둑(R)이 있다고 생각해보자. 경찰이 도둑을 만나면 도둑을 체포한다. 이를 수식으로 표현하면 다음과 같다.

$$C + R \longrightarrow C + A$$

이때 경찰(C)은 그대로 경찰로 남지만, 도둑(R)은 체포된 상태(A)로 변한다. 이 경우 도둑의 상태는 변하지만, 경찰의 상태는 그대로다. 또 다른 예를 들어보자. 누군가가 집 밖에 있는 소파를 거실로 옮기려 한다고 상상해보자. O는 집 밖에 있는 소파를, L은 거실 안에 있는 소파를, P는 소파를 옮기려는 사람을 나타낸다. 이를 다음과 같이 표현할 수 있다.

$$P + O \rightarrow P + O$$

이 수식은 사람(P)이 소파(O)를 움직이려 하지만, 소파는 아직 제자리에 있는 상태, 즉 소파가 여전히 집 밖에 있는 상태를 나타낸다. 하지만 여기서 이 사람이 친구의 도움을 얻는다면, 그 상태는 다음과 같이 표현할 수 있다.

$$2P + O \rightarrow 2P + L$$

두 사람이 함께라면($2P$), 소파를 옮길 수 있다.

이와 동일한 규칙을 웃는 사람들에게도 적용해볼 수 있다. 한 그룹에서 단 한 사람이 웃거나 즐겁게 지내고 있다면, 그것만으로 다른 사람들을 웃게 하기는 어려울 수 있다. 어쩌면 그 사람은 의미 없는 농담에 혼자서만 미친 듯이 웃는 사람일지도 모른다. 하지만 두 사람이 웃고 있다면 이야기는 달라진다. 두 사람이 함께 웃고 있다면 그 웃음이 전염될 가능성이 훨씬 커진다. 두 사람이 함께 미쳤을 가능성은 한 사람이 미쳤을 가능성보다 훨씬 낮기 때문이다. 따라서 웃음 반응은 이렇게 표현할 수 있다.

$$X + 2Y \longrightarrow 3Y$$

이 식은 두 명의 웃는 사람이 한 명의 웃지 않는 사람을 웃게 만들어, 웃는 사람이 세 명이 된다는 것을 나타낸다. 이제부터 이것을 '두 명의 법칙'이라고 부르자. 이 법칙이 만들어내는 역동성에 대해서는 나중에 더 자세히 살펴볼 것이다.

이러한 상호작용은 일상에서도 쉽게 볼 수 있다. 예를 들어 친구들 사이에 소문이 퍼지는 방식이 그렇다. 한 사람이 다른 사람에게 소문을 전하면, 이제 두 사람이 그 소문을 알게 된다. 또는 직장에서 동료와 함께 작업을 할 때처럼 두 사람이 협력하면 일이 훨씬 더 빨리 진행되는 예도 있다. 이런 상호작용은 더러운 접시들을 닦아 반짝이는 깨끗한 접시들로 바꾸는 것처럼 사소한 일일 수도 있으며, 당신의 내면 상태와 관련된 것일 수도 있다. 설거지하는 행위 자체가 나른한 상태에서 작은 성취감을 느끼는 상태로 당신을 변화시킬 수도 있기 때문이다. 세상을 상호작용적으로 바라보는 관점은 화학 반응의 언어로 표현할 수 있다. 이 화학 반응은 다른 사람들과의 사회적 화학 반응일 수도 있고, 우리의 내면 상태나 주변 세상의 상태를 생각할 때 일어나는 개인적 화학 반응일 수도 있다.

물론 우리가 표현한 모든 반응이 모든 상황에 들어맞는 것은 아니다. 때로는 혼자서도 소파를 거실로 옮길 수 있고, 경찰이 도둑을 잡지 못할 수도 있으며, 두 명의 친구가 웃기지 않은 농담에도 웃을 수 있다. 하지만 이 접근법의 핵심은 그런 디테일이 아니다. 상호작용적 사고는 우리가 세상을 어떻게 변화시키고, 또 세상이 우리를 어떻게 변화시키는지를 서로 연결된 관점에서 바라보는 사고방식이다. 우리는 자신을 하나의 사회적 반응의 일부로 봐야 한다. 우리의 행동은 다른 사람들의 행동에 영향을 미치고, 마찬가지로 다른 사람들의 행동이 우리의 행동과 사고를 형성한다.

상호작용적 사고는 사람들의 집단을 바라보는 통계적 관점과는 다르다. 이 사고방식은 더 개인적이고, 우리의 일상과 더 밀접하게 연결되어 있다. 또한 이 사고방식은 데이터에 의존하기보다는 우리의 행동이 어떤 결과를 초래하는지 생각하는 데 중점을 둔다. 이 사고방식을 통해 우리는 사람들이 친구들과 왜 비슷한 선택을 하는지, 한 집단 내에서 합의가 어떻게 형성되는지, 우리의 기분이 어떻게 오르내리는지 이해할 수 있다. 이 사고방식은 지금까지 살펴본 안정적이고 통계적인 사고보다 결코 덜 과학적이지 않다. 오히려 이 사고방식은 우리 사회의 가장 중요한 질문들에 대해 더 포괄적이고 깊이 있는 답을 제공할 때가 많다.

사회적 전염과 회복에 숨은 비밀

로트카의 화학 반응 방식은 전염병이 창궐하는 동안 바이러스의 확산 속도를 예측하기 위한 모델 구축 과정에서도 매우 유용하게 사용됐다. 바이러스에 감염되지 않았지만 감염될 가능성이 있는 사람(S)이 이미 바이러스에 감염된 사람(I)과 접촉하면 그 사람도 감염될 수 있다. 이를 로트카의 화학 반응 언어로 표현하면 다음과 같다.

$$S + I \longrightarrow 2I$$

이 반응식은 감염될 수 있는 사람(S)과 감염된 사람(I)이 접촉하면 두 명의 감염자(I)가 생긴다는 뜻이다.

전염병 유행 초기에는 거의 모든 사람이 감염될 수 있다. 바이러스에 감염된 사람이 매우 적기 때문이다. 만약 감염자가 이틀에 한 번씩 새로운 사람과 접촉한다면, 이틀 후에는 한 명이 추가로 감염되어 총 두 명이 된다. 4일 후에는 두 명의 감염자가 각각 한 명씩 전염시켜 총 $2 \times 2 = 4$명이 된다. 6일 후에는 $2 \times 2 \times 2 = 8$명이 되고, 8일 후에는 $2 \times 2 \times 2 \times 2 = 16$명이 된다. 즉, 감염자 수는 이틀마다 두 배로 증가한다. 20일 후에는 $2 \times 2 \times 2 \times 2 \times 2 \times 2 \times 2 \times 2 \times 2 \times 2 = 1024$명이 감염된다.

이와 같은 곱셈을 간단히 표현하기 위해 예를 들어 $2 \times 2 \times 2$는 2^3으로 쓴다. 여기서 3은 곱셈 횟수를 나타내며, 이를 지수라고 부른다. 위 예에서 지수는 첫 감염 이후 경과한 일수를 2로 나눈 값이다.

예를 들어 6일째 감염자 수는 $2 \times 2 \times 2 = 2^3 = 8$명이 되고, 20일째 감염자 수는 $2 \times 2 \times 2 \times 2 \times 2 \times 2 \times 2 \times 2 \times 2 \times 2 = 2^{10} = 1024$명이 된다. 이런 방식으로 성장하는 것을 지수적 성장exponential growth이라고 한다.

지수적 성장은 매우 빠르게 진행된다. 40일째에는 감염자 수가 $2^{20} = 1048576$명(2를 20번 곱한 값)이 된다. 60일째에는 $2^{30} = 1073741824$명으로 약 10억 명에 이른다. 실제 바이러스, 예를 들어 코로나19Covid-19의 경우 감염된 사람이 다른 사람을 전염시키기까지 일정 시간이 걸린다. 따라서 바이러스는 이틀마다 두 배로 증가하지는 않지만, 여전히 지수적 성장을 보인다. 시간이 지나면서 감염자 수는 반복적으로 곱해지며 급격히 증가해 어느새 바이러스가 모든 곳에 퍼지게 된다.

초기에는 지수적 성장으로 인해 감염자가 급증하지만, 시간이 지나면 감염자들이 회복하기 시작한다. 이는 다음과 같이 표현할 수 있다.

$$I \rightarrow R$$

감염자(I)는 시간이 지나면서 회복 상태(R)로 전환된다. 그로 인해 감염자가 다른 사람과 접촉하더라도, 그 사람이 감염될 가능성은 줄어든다. 감염자가 접촉하는 사람들 상당수가 이미 회복된 사람들이기 때문이다. 이 때문에 감염자 수는 처음에는 빠르게 증가하다가, 정점에 도달한 후 서서히 감소하기 시작한다. 이는 SIR 모델(감염가능자[S], 감염자[I], 회복자[R])로 설명할 수 있으며, 앞서 소개한 두 가지 화학 반응을 기반으로 한다. 초기에는 감염이 매우 빠르게 확산해, 우리가 두 배씩 곱했던 것처럼 감염자 수가 급격히 늘어난다.

그림 5 SIR 모델

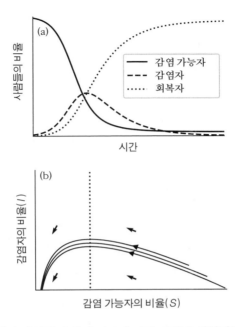

(a)는 전형적인 전염병 유행이 시간에 따라 어떻게 진행되는지를 보여준다. (b)는 같은 전염병 유행에서 감염 가능자(x축)와 감염자(y축)의 상대적 수가 어떻게 연관되는지를 나타낸다.

하지만 회복자가 늘어나면서 감염 가능자의 수는 점차 줄어들고, 결국 질병은 사라진다.

감염자가 많아질수록 질병의 확산 속도는 느려진다. 이는 감염자들이 이미 회복된 사람들, 즉 면역을 가진 사람들과 접촉할 가능성이 커지기 때문이다. 예를 들어 한 사람이 감염된 후 회복하는 데 일주일이 걸린다고 가정해보자. 만약 이 사람이 유일한 감염자라면, 평균적으로 이틀에 1명씩, 일주일 동안 총 3.5명을 감염시킬 것이다.

하지만 인구의 절반이 이미 감염되었거나 회복되었다면, 감염자 한 명은 평균적으로 1.75명만 감염시킬 것이다(3.5/2=1.75). 이는 접촉자 중 절반만이 감염 가능자이고, 나머지 절반은 이미 회복되었거나 감염 상태여서 더 이상 질병을 전파하지 않기 때문이다.

전체 인구에서 3.5명 중 1명만이 감염 가능자일 때, 감염자는 평균적으로 3.5/3.5=1명의 새로운 감염자를 만들어낸다. 이 시점이 바로 집단 면역herd immunity에 도달하는 순간이다. 즉, 감염자 한 명이 한 명 미만의 새로운 감염자를 발생시키는 시점이다. 그림 5b는 파커 교수가 포식자-피식자 모델을 설명하며 칠판에 그렸던 다이어그램과 비슷하지만, 이번에는 SIR 모델에 적용된 모습이다. 이런 유형의 그래프를 위상 평면phase plane이라고 한다. 시간에 따라 감염 가능자와 감염자의 비율을 따로 나타내는 대신, 두 값을 서로 비교해 그린다. 화살표는 시간이 흐르는 방향을 나타내며, 점선은 집단 면역에 도달한 감염 수준을 표시한다. 이 점선은 감염 확산이 증가positive에서 감소negative로 전환되는 평형 상태를 의미한다.

이전 장에서 살펴본 안정적인 첫 번째 사고방식과는 달리, 여기에서 다루는 두 번째 사고방식은 데이터를 가장 중요하게 다루지 않는다(위의 논의에서 사용된 유일한 데이터는 감염자 1명이 평균적으로 접촉하는 사람 수인 3.5명뿐이다). 그 대신 이 사고방식은 추론에 기반한다. 이를 통해 우리는 결과를 단계적으로 분석하여 다음과 같은 일을 할 수 있다.

1. 질병이 초기에는 지수적으로 확산한다는 사실을 파악한다.
2. 최종적으로 얼마나 많은 사람이 감염될지를 추정한다.

3. 집단 면역을 달성하는 데 필요한 백신 접종률을 계산한다.

이 모든 중요한 결론은 사회적 상호작용을 화학 반응의 형태로 표현한 몇 가지 명확한 가정에서 도출된 것이다.

전염병 모델은 전염병 대응에 필수적일 뿐만 아니라, 질병과는 상관없는 일상적인 상황에서도 매우 유용하다. 문화, 아이디어, 농담, 행동, 패션은 모두 전염성을 가진다. 우리는 '바이럴 동영상'(틱톡이나 페이스북 같은 SNS 사용자들 사이에서 빠르게 퍼지는 영상) 같은 표현을 자주 쓰지만, 이 비유가 얼마나 강력한지 깊이 생각하지 않을 때가 많다. 사회적 상호작용을 화학 반응으로 표현하는 것의 장점은 우리가 살아가는 세계에 대해 수학적으로 엄격하게 사고하면서도, 자유롭게 새로운 아이디어를 개발하고 실험할 수 있게 해준다는 점이다.

수키는 항상 최신 트렌드를 궁금해하고, 친구들에게 재미있는 밈을 가장 먼저 공유하거나 가장 유행하는 패션 아이템을 누구보다 먼저 알아내고 싶어 한다. 하지만 그녀가 아무리 많은 시간을 온라인에서 보내도 트렌드의 선두에 서는 일은 드물다. 다른 사람들은 수키가 공유하는 재미있는 강아지 동영상이나 패션 브랜드 오프화이트Off-White의 신상품 동영상을 대부분 그녀보다 먼저 본다. 그들은 수키보다 그런 것들에 관심이 훨씬 적은데도 말이다. 왜 수키는 한발 앞서 나가지 못하는 걸까?

어떤 밈을 본 사람의 수가 매시간 두 배로 증가했다고 가정해보자. 그리고 수키의 친구 소피는 그 밈이 처음 SNS에 등장한 지 10시간 만에 접했다고 생각해보자. 소피는 소셜 미디어를 빠르게 따라가는 편이 아니다. 따라서 수키는 소피보다 훨씬 먼저, 예를 들어 그 밈이 등장한 지 5시간 만에 그 밈을 접했어야 한다.

수키가 친구인 소피보다 5시간 앞서는 것이 왜 어려운지 이해하려면 시간을 거슬러 올라가 봐야 한다. 만약 10시간째에 (소피를 포함한) 10만 명이 이 밈을 봤다면, 9시간째에는 그 절반인 5만 명이, 8시간째에는 2만 5000명이, 7시간째에는 1만 2500명이, 6시간째에는 6250명이, 5시간째에는 겨우 3125명(전체의 약 3%)만이 밈을 본 것이다. 다시 말해 첫 3%의 사람이 밈을 접하는 데 걸린 시간은 나머지 97%가 밈을 접하는 데 걸리는 시간과 같다. 이는 수키가 트렌드의 선두에 서고 싶다면 이 3% 안에 들어가기 위해 엄청난 노력을 기울여야 한다는 의미다.

일반적으로 전형적인 전염병 곡선(그림 5a)을 시작, 중간, 끝으로 나누어보면 대부분의 '감염'은 중간 단계에서 일어난다. 초반에는 빠르게 확산되는 시작 단계, 대부분의 사람이 감염되는 중간 단계, 그리고 마지막 소수가 감염되는 꼬리 단계가 있다. 특정한 사회적 전염, 예를 들어 뉴스 공유나 밈 확산에서도 우리는 대개 시작이나 끝보다는 중간에 위치한다. 즉 우리가 어떤 정보를 접하는 순간은 이미 많은 사람이 동시에 그 정보를 알게 된 순간일 가능성이 크다.

사회적 행동에서는 유행이나 뉴스 확산뿐만 아니라 회복 방식도 전염성을 가질 수 있다. 예를 들어 감기나 독감, 코로나19에 걸렸을 때 가장 좋은 방법은 집에서 쉬면서 바이러스를 퍼뜨리지 않는 것이다. 이미 병을 앓았던 사람들과 시간을 보낸다고 해서 우리가 더 빨리 회복되는 것은 아니다. (물론 그들의 위로가 기분을 좋게 만드는 데는 도움이 될 수 있다.) 회복은 결국 각 개인이 독립적으로 겪어야 하는 과정이다. 이는 화학 반응 $I \rightarrow R$에 반영되어 있다. 이 반응에서 회복은 다른 사람의 개입 없이 이루어진다.

패션과 뉴스 트렌드에서는 상황이 조금 다르다. 예를 들어 리처드가 「왕좌의 게임」이라는 TV 프로그램 이야기를 멈춘 이유가, 앤터니가 그 프로그램에 흥미를 잃었다는 것을 알았기 때문이라고 생각해보자. 이는 사회적 회복social recovery의 관점으로 볼 수 있다. 리처드는 회복된 사람들과 접촉하면서 이 프로그램에 대한 집착에서 더 빨리 벗어날 수 있다. 이 상황은 다음과 같은 화학 반응으로 표현할 수 있다.

$$I + R \longrightarrow 2R$$

유행에 감염된 사람들이 회복된 사람과 만나면, 그들은 더 빠르게 회복된다.

이 $I + R \longrightarrow 2R$ 반응은 사회적 전염이 바이러스 전염과는 다르다는 것을 보여준다. 특히 이 반응은 '백신 접종'을 훨씬 더 효과적으로 만든다. 왜냐하면 회복된 사람들이 감염된 사람들을 더 빨리 회복시킬 수 있기 때문이다. 바이러스 전염병의 경우, 집단 면역은 감염자 수가 감소하기 시작하는 데 필요한 수직선(그림 5b의 점선)으로 나타난다. 하지만 사회적 회복이 가능한 경우, 집단 면역 선은 기울어진 형태로 나타난다(그림 6a의 점선). 그 결과, 처음에 회복된 사람이 전혀 없는 상태에서 시작된 전염은 비사회적 회복 모델(그림 6b)과 거의 비슷한 범위로 퍼질 수 있지만 예를 들어 인구의 30%가 이미 사회적으로 회복된 상태라면, 감염은 훨씬 빠르게 사라진다(그림 6c).

기업들은 자신들과 관련된 '나쁜 뉴스'가 퍼질 때, 이를 해결하기

그림 6 SIR 모델

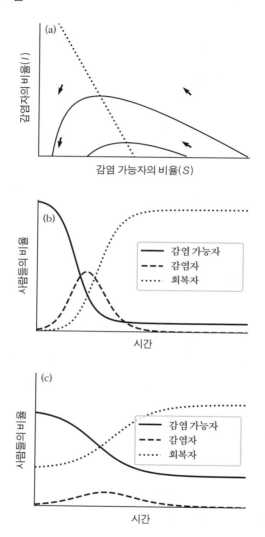

(a) 사회적 회복이 가능한 경우, 집단 면역 선(점선)은 그림 5b의 점선과 비교할 때 왼쪽으로 기울어진다. (b) 초기 회복률이 낮을 경우, 감염은 인구 대부분으로 퍼진다. (c) 초기 회복률이 30%일 때, 감염은 빠르게 소멸된다.

위해 자주 사용하는 홍보 전략이 있다. 바로 기존의 나쁜 뉴스와 유사하지만 좀 더 긍정적인 내용을 담은 후속 기사를 미디어에 배포하는 것이다. 이렇게 배포되는 새로운 기사는 단순히 기업의 입장을 전하는 데 그치지 않고, 사회적 회복을 촉진하는 역할도 한다. 원래의 '나쁜 뉴스'를 들은 감염자들이 '긍정적인 버전'을 들은 사람들에게 그 뉴스를 전할 때, 감염자들은 자신들이 마치 철 지난 뉴스를 이야기하고 있는 것처럼 느낀다. 감염자들이 들었던 나쁜 뉴스는 새로운 버전보다 덜 신선하게 느껴지기 때문에, 감염자들은 더 이상 그 뉴스를 퍼뜨리지 않게 된다. 뉴스 통제의 핵심은 나쁜 뉴스를 퍼뜨리는 감염자들에 집중하는 것이 아니라, 감염 가능자들을 회복자로 전환시키는 데 초점을 맞추는 것이다. 그러면 원래 뉴스(나쁜 뉴스)에 대한 관심을 줄일 수 있다.

소피는 코로나19 백신 접종의 중요성을 알리는 프로젝트를 진행 중이다. 하지만 백신에 대한 잘못된 정보가 퍼질 때면 좌절감을 느끼며, 모든 가짜 뉴스를 하나하나 반박해야 한다는 생각이 들기도 한다. 그러다 그녀는 회복의 중요성을 떠올린다. 이는 단순히 코로나19로부터의 회복뿐만 아니라, 이를 둘러싼 허위 과학에서 벗어나는 사회적 회복까지 포함한다. 만약 소피가 사람들에게 정확한 정보를 제공하고 교육할 수 있다면, 사람들은 잘못된 정보를 들었을 때 더 비판적으로 생각할뿐더러 다른 사람들에게도 긍정적인 영향을 미칠 것이다. 그녀는 마음을 바꾸기 힘든 사람들에게 집착하거나 걱정하기보다는, 주변 사람들에게 사회적 면역력을 심어주는 데 집중한다.[1]

사회적 전염은 선한 영향력을 발휘할 때가 많다. 쓰나미나 대형 폭풍 같은 재난이 발생한 뒤에는 구조와 복구를 위한 기부가 전염병 곡선처럼 퍼져 나간다.[2] 우리는 다른 사람들이 기부하는 모습을 보고 자신도 기부한다. 우리의 사회적 상호작용, 예를 들어 박수를 시작하는 것, 함께 웃는 것, 또는 데이브 셰펠Dave Chappelle의 농담에 모두가 놀라며 집단적으로 "대박!"이라고 반응하는 순간에 전염성이 있다.[3,4] 우리는 끊임없이 서로의 반응을 살피며, 무엇이 옳은 행동인지 판단해간다.

사회적 전염과 회복은 소문, 뉴스 전파, 관객의 박수처럼 짧은 시간 안에 끝나는 일이 아니라 훨씬 긴 시간 동안 이어질 수 있다. 1960년대까지 아이리시 세터는 그다지 인기 있는 견종이 아니었다. 당시에는 매년 미국에서 가장 오래된 비영리 애견 단체에 등록되는 이 견종의 강아지가 2000~3000마리에 불과했다. 하지만 1960년대 후반부터 인기가 급상승하기 시작했다. 1967년에는 등록 수가 1만 마리에 이르렀고, 1973년에는 인기가 정점을 찍으며 6만 마리까지 증가했다. 그 이후 증가세는 급격히 감소해 1975년에는 5만 5000마리, 1977년에는 3만 마리로 줄었고, 1980년에는 다시 1만 마리 수준으로 돌아갔다. 1990년대에는 아이리시 세터의 인기가 1960년대보다도 더 낮아졌다.

비슷한 흥망성쇠는 도베르만 핀셔(1970년대 후반에 정점), 차우차우(1987년에 정점), 로트와일러(1990년대 중반에 정점) 같은 견종에서도 나타났다. 평균적으로 한 견종이 무명에서 인기의 정점까지 오르는 데 약 14년이 걸리고, 다시 인기가 사라지기까지는 약 13년이 걸린다. 때로는 영화가 이러한 붐을 촉발하기도 한다. 예를 들어, 디즈니의 「101마리 달마시안」이 1985년에 재개봉된 후 달마시안 등록

수는 10년 동안 700% 증가했지만, 1990년대 중반에는 인기가 급격히 사그라들었다.[5]

이러한 전염과 사회적 회복의 패턴은 우리의 삶에도 장기적인 영향을 미친다.[6] 매사추세츠주 프레이밍햄에서 수만 명의 주민을 대상으로 진행된 프레이밍햄 심장 연구에 따르면, 과음하는 친구가 있다면 자신도 과음할 가능성이 두 배 높아지며, (연구진이 무작위로 선택한) 친구가 술을 끊었을 때 자신도 술을 끊을 가능성이 커지는 것으로 나타났다. 흡연의 경우, 담배를 피우는 친구가 있을 때 자신도 담배를 피울 가능성이 2.5배, 대마초를 피우는 친구가 있을 때 자신도 대마초를 피울 가능성은 세 배 증가했다. 비만 경향이나 수면 시간과 관련해서도 비슷한 결과가 나타났다. 심지어 이혼도 마찬가지다. 이혼한 친구가 있다면 자신도 이혼할 가능성이 커진다. 이혼은 아마도 사회적 '회복'의 가장 극단적인 형태일 것이다. 친구들이 이혼했다는 이유만으로도 우리는 인생에서 가장 중요한 관계를 끝낼 가능성이 더 커지는 것이다.[7]

특정 견종의 개를 사는 일, 뉴스를 온라인에서 공유하는 일, 코미디 공연에서 함께 웃는 일 등과 누군가가 배우자와의 관계를 끝내기로 결심하는 일을 비교하는 것은 중요한 인생의 변화를 가볍게 여기는 것처럼 보일 수 있다. 하지만 여기서 구분해야 할 점은, 온라인에서 무언가를 공유하는 것과 결혼 생활이 무너지는 것은 당연히 심리적 메커니즘이 크게 다르지만 그 동역학에는 유사성이 있다는 것이다. 친구들이 우리의 로맨틱한 관계의 안정성에 미치는 영향은 우리가 소셜 미디어에서 어떤 사진을 공유할지 결정하는 데 미치는 영향보다 훨씬 더 복잡하고 장기적이다. 마찬가지로, 우리가 특정 견종의 개를 선택하는 방식은 알코올 의존에 빠지는 과정과는 매우 다르다. 하지만 그 기저에 있는 사회적 반응은 같다. 로트와일러 견종이 미국에서 어떻게 인기를 얻게 되었는지 또는 한 무리의 고등학생들이 어떻게 함께 음주를 시작하게 되었는지를 모델링하고자 한다면 우리는 같은 화학 반응식을 사용할 수 있고, 두 경우 모두에서 비슷한 상승과 하락의 동적 패턴을 발견할 수 있다.

이런 지식을 통해 우리는 서로에 대해 더 깊은 책임감을 느끼게 된다. 누군가에게 부정적인 행동을 하면, 그것은 단지 그 사람에게만 영향을 미치는 것이 아니라 그 사람과 가까운 이들에게도 영향을 미친다. 부정적인 행동은 전염되기 때문이다.

런던에 사는 열 명의 친구들은 항상 새로운 프로젝트를 시작한다. 지난여름, 베키는 친구들에게 텃밭에서 채소를 키우게 했고, 지난겨울에 앤터니는 일주일에 한 번씩 5인제 축구를 하자고 제안했다. 그 직후, 제니퍼는 독서 모임을 시작했다. 이런 활동의 초기에는 모두가 같은 방향으로 노력하며 열심히 참여한다. 하지만 시간이 지나면서 흥미가 줄어든다. 친구들은 계속 잡초를 뽑는 일에 싫증을 느끼고, 독서 모임의 멤버들은 특히 지루한 책을 읽고 나면 관심을 잃어버린다. 마치 흥미가 생겼던 속도만큼 빠르게 사라지는 것처럼 보인다. 이러한 참여와 이탈의 주기는 자연스럽고 피할 수 없는 일이다. 따라서 베키, 앤터니, 제니퍼는 좌절하거나 그룹이 끝까지 해내지 못했다고 자신을 탓하기보다는, 이 모든 것이 자연스러운 사이클이라는 관점에서 자신들이 이룬 것을 돌아보아야 한다. 우리의 흥미가 오르내리는 것은 사회적 전염과 회복의 본질에 속한다.

우리는 안정적인 것이 더 낫다는 잘못된 믿음을 가질 때가 있다. '진짜' 뉴스는 단기적인 바이럴 스토리가 아니라 오랜 기간 이어지는 경향이라고 생각하거나, 만족을 얻기 위해 우리가 시작한 모든 프로젝트를 끝까지 완수해야 한다고 믿는다. 또는 우리는 시간이 지남에 따라 평균적인 행복감이 중요하다고 생각하거나, 평생 특정 가치를 고수해야 한다고 여기기도 한다. 하지만 사회적 상호작용에서 안정성은 우리가 기대해야 할 결과가 아니다. 정말 중요한 것은 우리가 함께 무언가를 이루었을 때의 성취감이나 즐거움이 최고조에 달했던 순간들이다. 관계의 상호작용은 여우와 토끼 사이처럼 우리를 이리저리 끌어당긴다. 집단적인 환희에서 암울한 우울함으로, 하나의 뉴스에서 다른 뉴스로, 한 사회적 활동에서 다음 활동으로, 다양한 생각과 믿음 사이에서, 혹은 우리가 원한다고 생각했던 목표에서 다른 목표로.

우리 자신을 이러한 상호작용의 흐름에 맡기는 것은 비합리적인 행동이 아니다. 오히려 비합리적인 것은 안정적일 때가 더 낫다고 믿는 것이다.

부분의 합보다 큰 전체

둘째 주 수요일, 파커 교수의 전염병 모델 강의가 끝난 후였다. 강의실을 나서는데 호주 생물학자인 매들린이 내 어깨를 뒤에서 붙잡고 돌려세웠다. 그녀는 내 눈을 똑바로 바라보며 말했다.

"얘기 좀 할까요?"

매들린은 나를 야외 테이블로 데려가더니 이야기를 시작했다. 그녀는 강의에 큰 감명을 받았을 뿐만 아니라, 자신이 알고 싶은 내용이었다고 말했다. 특히 상호작용에 대한 설명이 핵심적이었다며 내 의견을 물었다. 또한 자신의 개미 연구에 필요한 것이 바로 그 개념이라고 했다.

"개미들은 안정적이지 않아요. 항상 무언가 다른 일을 하고 있죠. 청소를 하거나, 애벌레를 돌보거나, 새로운 먹이원을 찾거나, 둥지의 새로운 부분을 짓기도 해요……."

매들린은 지난 2년간 개미들이 어떻게 먹이를 찾아다니는지 데이터를 수집해왔지만, 큰 그림을 보지 못하고 있었다고 했다. 그런데 파커 교수가 그 답을 제시했다는 것이다. 하지만 문제는 그녀 혼자서 그 수학적 모델을 만들 수 없다는 점이었다.

"그래서 당신이 필요해요."

그녀는 미소를 지은 채 나를 똑바로 바라보며 말했다. 로트카의 화학 반응식을 이용해 개미들을 설명하는 일을 도와달라고 했다. 내가 찾고 있던 도전 과제가 바로 이런 것이었다. 나는 노트를 꺼내 들었고, 매들린은 계속해서 '자신의 개미들'에 관해 이야기했다. 그녀는 항상 개미들이 마치 자기 아이들이라도 되는 양 그렇게 부르 곤 했다. 그녀는 개미들이 먹이를 향해 가는 길에 페로몬을 남긴다 는 것과 개미들의 활동 주기에 대해 이야기했다. 그녀는 때로는 모 든 개미가 여기저기 바삐 움직이고, 때로는 둥지 안에 가만히 누워 있는다고 했다. 그녀가 이야기하는 동안 나는 계속해서 적었다. 나 는 먹이를 수집하는 개미를 설명하는 다이어그램, 휴식을 취하는 개 미를 설명하는 다이어그램, 먹이를 찾는 개미를 설명하는 다이어그 램을 차례로 그렸다. 매들린은 내가 그린 다이어그램을 계속 수정했 다. 어떤 것은 너무 단순화되었고, 또 어떤 것은 내가 중요하다고 생 각했지만 실제로는 그렇지 않다고 설명했다.

다른 학생들은 강의실로 돌아가 다음 강의를 들었지만, 우리는 테 이블에 앉아 이야기를 이어갔다. 매들린은 한 마리의 개미가 먹이를 발견해 다른 개미들에게 페로몬 흔적을 남기더라도, 이 페로몬이 다 른 개미들이 흔적을 따라가기 전에 증발해버릴 때가 많다는 점을 강 조했다. 그녀가 말했다.

"만약 먹이를 찾는 과정을 바이러스 감염과 같다고 본다면, 최소 한 두 마리의 개미가 있어야 다른 한 마리를 '감염'시킬 수 있을 거 예요."

그 순간, 나는 깨달았다. 개미들이 먹이 정보를 서로 전달하는 화 학 반응은 반드시 다음과 같은 방식으로 이루어져야 했다.

$$L + 2F \rightarrow 3F$$

먹이를 찾고 있는 개미(L) 한 마리를 끌어들이는 데에는 먹이를 찾은 개미(F) 두 마리가 필요하다. 이는 먹이를 찾은 개미 두 마리가 먹이를 찾는 개미 한 마리를 전환시킨다는 뜻이다. 즉, 이 반응은 '둘이 필요한' 반응이다. 우리는 여기에 또 다른 반응을 추가했다.

$$F \rightarrow R$$

시간이 지나면서 먹이를 수집한 개미(F)는 결국 그 자리를 뜬다는(R) 것이다. 이는 전염병 모델에서의 회복과 유사하며, 이는 개미들이 다른 개미와 상의하지 않고 스스로 그 자리를 뜬다는 가정에 의한 것이다. "개미들은 다른 일을 하기 위해 서서히 다른 곳으로 사라져요"라고 매들린이 설명했다.

그 시점에서 매들린은 내 메모를 가져가 직접 반응식을 스케치하기 시작했다. 나는 새 종이를 꺼내 위 반응들이 어떻게 진행되는지를 설명하는 방정식을 적기 시작했다. 반응 속도를 바탕으로 시간에 따른 변화를 설명하는 미분 방정식을 작성했다. 먼저 나는 개미 무리가 작거나 개미들이 매우 넓은 영역에서 먹이를 찾고 있을 때의 반응 속도를 분석했다. 이 경우, 개미들이 서로 마주칠 확률은 낮아지고, 그 결과 먹이 방향으로 이동하는 속도도 느려졌다. 따라서 처음에 몇몇 개미가 먹이를 발견했더라도, 먹이를 수집한 개미들이 그 자리를 뜨기 전에 먹이에 대한 정보를 퍼뜨리지 못해 먹이에 대한 지식이 사라질 수 있었다. 이는 그림 7a에 설명되어 있다. 이 그림에서 화살표는 먹이를 찾은 개미가 더 이상 남아 있지 않은 상태(먹이를 찾은 개미가 모두 그 자리를 뜬 상태)로 향한다.

그 후 나는 개미들의 상호작용 속도가 증가할 때 어떤 일이 일어

그림 7 개미의 경로에 대한 '둘이 필요한' 모델

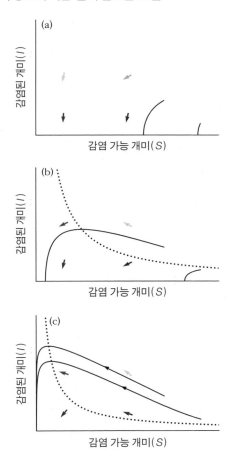

감염된 개미는 먹이를 찾은 개미, 감염 가능 개미는 먹이를 찾지 못한 개미를 각각 뜻한다. (a) 상호작용 속도가 더딜 때, 감염 개미는 감염 가능 개미를 충분히 끌어들이지 못한다. (b) 상호작용 속도가 중간 정도일 때, 초기 발견 수준이 낮으면 감염된 개미가 감염 가능 개미를 충분히 끌어들일 수 없지만, 초기 발견 수준이 '집단 면역' 선을 넘으면 감염 가능 개미를 충분히 끌어들일 수 있다. (c) 감염된 개미는 감염 가능한 개미를 먹이 쪽으로 끌어들이는 데 거의 항상 성공한다.

나는지를 분석했다. 이를 위해 먹이를 찾은 개미들이 다른 개미를 먹이로 끌어들이는 속도와 먹이를 찾은 개미들이 먹이 자리를 떠나는 속도가 같아지는 평형점을 계산했다. 표준 전염병 모델에서 이 평형점은 '집단 면역' 평형점으로, 감염 속도와 회복 속도가 일치하는 지점이다. 이 평형점이 수직선(그림 5c의 점선)으로 나타나는 전염병 모델과는 달리, 개미 모델에서는 평형점이 곡선(그림 7b의 점선)으로 나타난다. 처음에 먹이를 찾은 개미의 수가 이 곡선 아래에서 시작하면, 이 개미들은 충분히 많은 개미를 먹이 쪽으로 끌어들이기 전에 그 자리를 뜬다(그림 7b에서 점선 아래 오른쪽으로 향하는 화살표 참조). 하지만 만약 상당한 비율의 개미가 처음에 먹이를 찾았다면, 그들은 정보를 퍼뜨려 거의 모든 개미를 먹이 쪽으로 끌어들일 수 있다. 마지막으로 나는 개미들이 매우 자주 상호작용할 때 어떤 일이 일어나는지 살펴보았다. 이 경우, 비록 처음에는 소수의 개미만이 먹이를 발견했더라도 결국 거의 모든 개미가 먹이를 찾게 된다(그림 7c).

"이건 파커 교수님이 강의에서 말한 것과 똑같아요!" 내가 외쳤다. "개미들은 정말 그들의 부분의 합 이상이에요. 개미들의 숫자를 모두 더한다고 해서 개미들이 얼마나 많은 먹이를 모을 수 있는지 알 수 없으니 말이에요. 그 계산은 훨씬 더 복잡해요."

만약 개미들의 집단이 그 집단 내 모든 개체의 합에 불과하다면, 먹이를 찾는 개미들의 수는 개미들이 상호작용하는 속도에 비례해야 했다. 하지만 상호작용을 별로 하지 않는 개미들은 먹이를 거의 찾지 못한다. 이 경우 그들은 부분의 합보다 적다. 상호작용 속도가 높은 개미들은 때로는 많은 먹이를 모으기도 하고, 때로는 매우 적은 양만 모으기도 한다. 그들은 먹이를 찾는 초기 상태에 따라 부분의 합보다 더 많거나 적을 수 있다. 다시 말해, 이 경우 먹이를 성공적으로 찾는 일은 우연에 의해 결정된다. 만약 처음에 충분히 많은 개미가 먹이를 찾으면, 그들은 모두 먹이를 찾게 된다(부분의 합보다 더 많다). 그렇지 않으면, 아주 적은 수의 개미만이 먹이를 찾는다(부분의 합보다 적다). 매우 큰 집단은 더 이상 우연에 좌우되지 않으며, 대부분의 개미가 먹이에 도달하는 데 항상 성공하게 된다.

"언제나 작은 군집은 실패하고, 큰 군집은 성공해요. 그리고 중간 크기의 집단은 처음에 얼마나 많은 개미가 먹이를 찾았느냐에 따라 성공 여부가 달라져요"라고 나는 요약하듯 말했다.

그러자 매들린이 매우 흥분하며 외쳤다.

"실험을 해봐야겠어요. 정말 재미있을 거예요."

나는 그녀에게 어떻게 실험을 진행할 계획인지 물었고, 그녀는 개미들을 다양한 크기의 집단으로 나누어 상호작용의 정도를 조절할 수 있다고 답했다. 그녀는 우리 모델대로라면, 작은 군집은 먹이로 향하는 페로몬 흔적을 만들 수 없을 것이고, 큰 군집은 페로몬 흔적을 만들 가능성이 상대적으로 더 높을 것이라고 설명했다. 그 말을 듣고 나니 확실히 이해가 됐다. 동시에 나는 또 다른 점을 깨달았다. 중간 크기의 군집에서는 모든 것이 먹이를 찾는 방식에 달려 있다는 것이었다. 내가 물었다.

"개미들을 활발히 움직이게 할 방법이 있을까요? 그렇게 하면 우리가 두 가지 안정적인 결과, 즉 많은 먹이를 모으는 경우와 거의 아무것도 모으지 못하는 경우를 테스트할 수 있을 텐데요?"

그녀는 "네! 물론이죠"라며, 일부 개미를 처음에 먹이 근처에 놓아서 먹이를 찾는 데 도움을 줄 수 있다고 설명했다. 우리 모델의 예측에 따르면, 이렇게 처음에 개미들이 먹이를 찾는 것을 도와주면 그들은 항상 먹이를 향한 경로를 만들 수 있는 반면, 도움을 받지 못한 개미들은 대체로 경로를 만들지 못할 가능성이 크다. 매들린이 말했다.

"개미들은 우리 인간들과 무척 비슷해요. 만약 충분히 큰 군집이 일을 시작하면, 모든 개미가 그 일에 참여하게 될 거예요. 사람들이 그렇게 행동하잖아요? 나는 개미들도 똑같을 거라고 확신해요. 시드니로 돌아가면 바로 이 실험부터 할 거예요!"

친구들을 운동에 끌어들이는 법

소수의 무리가 처음 먹이를 발견한 후 매우 빠르게 먹이를 찾는 개미들의 방식은 티핑 포인트tipping point의 한 예다. 우리 사회에서도 티핑 포인트는 어떤 트렌드가 천천히 성장하다가 갑자기 (명확한 이유 없이) 폭발적으로 확산되는 상황을 설명할 때 사용된다. 예를 들어, 20대 남성들이 수염을 기르기 시작한 경우를 생각해보자. 2012년 이전까지만 해도 영국의 젊은 남성들 사이에서 수염 기르기는 그다지 인기가 없었다. 그러나 2012년에 그 상황은 꽤 빠르게 바뀌었고, 몇 년 후에는 다양한 형태와 크기의 수염을 어디에서나 볼 수 있었다. 우리는 2012년 말에서 2013년 초가 수염 유행의 티핑 포인트였다고 말할 수 있다.

티핑 포인트와 사회적 전염 및 회복 사이에는 몇 가지 유사점이 있다. 둘 다 한 집단이 다른 집단에 영향을 미쳐 함께 참여하게 만드는 과정을 포함한다. 하지만 티핑 포인트는 두 가지 안정 상태를 포함한다는 점에서 다르다. 하나는 거의 아무도 특정 행동이나 유행을 따르지 않는 상태이고, 다른 하나는 많은 사람이 이를 따르는 상태다. 그림 7b의 점선으로 표시된 평형선은 두 가지 안정 상태를 가능하게 한다. 하나는 어떤 개미도 먹이를 찾지 못하는 상태이고, 다른 하나는 개미들이 먹이에 몰려드는 상태다. 앞서 언급한 예에서는, 하나는 수염을 기른 사람이 거의 없는 상태이고, 다른 하나는 수염을 기른 사람이 많은 상태다.

앞에서 언급한 개미 모델은 티핑 포인트로 나뉜 다중 안정 상태가

'둘이 필요한' 법칙에 의해 발생함을 보여준다. 이는 다음과 같은 감염 반응식으로 나타낼 수 있다.

$$S + 2I \longrightarrow 3I$$

개미에게서 나타나는 이러한 사회적 반응은 인간 사회에서도 볼 수 있다. 예를 들어 우리 친구들 사이에서 앤터니가 처음으로 수염을 기르기 시작했지만, 존과 찰리는 선뜻 따라 하기를 망설였다. 그러나 상황이 달라진 것은 리처드가 염소수염을 기르기로 결심했을 때였다.

이때 존은 감염 가능자(S)가 한 명(존 자신)이고, 감염자(I)는 두 명(앤터니와 리처드)이라는 사실을 깨달았다. 그제야 그는 설득당했고, 3일 정도 무질서하게 자라난 수염을 깔끔하게 다듬기 시작했다. 얼마 지나지 않아 찰리도 이를 따라 했다.

티핑 포인트 또는 임계 질량critical mass이라고 불리는 이 현상은 종종 이렇게 표현된다.

"그도 수염을 길렀다. 왜냐하면 모두가 수염을 길렀기 때문이다."

하지만 실제 티핑 포인트는 "두 명의 친구가 수염을 길렀기 때문에 그도 수염을 길렀고, 그 뒤를 이어 네 번째 친구가 그와 또 다른 친구를 따라 하면서 그 영향이 퍼져 나갔다"라는 말로 설명하는 것이 더 적합하다. 티핑 포인트는 사람들이 전체 인구 중 얼마나 많은 사람이 수염을 기르고 있는지, 핑크색 셔츠를 입고 있는지, 특정 넷플릭스 시리즈를 보고 있는지, 심지어 문신을 하거나 가벼운 범죄를 저지르고 있는지를 명확히 알지 못해도 형성될 수 있다. 그 대신 주변에 충분히 많은 사람이 그러고 있다는 느낌만으로 충분하다. 티핑 포인트는 아이디어나 행동이 국지적으로 확산되는 것만으로도 형성될 수 있다.

제니퍼가 더 건강한 몸을 갖고 싶어 한다고 가정해보자. 그녀는 건강한 생활 습관을 통해 평균 12년의 기대수명이 늘어난다는 사실을 알게 된 후 규칙적인 운동과 절제된 음주가 중요하다는 것을 잘 인식하고 있다. 하지만 문제는 친구들의 생활 방식이 그녀와 비슷하다는 데 있다. 그들은 일주일에 한 번 이상 운동하지 않고, 주말에는 술자리를 중심으로 한 사회적 활동을 즐긴다. 제니퍼는 변화를 원하지만 혼자서 시작할 용기가 나지 않는다. 그렇다면 그녀는 어떻게 자신과 친구들의 생활 방식을 바꿀 수 있을까?

이런 상황에서는 바이러스가 전파되는 방식인 일대일 전파와 앞서 설명한 '둘이 필요한' 반응을 구분하는 것이 중요하다. 때때로 제니퍼의 친구가 조깅을 제안하기도 한다. 그들은 운동화를 신고 공원을 몇 바퀴 돌기도 한다. 하지만 며칠 뒤 다른 친구가 조깅을 생략하고 술집에 가자고 제안하면, 결국 모두가 조깅을 포기하고 "운동해봐야 별 소용없지!" 하며 웃어넘긴다.

이 장벽을 극복하려면 제니퍼는 친구들을 옮기기 힘든 소파라고 생각해야 한다. 소파를 옮길 때 도움을 줄 사람이 한 명이라도 있으면 훨씬 더 수월할 것이다. 그녀는 앤터니가 처음 수염을 길렀을 때를 떠올린다. 당시 존은 리처드가 염소수염을 기르기 전까지는 자신도 수염을 길러야겠다고 생각하지 않았다. 제니퍼는 니아와 소피 중 니아와 더 친하지는 않지만, 니아가 한 번 한 약속은 잘 지킨다는 것을 알고 있다. 그래서 그녀는 니아에게 일주일에 두 번 가볍게 조깅을 하자고 제안한다. 니아는 자주 야근을 하기 때문에, 제니퍼는 약속한 날 니아에게 문자 메시지를 보내 지난번 운동이 얼마나 좋았는지, 공원에서 만나는 게 기대된다고 말하며 약속을 재확인한다. 얼마 지나지 않아 둘은 유대감을 형성했고, 이제 니아가 먼저 제니퍼에게 문자를 보내며 약속을 상기시킨다. 제니퍼는 아직 다른 친구들에게는 신경 쓰지 않는다.

둘이 규칙적으로 운동을 시작하면서, 제니퍼는 소피를 참여시킬 때가 되었다고 느낀다. 그녀는 소피에게 조깅을 권하고, 니아에게도 소피에게 조깅을 권해달라고 부탁한다. 세 사람이 항상 함께 조깅하는 것은 아니지만, 이제 제니퍼의 초점은 소피를 참여시키는 데 있다. 니아는 이미 운동에 푹 빠져 있어서, 제니퍼가 바쁠 때도 소피에게 메시지를 보내 함께 운동하자고 말한다.

친구 열 명 중 세 명만으로는 아직 티핑 포인트에 이르기에 부족하다. 그리고 아무리 설득을 시도해도, 열 명의 친구가 모두 조깅을 하도록 만드는 것은 불가능할 것이다. 예를 들어 아이샤와 수키는 운동하라고 하면 조깅보다는 에어로빅을 선호할 것이고, 앤터니와 베키, 찰리, 존은 축구를 더 좋아한다. 리처드는 정말 강제로 운동해야 한다면 헬스장을 선호할 것이다. 그래서 제니퍼는 열 명 모두를 포함하는 단체 채팅방을 만들고, '주 2회 운동'이라는 이름을 붙인다. 그녀는 이 채팅방에서 니아, 소피와 함께 찍은 조깅 사진을 공유하고, 친구들이 모두 함께 축구를 할 수 있는 저녁 시간을 마련하며, 아이샤와 수키를 위한 무료 에어로빅 수업도 예약한다. 이미 참여하고 있는 두 친구의 도움 덕분에 나머지를 설득하는 일은 점점 수월해진다. 물론 여전히 노력은 필요하다. 왜냐하면 이 그룹의 기본적인 일상은 축구를 한 뒤, 특히 술집에서 쉬는 것이기 때문이다. 하지만 제니퍼는 티핑 포인트에 도달하면 그 모든 노력이 가치 있을 것임을 알고 있다.

이제 티핑 포인트의 아름다움이 드러난다. 그룹이 다섯 명의 문턱을 넘어서면(수키가 에어로빅을 시작하고 찰리가 5인제 축구 사진을 올리기 시작할 때), 피드백 효과가 그룹의 상태를 유지시킨다. 이제 그룹 내의 동료 압력은 건강을 유지하는 방향으로 작용한다. 만약 제니퍼가 이전의 건강하지 않은 행동으로 돌아가려고 하면, 친구들이 그녀에게 조깅하러 가자고 하거나, 에어로빅 강습에 오라고 상기시킬 것이다. 심지어 그룹에서 가장 소극적이었던 멤버들조차 단체 채팅방에 사진을 올리기 시작한다.

여기서 중요한 점은 **결과가 투입한 노력에 비례하지 않는다**는 것이다. 초기에는 제니퍼가 친구들을 설득하기 위해 정말 노력을 많이 해야 했지만, 일단 문턱을 넘어서면 그룹을 유지하는 데 거의 노력이 들지 않는다. 이는 일대일 감염 모델과는 다르다. 일대일 감염 모델에서는 개인 간 접촉 횟수에 따라 효과가 직접적으로 비례한다. 전형적인 전염병 모델에서는 건강한 행동을 시작하는 데 필요한 초기 노력이 '둘이 필요한' 반응보다 적지만, 일단 행동이 자리 잡으면 일대일 모델에서는 그룹을 유지하기 위해 더 많은 노력이 필요하다. 반면, '둘이 필요한' 반응 모델에서는 유지가 훨씬 더 수월하다. 제니퍼의 피트니스 프로그램에 모두가 참여하게 되면 제니퍼는 약간 긴장을 풀 수 있다. 동기부여가 떨어진다고 느낄 때도, 이제 그녀는 운동에 열광하는 친구들로 둘러싸여 있으므로 금방 회복할 것이다.

우리의 상호작용에서도 배울 점은, 더 나은 변화를 원한다면 상호작용의 강도를 높여야 한다는 것이다. 한두 번 시도하는 것만으로는 충분하지 않다. 그룹 내에서 모멘텀을 형성해야 한다. 일단 모멘텀이 형성되어 모두가 참여하는 안정적인 상태에 도달하면, 그 후에는 유지하는 것이 훨씬 더 쉬워진다.

직장이나 학교 같은 집단에서는 부정적인 악순환에 빠질 때가 많다. 즉 모두가 늘 부정적인 태도를 보이고, 긍정적인 시도가 오히려 더 큰 부정적인 반응을 불러오는 상황이다. 하루에 한두 번 긍정적인 말을 해보려는 시도는 몇 마디 긍정적인 반응을 끌어낼 수는 있겠지만, 집단의 문화를 바꾸기에는 역부족이다. 낮은 강도의 긍정은 높은 강도의 부정 속에서 묻혀버리기 때문이다. 그렇다고 해서 집단의 움직임을 바꾸는 것이 불가능하다는 뜻은 아니다. 함께 모여 앉아 변화를 시도해보자는 합의를 끌어내면 된다. 이 모임 이후에도 모든 구성원이 바로 긍정적인 태도를 보이지 않을 수도 있다. 하지만 일단 충분한 구성원 수가 변화를 받아들이면, 나머지는 티핑 포인트가 대신 해결해줄 것이다. 변화를 받아들인 사람들의 긍정성이 결국 저항했던 사람들까지 설득하게 될 것이다.

제3법칙의 발견?

우리의 꿈은 하나의 시스템을 찾는 것이다. 우리가 보는 현상의 본질을 포착하는 방법, 즉 하나의 반응식 세트, 하나의 단순한 규칙 목록으로 세상을 설명할 수 있는 방법 말이다.

1920년 알프레트 로트카는 주기적 반응에 관한 논문을 발표한 지 10년이 지났음에도 여전히 자신의 삶에서 충족감을 느끼지 못했다. 실험 데이터를 분석하고, 학술지 기사를 편집하며, 특허를 검토하는 일을 하는 동안 그가 흥미로운 도전 과제를 만나지 못했던 것은 아니었다. 동료들은 그의 분석 능력을 높이 평가했지만, 로트카에게 이런 일들은 사소한 것에 불과했다. 그가 진심으로 갈망했던 더 깊은 이해로 이끌어주는 것들은 아니었기 때문이다.

그의 첫 번째 논문에 대한 학계의 반응은 미미했다. 거의 주목받지 못했고, 후속 연구도 없었다. 로트카는 말라리아 확산에 관해 연구하던 로널드 로스Ronald Ross 경이 제1차 세계대전 중에 중령으로 근무하면서 발표한 글을 읽고 약간의 용기를 얻었다. 이 글에서 로스는 전염병을 생각하는 두 가지 방식, 사후적 접근a posteriori과 선험적 접근a priori에 대해 설명하며 이렇게 썼다.

"사후적 접근에서는 관찰된 통계로 시작해서, 그에 들어맞는 수학적 법칙을 찾고, 그렇게 하여 근본적인 원인으로 거슬러 올라간다."

이는 피셔 같은 케임브리지 통계학자들이 발전시키고 있던 통계적 접근 방식이었다.[1] 로트카가 더 흥미롭게 여긴 것은 로스가 말한 선험적 접근이었다. 로스는 모기, 바이러스, 감염된 인간 간의 복잡한 상호작용을 포착하려는 말라리아 전염병 모델링에서는 선험적 접근이 필요하다고 주장했다. 그는 이렇게 설명했다.

"우리는 원인을 안다고 가정하고, 거기에 기반해 미분 방정식을 구성하고, 그 논리적 결과를 추적한 후, 마지막으로 계산된 결과를 관찰된 통계와 비교해 검증한다."

예를 들어 모기가 인간 숙주에게 말라리아 바이러스를 무작위로 전파한다는 사실을 "안다는 가정" 하에 전염병 모델을 통해 질병 확산을 예측하고, 결과를 전염병 곡선과 비교해 테스트하는 것이다. 로스는 수학자 힐다 허드슨Hilda Hudson의 도움을 받아 자신이 제안한 모델을 개선했고, 둘은 이를 통해 전염병의 발생과 소멸을 설명했다.[2] 허드슨은 로트카의 모델에서 관찰된 것과 동일한 주기적 행동을 발견했고, 이를 전염병이 두 번째, 세 번째 파동을 일으키는 이유를 설명하는 데 사용했다.

로트카는 자신이 시도하고 있던 것이 바로 선험적 접근이라는 것을 깨달았다. 하지만 그는 그 접근이 전염병 연구를 넘어설 수 있다고 생각했다. 로스는 자신의 접근 방식에 '사건의 이론theory of happenings'이라는 이름을 붙여 뭔가 더 깊은 생각이 담겨 있음을 암시했다. 하지만 그는 '사건'이라는 말이 자기 이론의 진정한 깊이를 나타내지는 못한다고 생각했다. 그는 라이프치히에서 빌헬름 오스트발트와 함께 연구하던 시절을 떠올렸다. 거기서 그는 에너지가 변환될 때 항상 그 일부가 열의 형태로 낭비된다는 열역학 제2법칙을 중점적으로 연구했다. 모든 실제 화학 반응이 결국 평형 상태에 도달하는 것은 이 열역학 제2법칙 때문이다. 이 법칙에 따라 화학자의 비커 안에 있는 분자들 간의 반응은 결국 균형을 이루고, 분자들은 고르게 분산된다. 하지만 로트카는 열역학 제2법칙이 끊임없이 새로운 식물과 동물을 창조하는 생명체에는 적용되지 않는다고 생각했다. 로트카는 자신이 주기적 반응식을 만들 때 무시했던 바로 이 열역학 제2법칙을 다시 떠올렸다. 그리고 생물학적 시스템, 사회적 시스템, 나아가 우리의 의식에도 적용할 수 있는 새로운 열역학 법칙, 즉 열역학 제3법칙을 찾아낼 수 있을지 고민하기 시작했다.

그는 1910년에 발표한 자신의 모델을 일부 개선하는 일부터 착수했다. 그리고 그 결과를 미국의 주요 학술지인 『국립과학원 회보』에 게재했다. 이 학술지의 편집자 레이먼드 펄Raymond Pearl은 로트카의 이 논문에 매우 만족해 추가 논문을 요청했다. 용기를 얻은 로트카는 머릿속을 맴돌던 모든 생각을 기록하기 시작했다. 전쟁과 스페인 독감 대유행 이후의 1920년대 미국은 다시 활기를 되찾으며 스스로를 재창조하는 사회로 변화하고 있었다. 로트카는 당시 사람들이 생명 주기 속에서 물질의 순환을 가속화하고 있다며, "생명의 바퀴를 키우고, 이를 더 빠르게 회전시키고 있다"라고 썼다. 그는 인간이 아직 밝혀지지 않은 어떤 물리적 양을 극대화하려는 것인지에 대해 고찰했다. 그는 이렇게 썼다.

"이제야 내 이론이 그럴듯해 보인다. 나는 그 물리적 양이 바로 파워(힘), 즉 단위 시간당 에너지라는 것을 알게 되었다."[3]

새로운 논문이 발표된 후, 레이먼드 펄은 로트카가 중요한 발견을 해낼 것이라고 더 강하게 확신했다. 그는 로트카를 존스홉킨스대학 교로 초대했고, 2년간의 연구 펠로십을 제공했다. 그리고 그는 로트카에게 그의 아이디어가 자유롭게 흐르도록 두라며, 인간 생명 주기를 움직이는 힘의 근원을 찾고, 지난 20년간 그의 머릿속을 맴돌던 모든 생각을 글로 남기라고 격려했다.

로트카의 야망과 스케일은 실망스럽지 않았다. 그 결과물인 『물리생물학의 기초Elements of Physical Biology』에서 그는 성경, H. G. 웰스H. G. Wells, 루이스 캐럴Lewis Carrol, 워즈워스Wordsworth의 글을 인용하며 해바라기 씨앗의 성장, 쥐의 번식, 박테리아 군집의 확산, 미국 인구 증가, 시체를 먹는 벌레, 말라리아 전염병, 숲 생태계, 기생충과 숙주, 먹이망, 남성의 기대수명, 소의 사육 및 도살 관행, 경제적 수출입의 변화 등 다양한 주제를 다루었다.[4] 로트카는 이 모든 문제의 해결책은 하나의 아이디어, 즉 화학 반응식을 작성하고 상호작용을 연구하는 것이라고 생각했다.

오늘날 로트카, 로스, 허드슨이 초기 시절에 도입한 접근법은 모든 생물학적 시스템 연구에 널리 활용되고 있다. 우리는 이미 이 방법이 질병의 확산 모델링에 어떻게 활용되는지 살펴보았다. 또한 이 방법은 암세포의 성장을 모델링하고 이를 억제할 새로운 방법을 찾는 데에도 사용된다. 생태계를 설명하고 기후 변화에 대한 반응을 예측하며, 얼룩말의 줄무늬 패턴과 동물 배아의 발달 과정을 이해하는 데도 활용된다. 심지어 생명 자체의 기초를 이루는 생화학적 반응을 모델링하는 데도 쓰이고 있다.

셀룰러 오토마타

둘째 주 금요일, 산타페 연구소에서 열린 강의에서 파커 교수는 로트카의 접근법이 신경과학부터 날씨 모델링까지 다양한 분야에 어떻게 적용될 수 있는지 보여주었다. 강의가 끝날 무렵 그는 동료 한 명을 소개했다. 어깨까지 내려오는 머리, 카우보이 부츠, 리바이스 청바지, 체크무늬 셔츠, 그리고 커다란 벨트 버클을 찬 남자였다. 나는 그의 히피 같으면서 한편으로는 카우보이 같은 외모에 매료된 나머지, 파커 교수가 그를 소개할 때 그의 성씨를 제대로 듣지 못했다. 그 남자는 자기를 '크리스'로 불러달라고 말했다.

"이번 주말에 로데오라도 가나 봐요." 루퍼트가 에스테르와 나에게 속삭였다.

에스테르는 웃었지만, 나는 그런 루퍼트의 말이 별로 재미있지 않았다. 루퍼트가 그때쯤이면 파커 교수의 강의에서 실제로 많은 것을 배우고 있다고 인정하길 바랐지만, 그는 여전히 비꼬는 말을 했고, 에스테르는 그의 농담을 꽤 즐기는 것처럼 보였다. 내가 가장 신경 쓰였던 점이 바로 이 부분이었다. 에스테르는 석사 과정 때 파커 교수의 지도를 받았으므로 그의 이론이 얼마나 놀라운지 누구보다 잘 알아야 하지 않을까 싶었기 때문이다.

둘은 곧 조용해졌고, 크리스가 말을 시작하자 강의실은 곧 정적에 휩싸였다. 그는 오후에 셀룰러 오토마타에 관한 컴퓨터 실습을 진행할 것이라고 알렸다. 이어서 이 모델이 스티븐 울프럼이 자신의 이론적 연구를 위해 사용했던 수학적 모델이라고 설명했다. 크리스는 울프럼이 셀룰러 오토마타 모델을 발명한 것은 아니지만, '기본 셀룰러 오토마타elementary cellular automata'라고 불리는 가장 기본적인 모델을 구체화했다고 했다. 그는 실습이 자율 참여임을 강조하며, 오후에 쉬고 싶다면 이해하지만 참여를 환영한다고 덧붙였다.

"나중에 봅시다. 난 진짜 방정식을 풀어야 해요. 이런 컴퓨터 게임 따위에 시간 낭비할 생각 없습니다."

루퍼트가 말했다. 에스테르는 나를 향해 돌아서며 "오후 실습에 갈 거예요?"라고 물었다. 나는 대답을 고민할 필요가 없었다. 오후에 쉬는 것도 좋겠지만, 실습에 참여할 생각이 훨씬 강했기 때문이었다.

오후에 컴퓨터 실습실에 들어서자, 다양한 형태와 크기의 컴퓨터들이 여러 운영 체제를 실행하고 있는 지하 공간이 눈에 들어왔다. 크리스는 로트카와 울프럼의 목표가 70년의 시차에도 불구하고 크게 다르지 않았다고 설명했다. 둘 다 열역학 제2법칙에 의문을 품었다는 것이다. 열역학 제2법칙에 따르면, 물리적 시스템은 시간이 지남에 따라 점점 더 무질서하고 무작위적인 상태로 변해간다. 예를 들어 기체 안의 압력은 고르게 퍼지고, 소금은 물에 완전히 녹아내리며, 불은 결국 꺼지고 재만 남아 안정된 상태가 된다. 불에서 발생한 열은 공기를 통해 확산되고 점점 식어간다.

그렇다면 왜 세상은 포식자-피식자 주기 같은 주기적인 패턴들로 가득하고, 생명 그 자체처럼 아마도 가장 복잡한 형태일 수 있는 패턴은 또 어떻게 존재하는 걸까? 울프럼과 로트카 둘 다 같은 궁금증을 품었다.

로트카는 개별 분자들이 기체나 액체 안에서 자유롭게 떠다니는 화학 반응에 집중한 데 반해 울프럼은 국지적 상호작용local interactions 의 중요성을 깨달은 사람이었다. 크리스는 이렇게 설명했다.

"전염병 모델이나 포식자-피식자 모델에서는 개별 동물(또는 인간)이 다른 개체와 접촉할 가능성이 모두 같다고 가정합니다. 하지만 셀룰러 오토마타 모델에서는 상호작용이 고정된 격자grid 내의 셀들 사이에서 이루어지죠. 이는 우리가 매일 같은 사람들과 반복적으로 상호작용하는 실제 삶과 훨씬 더 유사합니다."

크리스는 셀룰러 오토마타를 이해하기 위해 1과 0으로 이루어진 열(이진 문자열binary string이라고 부른다)을 생각해보라고 했다.

$$110010000111000011011111001$$

우리는 이진 문자열에서 1이나 0을 비트bit라고 부른다. 우리가 0에서 9까지의 수를 숫자digit라고 부르는 것처럼 말이다. 예를 들어 십진수 458은 세 개의 숫자(4, 5, 8)로 이루어져 있고, 이진 문자열 010은 세 개의 비트(0, 1, 0)로 이루어져 있다. 위의 문자열은 총 27개의 비트로 구성되어 있다.

기본 셀룰러 오토마타는 비트로 구성된 어떤 문자열을 다른 문자열로 바꾸는 방법을 알려주는 규칙이다. 예를 들어 위의 이진 문자열에 다음 두 가지 규칙을 적용한다고 가정해보자.

1. 0의 바로 왼쪽에 1이 있으면, 0은 1로 변한다. 그렇지 않으면 그대로 0이다.
2. 1은 항상 1로 유지된다.

이 규칙을 이진 문자열에 적용하면 다음과 같은 새로운 문자열이 생성된다.

111011000111100011111111101

원래 문자열에서 왼쪽에 1이 있는 모든 0들이 새로운 문자열에서는 1로 바뀐 것을 알 수 있다. 이 규칙을 한 번 더 적용하면 다음과 같은 문자열이 생성된다.

111111100111110011111111111

또다시 이 규칙을 적용하면, 다음과 같은 문자열이 생성된다.

111111110111111011111111111

마지막으로 한 번 더 이 규칙을 적용하면 다음과 같은 문자열이 생성된다.

111111111111111111111111111

이제 문자열의 모든 비트가 1로 바뀌었다. 크리스는 어떤 이진 문자열이든 이 규칙을 적용하면, 처음 등장하는 1의 오른쪽에 있는 모든 0은 결국 1로 바뀐다고 설명했다. 이 과정에서 마치 도미노가 차례로 넘어지듯, 차례로 1이 0에 전파돼 모든 0을 1로 바꾸게 되고,

결국 1들로 구성된 안정적인 배열이 만들어진다.

크리스는 또 다른 문자열 0100011011110101011010을 보여주며
다음과 같은 새 규칙을 적용해보라고 했다.

1. 비트의 양쪽 이웃(왼쪽 이웃과 오른쪽 이웃)이 모두 0이면, 그 비
   트는 0이 된다.
2. 비트의 양쪽 이웃이 모두 1이면, 그 비트는 1이 된다.
3. 비트의 양쪽 이웃의 값이 다르면, 그 비트는 이전 값 그대로 유
   지된다.

예를 들어 문자열 010의 경우 중앙 비트 1은 양쪽 이웃이 모두 0이
므로 (규칙 1에 따라) 0으로 바뀐다. 따라서 문자열은 000이 된다. 위
의 긴 문자열에 이 세 개의 규칙을 적용하면 다음과 같은 변화가 나
타난다.

0100011011110101011010
↓
0000011111111010111100
↓
0000011111111101111100
↓
0000011111111111111100

이 변화 과정에서 고립된 모든 0과 1은 자신을 둘러싼 이웃 비트
중에서 0이 많은지 1이 많은지에 따라 다른 비트로 변화한다(여기서
우리는 문자열의 비트들이 고리 형태를 이루고 있다고 가정한다. 따라서 문자
열 끝에 있는 1의 왼쪽 이웃은 0이고, 오른쪽 이웃은 문자열의 시작에 있는 0

이 되므로, 그 1은 결국 두 이웃 값에 따라 0으로 바뀌게 된다).

크리스는 1과 0을 정치적 의견을 가진 사람들로 생각할 수도 있다고 했다. 예를 들어 그는 0은 민주당원, 1은 공화당원으로 간주할 수 있다고 설명했다. 각 사람은 양쪽에 이웃이 있고, 두 이웃이 자신과 의견이 다르면 생각을 바꾸지만, 그렇지 않으면 기존 의견을 유지한다. 그 결과 민주당원과 공화당원 각각의 클러스터가 형성된다.

크리스는 이 패턴이 안정적이라고 설명했다. 규칙을 마지막으로 변환된 문자열에 다시 적용해도 같은 결과가 나오기 때문이다.

$$00000111111111111111100$$
$$\downarrow$$
$$00000111111111111111100$$

이 규칙을 몇 번이고 적용하더라도 문자열은 더 이상 변하지 않으며, 어떤 문자열로 시작하더라도 그 문자열은 결국 안정 상태에 도달한다. 다만, 이 상황은 사람들이 같은 자리에 머무르고, 새로운 의견을 듣지 않으며, 자신의 세계관을 바꾸지 않을 때만 가능하다. 크리스는 농담조로 말했다.

"마치 미국의 정치와 같네요. 나라 한가운데는 공화당의 1로, 양쪽 해안 지역은 민주당의 0으로 가득 차 있는 것처럼요."

그러고 나서 크리스는 우리에게 도전 과제를 던졌다.

"이제 이 규칙을 컴퓨터에서 시뮬레이션해보세요. 규칙을 잘 응용하면 꽤 독특한 패턴을 만들어낼 수 있습니다. 하지만 지금은 기초부터 시작해야 하니, 이 규칙을 사용해 체커보드처럼 보이는 패턴을 만들어낼 수 있는지 확인해봅시다."

그림 8 기본 셀룰러 오토마타에서 나타나는 단순한 주기적 패턴

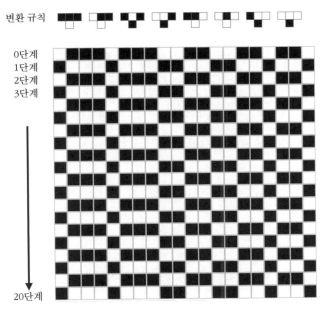

그림 상단은 셀룰러 오토마타의 규칙, 즉 위 행에서 세 개의 셀이 아래 행의 결과를 결정하는 방식을 나타낸다. 이 규칙은 본문에 제시된 것과 동일하며 검은색은 1, 흰색은 0을 의미한다. 이 경우 세 개의 셀 중 가운데 셀이 흰색일 때 아래의 출력 셀은 검은색이 되고, 반대로 가운데 셀이 검은색일 때 출력 셀은 흰색이 된다. 그로 인해 교차하는 줄무늬 패턴이 생성된다.

실습실에는 모든 사람이 사용할 만큼의 컴퓨터가 없어서 나는 에스테르와 같이 컴퓨터를 사용했다. 에스테르는 키보드를 자기 쪽으로 끌어당기며 단호하게 주도권을 잡았다. 그녀는 "오래 걸리지 않을 거예요"라며 컴퓨터 화면에 코드를 입력하기 시작했다.

에스테르는 1을 모두 0으로, 0을 모두 1로 바꾸는 규칙을 만들면, 끝없이 반복되는 루프에 빠질 것이라는 점을 금세 알아차렸다. 그녀

는 이 규칙을 검은색 셀(1)과 흰색 셀(0)로 구성된 배열로 구현했고, 곧 그녀의 화면에는 그림 8에 표시된 패턴이 나타났다. 크리스는 우리 컴퓨터 화면을 들여다보더니, 만족스러운 표정으로 고개를 끄덕이며 말했다.

"멋진 줄무늬네요."

에스테르는 잠시 생각에 잠기더니 모든 기본 셀룰러 오토마타 규칙이 다음과 같은 형태로 작성될 수 있다는 사실을 깨달았다고 말했다.

111	110	101	100	011	010	001	000
0	0	1	1	0	0	1	1

여기서 첫 번째 행은 중앙 비트와 이웃 비트 두 개가 어떻게 아래 행의 비트를 결정하는지를 보여준다. 위의 규칙 세트는 줄무늬를 생성하는 규칙이었다. 모든 경우에서 중앙 비트가 0이면 1이 되고, 1이면 0이 된다. 컴퓨터 화면에서는 1이 검은색으로, 0이 흰색으로 표시된다(검은색과 흰색 셀에 대한 규칙은 그림 8의 상단에 나와 있다). 이 규칙은 흑백 줄무늬가 번갈아 생성되게 한다.

체커보드 패턴을 위한 규칙 세트를 찾는 것은 줄무늬를 만드는 것보다 더 어려웠다. 내 생각을 말하기도 전에 에스테르가 "찾았어요!"라고 외치며 다음과 같은 새로운 규칙 세트를 빠르게 작성했다.

111	110	101	100	011	010	001	000
1	0	1	1	0	0	1	0

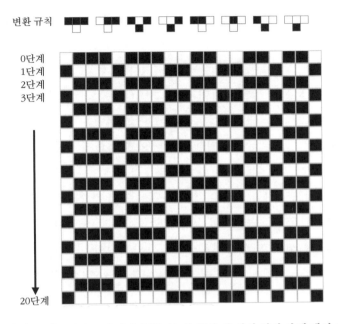

그림 9 기본 셀룰러 오토마타에서 나타나는 체커보드 패턴

변환 규칙

0단계
1단계
2단계
3단계

20단계

그림 상단은 셀룰러 오토마타의 규칙, 즉 위 행의 세 개의 셀이 아래 행의 결과를 결정하는 방식을 나타낸다. 이는 본문에서 에스테르가 설명한 규칙이다.

에스테르는 이 규칙을 컴퓨터에 입력하면서 "완전히 검은색인 영역은 그대로 검은색으로 유지하고, 완전히 흰색인 영역은 그대로 흰색으로 유지하면, 체커보드 패턴이 양쪽에서부터 점차 만들어질 거예요"라고 설명했다.

그녀가 제안한 규칙은 대부분 교차되는 줄무늬 패턴을 생성했던 기존 규칙과 비슷했다. 하지만 윗줄에서 세 개의 셀이 모두 검은색이거나 모두 흰색일 경우, 새로운 규칙은 중앙 셀이 각각 검은색 또는 흰색으로 유지되게 했다. 완벽한 체커보드 패턴은 아니었고, 검은 영역과 흰 영역이 충돌하는 지점에서 항상 완벽히 맞아떨어지지도 않았지만, 크리스가 요구했던 것에 딱 맞는 결과물이었다(그림 9).

크리스는 매우 만족스러운 표정을 지으며 "멋지네요"라고 다시 말하더니 이렇게 덧붙였다.

"이제 도전 과제를 해결해보세요! 카오스 패턴을 만드는 규칙, 복잡한 패턴을 만드는 규칙 그리고 아름다운 패턴을 만드는 규칙을 만들어보세요. 상상력을 발휘해 다음 주에 여러분이 만든 결과물을 보여주세요."

에스테르와 나는 조금 더 자리에 앉아 여러 가지 아이디어를 시도해보았다. 하지만 우리가 시도한 모든 셀룰러 오토마타 규칙은 안정적인 검은 화면, 안정적인 흰 화면, 혹은 번갈아 나타나는 패턴만을 만들어냈다. 금요일 밤은 깊어가고, 나는 점점 영감을 잃어가고 있었다.

그때 크리스가 우리가 앉아 있는 자리로 다가왔다. 그는 실험실에서 퇴근하는 길에 들렀다며 우리의 컴퓨터 모니터를 끄면서 이렇게 말했다.

"두 분 다 좀 쉬는 게 좋겠어요. 나가서 시내 분위기 좀 느껴봐요. 내가 잘 아는 바가 있는데, 엘 파롤이라는 곳이에요. 이번 주말에 거기 가봐요. 후회하지 않을 겁니다."

에스테르와 나는 서로를 바라보았다. 크리스의 말이 맞았다. 잠시 쉬지 않으면 그가 내준 문제를 풀 수 없을 것 같았다. 이제 밖으로 나가 현실 세계를 경험할 때였다.

바람직한 논쟁의 기술

찰리와 아이샤는 5년 차 부부로, 두 명의 어린 자녀를 키우고 있다. 두 사람은 좋은 관계를 유지하고 있다. 하지만 둘 다 일하고, 바쁜 사회생활을 즐기며, 아이를 돌보고, 집안일을 처리하려고 애쓰다 보면 종종 감정이 격해질 때가 있다. 가끔 큰소리가 오간 뒤 찰리는 대화 내용을 녹음한 파일이 있었으면 좋겠다고 생각한다. 그는 시간을 되돌리듯 논쟁을 되감아 하나하나 되짚으며 아이샤에게 감정을 격하게 만든 건 자신이 아니라 그녀였다는 걸 보여주고 싶었다. 그는 단순히 사실에 집중하려고 했을 뿐인데, 아이샤가 그걸 감정적으로 받아들였다고 말하고 싶은 것이다.

사람들 대부분이 이런 생각을 해봤을 것이다. 사람들은 **상대방이** 어떻게 논의를 잘못된 방향으로 몰고 갔는지, **상대방이** 어떻게 침착함을 잃었는지 보여주어야 한다고 생각하며, 모든 잘못은 **상대방이** 저지른 것이고, 논쟁도 **상대방이** 시작했다고 생각한다.

하지만 다른 사람과의 개인적인 대화를 녹음하면 절대 안 된다. 몰래 대화를 녹음하는 것은 관계를 깨뜨리고 이혼으로 이어질 수 있다. 심지어 그런 녹음이 있다고 암시하는 것만으로도 다툼이 다시 불타오를 수 있다. 찰리가 아이샤에게 "당신이 한 말을 들어보면 알거야"라고 말하는 것조차도 실수다. 찰리 입장에서는 아이샤가 자신의 잘못을 깨닫게 하려는 의도였다고 하더라도 그것은 전혀 효과적이지 않다.

하지만 우리가 충분히 침착함을 되찾았을 때 그런 녹음 파일에 어떤 내용이 담겨 있을지, 그리고 파일에 담긴 **당신의 말이** 어떻게 들릴지 스스로 생각해보는 것은 나름 의미가 있다.

이 과정을 시작하기 위해 찰리와 아이샤 간의 격렬한 논쟁을 모델로 만들어보자. 이 맥락에서 중요한 것은 찰리와 아이샤가 서로를 깊이 사랑한다는 점이다. 그들은 서로의 관계를 소중히 여기고, 더 깊은 차원에서 서로를 존중하지만, 지금 이 순간만큼은 매우 심각한 논쟁을 하는 것이다.

이들의 행동을 1과 0으로 이뤄진 이진 문자열로 표현해보자. 예를 들어 아이샤가 점점 더 화가 나는 과정은 다음과 같은 문자열로 표현할 수 있다.

아이샤: 0 0 0 0 0 0 0 1 1 1 0 0 1 1 0 0 0 1 1 0 0 1 1 1 1 1 1

이 문자열에서 각각의 비트는 그녀가 말한 문장 한 개를 나타낸다. 0은 침착한 반응을, 1은 목소리를 높이는 것을 의미한다. 대화가 진행될수록 0의 빈도가 줄어들고 1의 빈도는 증가한다. 따라서 우리는 아이샤가 점점 더 화가 나고 있다는 것을 분명히 알 수 있다.

하지만 이 문자열은 한쪽의 반응을 나타낼 뿐이다. 그렇다면 무엇이 그녀를 침착함에서 분노로 변화시키고 있는 걸까? 이를 알아보기 위해 찰리의 문자열도 살펴보자. 이 문자열에서도 마찬가지로 0은 침착한 반응, 1은 공격적인 반응을 나타낸다.

찰리: 0 0 0 0 0 0 0 0 0 1 1 0 0 0 1 1 1 0 1 1 1 0 1 1 1 1 1

찰리 역시 점점 화를 내고 있다. 문자열이 왼쪽에서 오른쪽으로 진행될수록, 찰리 역시 0에서 1로 바뀌고 있다. 논쟁은 둘이 함께 만들어가기 때문이다.

이제 두 문자열을 나란히 놓아보자.

아이샤: 0 0 0 0 0 0 0 1 1 1 0 0 1 1 0 0 0 1 1 0 0 1 1 1 1 1 1
찰리: 0 0 0 0 0 0 0 0 0 1 1 0 0 0 1 1 1 0 1 1 1 0 1 1 1 1 1

시간은 왼쪽에서 오른쪽으로 흐르기 때문에, 아이샤가 찰리보다 먼저 1(화를 낸) 반응을 보였음을 알 수 있다. 이때 찰리는 이렇게 말할 수 있다.

"누가 먼저 화냈는지 봐. 아이샤, 당신이 먼저 화를 냈어……. 난 단지 당신의 도발에 반응했을 뿐이야."

"상대방이 먼저 시작했다"라는 비난은 우리가 아주 어릴 때부터 학습해온 것이다. 많은 사람에게 이는 도덕적 법칙처럼 느껴진다. '누군가 먼저 시작했다면, 그가 잘못한 것이다.' 하지만 이런 관점은 잘못된 것이며, 위험하기까지 하다. 이 문자열에 연속되어 있는 1과 0의 순서는 실제 논쟁에서 나온 것이 아니라 수학적 모델의 결과물이기 때문이다.

먼저 이 모델에 대해 설명한 뒤, 논쟁을 "상대방이 먼저 시작했다"라는 식으로 보는 것이 왜 잘못된 관점인지 알아보자. 다음의 변환 규칙을 생각해보자.

$$50\% : 1$$

$$0 \rightarrow 1$$

이 규칙은 다음과 같이 해석할 수 있다. '만약 아이샤가 방금 찰리에게 소리를 질렀고, 찰리는 아직 소리를 지르지 않았다면, 찰리가 아이샤에게 소리를 지를 확률은 50%이다.' 여기서 윗줄의 1은 아이샤가 소리를 지르는 상황을 나타내고, 아랫줄의 0은 찰리가 소리를 지르지 않고 있음을 나타낸다. '→ 1'은 찰리가 소리를 지르기 시작함을 의미한다. 여기서 50%는 이 변환이 일어날 확률을 뜻한다.

위의 규칙은 **확률적인** 규칙이다. 즉, 아이샤가 찰리에게 소리를 지를 때, 찰리가 동전을 던진다고 생각할 수 있다. 동전이 앞면이 나오면 찰리가 소리를 지르기 시작하고, 뒷면이 나오면 소리를 지르지 않는다. 이는 산타페에서 크리스가 보여준 기본 셀룰러 오토마타와 중요한 차이점이다. 셀룰러 오토마타는 **결정론적**deterministic 특성을 지녀 주어진 입력에 대해 항상 같은 결과를 낸다. 하지만 논쟁과 같은 상황에 셀룰러 오토마타를 적용할 때는 확률적인 접근이 더 현실적이다. 인간은 같은 상황에서 늘 똑같이 행동하지는 않는다. 우리는 본질적으로 예측 불가능하며, 확률적인 규칙은 우리의 이런 불확실성을 어느 정도 반영한다.

지금까지 나는 대화의 규칙 중 하나만을 다뤘다. 하지만 일반적으로 규칙은 아이샤와 찰리가 대화 직전에 한 행동에 따라 달라진다. 예를 들어 둘 다 소리를 지르지 않는 경우, 찰리가 소리를 지르기 시작할 확률은 더 낮다(10%라고 가정). 이를 다음과 같이 나타낼 수 있다.

$$10\%:0$$

$$0 \rightarrow 1$$

이 확률은 0이 아니다. 아이샤와 찰리가 격렬한 논쟁을 벌이고 있으므로, 찰리가 침착함을 잃을 가능성은 충분히 있다. 다만 상대방이 이미 소리를 지르고 있을 때보다 그 확률은 훨씬 낮다는 것이다. 이 논리에 따르면, 찰리가 소리를 지를 가능성이 있는 모든 상태에 대한 변환 규칙은 다음과 같이 설정할 수 있다.

'둘 다 소리 지르지 않음'	'아이샤가 소리 지름'	'찰리가 소리 지름'	'둘 다 소리 지름'
$10\%:0$	$50\%:1$	$70\%:0$	$95\%:1$
$0 \rightarrow 1$	$0 \rightarrow 1$	$1 \rightarrow 1$	$1 \rightarrow 1$

위의 첫 두 규칙은 앞에서 이미 다뤘다. 즉, 둘 다 소리를 지르지 않는 경우 찰리가 소리를 지를 확률은 10%이고, 아이샤가 소리를 지르는 경우 찰리가 소리를 지를 확률은 50%이다. 나머지 두 개는 새로 추가된 규칙이다. 찰리가 이미 소리를 지르고 있는 경우(하지만 아이샤는 소리를 지르지 않음), 찰리가 계속 소리를 지를 확률은 70%이다. 둘 다 소리를 지르고 있는 경우, 찰리가 계속 소리를 지를 확률은 95%이고, 5%의 확률로 갑작스럽게 논쟁이 멈출 수도 있다.

지금까지 우리는 찰리가 모든 가능한 상황에 어떻게 반응할지 규정했다. 같은 방식으로 아이샤에 대한 규칙도 설정해보자.

'둘 다 소리 지르지 않음'	'아이샤가 소리 지름'	'찰리가 소리 지름'	'둘 다 소리 지름'
$10\%:0 \rightarrow 0$	$70\%:1 \rightarrow 1$	$50\%:0 \rightarrow 0$	$95\%:1 \rightarrow 1$
0	0	1	1

여기서 아이샤와 찰리는 서로에게 정확히 같은 방식으로 반응한다는 점에 주목하자. 둘은 서로 비슷한 정도로 화를 잘 내기도 하고 잘 참기도 하며, 비슷한 신호에 반응한다.

이제 두 사람의 논쟁을 기술할 수 있는 완전한 모델이 완성되었다. 이 모델은 찰리와 아이샤의 논쟁 과정을 설명하기 위해 내가 앞에서 제시한 문자열이다. 생성된 문자열을 규칙의 맥락에서 다시 살펴보자.

아이샤: 0 0 0 0 0 0 0 1 1 1 0 0 1 1 0 0 0 1 1 0 0 1 1 1 1 1 1
찰리: 0 0 0 0 0 0 0 0 0 1 1 0 0 0 1 1 1 0 1 1 1 0 1 1 1 1 1

처음에는 '둘 다 소리 지르지 않음' 규칙에 따라 0이 주로 이어진다. 이 규칙에 따르면 논쟁이 소리 지르기로 전환될 확률이 낮기 때문이다. 하지만 우연히(10%의 확률로) 아이샤가 먼저 소리를 지르면, 이제 찰리가 소리를 지를 가능성과 계속 소리를 지를 가능성 모두 올라간다. 한동안 서로에게 각각 다른 시점에 소리를 지르는 상황이 반복되다가, 결국 둘 다 동시에 소리를 지르는 상태로 고착된다.

위의 문자열은 확률적 셀룰러 오토마타 모델로 시뮬레이션한 논쟁의 한 예다. 시뮬레이션을 여러 번 실행하면, 이 모델이 생성할 수 있는 다양한 결과 유형을 파악할 수 있다. 예를 들어, 때로는 두 사람이 소리를 지르는 상태로 변환되는 데 시간이 더 적게 걸린다.

아이샤: 0 0 0 0 1 1 1 0 1 1 1 1 1 1 1 1 0 1 1 0 1 1 1 1 1 1
찰리: 0 0 0 1 1 1 1 1 1 1 1 1 1 1 1 1 1 1 0 1 1 1 1 1 1 0

때로는 변환에 더 긴 시간이 걸리지만, 한 번 변환이 시작되면 계속될 수도 있다.

아이샤 : 0 0 0 0 0 0 0 1 0 0 0 0 1 1 1 1 1 1 1 1 1 1 1 1 1
찰리 : 0 0 0 0 0 0 0 0 0 0 0 1 1 1 1 1 1 1 1 1 1 1 1 1 1

때로는 소리 지름과 침묵이 섞이면서 논쟁이 이어질 수도 있다.

아이샤 : 0 0 0 0 0 0 0 0 0 1 1 0 1 1 1 0 1 1 0 0 0 0 1 1 1 0
찰리 : 0 0 0 0 0 0 1 1 1 0 0 1 1 1 1 1 0 0 0 0 0 0 0 0 1 1

어떤 경우에는 둘 다 약간 불쾌해하면서도 논쟁으로 이어지지 않을 수 있다.

아이샤 : 0 1 0 0 0 0 0 0 0 0 1 1 1 0 1 0 0 0 0 0 0 0 0 0 0 0
찰리 : 0 0 0 0 0 0 0 0 0 0 0 0 0 0 0 0 1 1 1 0 0 0 1 0 0 0 0

때로는 소리 지르기가 시작되더라도 금방 멈출 수 있다.

아이샤 : 0 1 1 1 1 1 1 1 1 1 1 1 0 0 0 0 1 0 0 0 1 0 0 0 0
찰리 : 0 0 0 1 1 1 1 1 1 1 1 1 0 1 0 0 0 0 0 1 0 0 0 0 0 0

이 모든 논쟁은 동일한 상호작용 규칙 세트에서 비롯되었지만, 결과는 다양하다. '상대방이 먼저 시작했다'라는 규칙은 위의 시뮬레이션된 논쟁에서 유용한 통찰을 제공하지 못한다. 때로는 아이샤가 먼저 시작하고, 때로는 찰리가 먼저 시작한다. 아이샤가 찰리보다 더 자주 소리 지르기도 하고, 반대로 찰리가 더 자주 소리 지르기도 한다. 하지만 우리는 (이 규칙들을 설정했기 때문에) 찰리와 아이샤가 서로에게 같은 방식으로 반응한다는 것을 알고 있다. 두 사람이 특정 논쟁에서 무엇을 했는지는 중요하지 않다. 핵심은 그 논쟁을 만들어낸 상호작용의 규칙이다.

확률적 셀룰러 오토마타 모델을 설정하면 특정한 상호작용 세트가 어떤 결과를 가져오는지 분석할 수 있다. 이를 통해 찰리와 아이샤가 서로의 대화 방식을 어떻게 개선할 수 있을지 고민할 수 있는 출발점을 마련할 수 있다. 찰리는 아이샤의 행동 중 자신이 싫어하는 것들을 모두 기록하려 하지 말고, 자신의 반응 방식을 조정하는 방법을 찾아야 한다. 예를 들어 찰리가 자신의 규칙을 다음과 같이 변경했다고 상상해보자.

'둘 다 소리 지르지 않음'	'아이샤가 소리 지름'	'찰리가 소리 지름'	'둘 다 소리 지름'
10% : 0	10% : 1	10% : 0	95% : 1
$0 \rightarrow 1$	$0 \rightarrow 1$	$1 \rightarrow 1$	$1 \rightarrow 1$

이 규칙에서 찰리는 아이샤가 소리를 질러도 자신은 절대 소리를 지르지 않으려고 노력한다. 만약 실수로(10%의 확률로) 소리를 지르더라도, 곧바로 멈추려고 한다. 하지만 찰리는 둘 다 소리 지르고 있는 상황에서는 멈추기가 어려울 것임을 인지하고, 이전과 같은 규칙을 유지한다.

이 새로운 규칙에서 시뮬레이션된 대화는 다음과 같다.

아이샤: 0 0 1 0 0 0 0 1 1 0 0 0 0 0 0 0 1 1 1 1 1 0 0 0 0 0

찰리: 0 0 0 0 0 0 1 0 0 0 0 0 0 0 0 1 0 0 0 0 0 0 0 0 0 0

이 과정에서 찰리는 두 번의 실수를 저질러 아이샤가 소리를 지르 도록 만들었다. (아이샤는 여전히 이전의 규칙을 따르고 있으므로 소리를 들으면 소리로 대응할 가능성이 크다.) 그러나 찰리가 스스로 멈추고 대 응하지 않음으로써 더 큰 논쟁으로 번지는 것은 피할 수 있었다. 물 론 이 전략이 모든 논쟁을 막아주는 것은 아니다. 예를 들어 아래의 시뮬레이션을 살펴보자.

아이샤: 0 0 0 0 0 1 1 1 1 1 0 0 0 0 0 0 0 1 1 1 1 1 1 0 1 1

찰리: 0 0 0 0 0 0 0 0 0 1 0 0 0 0 0 0 1 1 1 1 1 1 1 1 1 1

이 시뮬에이션에서 아이샤와 찰리는 동시에 소리를 지르기 시작 했고, 이후 멈추기가 어려웠다. 하지만 찰리가 아이샤에게 소리로 대응하지 않으려고 노력하는 새로운 모델에서는 논쟁의 빈도가 확 연히 줄어들었다.

우리가 궁극적으로 바꿀 수 있는 사람은 우리 자신뿐이다. 하지 만 다른 사람에게 반응하는 방식을, 즉 상호작용의 기본 규칙을 바 꾼다면 그 상호작용의 결과 또한 바꿀 수 있다. 찰리가 소리를 덜 지 르면 아이샤도 소리를 덜 지르게 된다. 이는 아이샤가 본인의 규칙 을 바꿔서가 아니라, 찰리가 아이샤에게 부정적인 반응을 덜 보였기 때문이다. 찰리가 변화를 시작했고, 그것이 둘 다에게 긍정적인 변 화를 가져왔다.

장기적인 관계에서는 두 사람이 상호작용 방식을 바꾸고자 하는 의지만 있다면, 함께 개선해나갈 수 있다. 통합행동부부치료Integrative Behavioural Couple Therapy, IBCT는 바로 이러한 방식에 초점을 맞춘 부부 상담의 한 형태다. IBCT의 선구자인 앤드루 크리스텐슨Andrew Christensen과 브라이언 도스Brian Doss는 관계를 파트너 간의 상호작용으로 정의한다. 이러한 상호작용은 각 파트너가 특정 상황에서 보이는 특성에 따라 결정된다고 설명한다.[1] 이는 바로 확률적 셀룰러 오토마타에서 우리가 사고하는 방식과 정확히 일치한다. 즉, 초점을 결과(예: 관계 속의 갈등과 문제)에서 입력값, 즉 상호작용을 결정하는 규칙으로 전환하는 것이다.

IBCT에서 상담사의 역할은 두 파트너가 갈등을 다루는 방식이 서로 다름을 깨닫게 해주는 것이다. 예를 들어 찰리는 내성적이며 자신의 감정을 표현하는 것을 꺼리는 반면, 아이샤는 확신과 친밀감을 원한다고 가정해보자. 찰리가 소리를 지르는 행동은 아이샤의 요구가 너무 지나치다는 그의 생각이 좌절감과 섞여 표현되는 경우가 대부분이다. 반면 아이샤가 화를 내는 행동은 찰리가 그녀의 말을 제대로 듣지 않는다고 비난하는 형태를 띤다. 찰리가 자기 말에 귀를 기울이지 않는다고 아이샤가 불평하면, 찰리는 오히려 아이샤가 지나치게 요구가 많은 증거라고 느끼고 더욱 그녀를 밀어낸다. 그 결과, 아이샤는 점점 더 고립감을 느끼게 된다.

둘 다 문제가 있지만, 논쟁의 악순환을 끊으려면 먼저 한 사람이 변화를 시작하는 것만으로도 충분하다. 찰리는 아이샤의 요구가 많은 이유가 단순한 불만이 아니라, 자신과의 관계를 중요시하기 때문임을 이해할 필요가 있다. 마찬가지로, 아이샤도 찰리에게 소리를 지른다고 해서 그가 더 잘 들어주는 것은 아니라는 사실을 깨닫는 것이 중요하다.

자신의 상호작용 방식을 더 나은 방향으로 바꾸려면, 자신의 행동을 매우 솔직하게 되돌아봐야 한다. 당신이 소리를 잘 지르지 않는 사람일 수는 있지만, 대신 비꼬거나 다른 사람이 제안한 해결책에 한숨을 쉬며 반응할 수도 있다. 당신은 상대방이 한 말을 무시하거나 의도적인 침묵으로 대응하는 사람일 수도 있다. 비언어적 태도에서 문제를 찾을 수도 있다. 예를 들어 무심한 태도를 보이거나 눈썹을 치켜올리거나 상대방이 눈맞춤을 원할 때 시선을 피하는 행동 등이 있다. 당신이 논쟁을 제기하는 방식에 문제가 있을 수도 있다. 예를 들어 자주 주제를 바꾸거나 자신의 의견은 이성적이라고 주장하면서 상대방의 의견은 지나치게 감정적이라고 암시하는 방식이 문제일 수 있다. 혹은 당신이 비논리적인 말을 많이 해서 이성적인 논의가 어려울 수도 있다. 상대방이 당신과 대화하기 어렵게 만드는 방식은 여러 가지가 있을 수 있다.

상호작용을 개선하는 핵심은 기본 규칙을 파악하고 이를 서로 터놓고 이야기하는 데 있다. 이는 특정 결과에만 집착하거나 최악의 경우 상대방에게 책임을 떠넘기려는 '녹음 재생' 방식과는 전혀 다르다. 상대방과의 의사소통을 개선하는 가장 좋은 방법은 함께 그 규칙을 논의하는 것이다. 당신을 자극하는 반응에 대해 솔직하게 이야기하고, 상대방에게는 어떤 점에서 영향을 받는지 물어봐야 한다.

행동을 바꾸면, 당신과 상대방 모두에게 긍정적인 변화가 찾아온다. 상호작용 방식에 작은 변화를 주는 것만으로도 주변 모든 사람에게 엄청난 변화를 가져올 수 있다.

상향식 vs. 하향식 사고방식

어떤 면에서 알프레트 로트카의 원대한 프로젝트는 실패했다고 볼수 있다. 그는 생물학에 적용할 수 있는 열역학 제3법칙을 발견해내지 못했기 때문이다. 그는 1922년에 출간한 책에서 다양한 현상을 화학 반응으로 모델링하는 방법을 집대성했지만, 500쪽에 이르는 이 책은 단일하고 보편적인 통찰을 제시하지 못했다. 로트카는 자연선택이 서로 다른 운동 반응에 어떻게 작용하는지 살펴보면 제3법칙을 발견할 수 있으리라 믿었다. 그는 특정한 화학적 상호작용이 다른 화학적 상호작용보다 더 많은 '힘'을 생성한다고 생각했으며, 이런 힘을 더 많이 생성하는 상호작용만이 생존하고 재생산된다고 상상했다. 하지만 그는 상호작용의 힘이 정확히 무엇인지에 대해 설득력 있는 정의를 내리지 못했다. 그의 이론은 생물학적 근거가 부족했고, 몇십 년 후 DNA의 구조가 밝혀졌을 때 생물학의 진정한 구성 요소가 개체가 아니라 유전자 단위의 생존 경쟁임이 드러나면서 로트카가 설명한 화학 물질, 종, 개체군 사이의 반응 동역학과는 쉽게 조화를 이루기 어려웠다.

로트카는 저녁 시간에 연구에 매달렸지만, 낮에는 메트로폴리탄 생명보험사에 다니며 업무에 전념했다. 그곳에서 그는 인구 통계 변화를 측정하고, 기대수명을 예측하며, 보험료를 산정하는 새로운 방법을 개발했다. 그는 보험계리학의 발전을 주도했으며, 1942년에는 미국통계학회 회장으로 임명되었다. 그의 동료들이 높이 평가한 것은 천재성이라기보다는 그의 전문성이었다.

100년이 지난 지금도 로트카가 생각했던 보편적인 '제3의 법칙'은 발견되지 않았지만, 그의 상호작용적이고 순환적인 사고방식은 오늘날 과학자들이 첫 번째 사고방식과 두 번째 사고방식을 설명하기 위해 다양하게 활용하고 있다. 첫 번째 사고방식은 하향식top-down 사고방식으로 불리기도 한다. 이 사고방식은 먼저 이론에서 출발해 그 이론이 데이터를 얼마나 잘 설명하는지 살펴본다. "흡연이 암 발생을 설명하는가?", "기대수명이 행복을 설명하는가?" 같은 질문이 이 사고방식을 대표적으로 보여주는 예다. 반면 두 번째 사고방식은 상향식bottom-up이다. 세상에 대해 우리가 관찰한 사실에서 출발하는 이 사고방식을 통해 우리는 "여우는 토끼를 잡아먹는다", "커플은 때때로 다툰다", "건강 열풍이 불기 위해서는 두 사람이 필요하다", "우리는 서로의 정치적 의견에 영향을 준다" 같은 관찰들로부터 일반화된 규칙을 도출한 뒤, 그 규칙들을 적용해 얻은 결과들을 종합해 이론을 만든다. 이 방식에서는 건강이나 행복을 통계적으로 접근할 때와 달리, 설문 조사에서 얻은 데이터 클러스트(구름처럼 흩어진 점들)에서 출발하지 않는 대신 시스템의 본질을 이해하려고 노력한다. 즉, 시스템이 어떻게 작동하는지, 주요 구성 요소가 무엇인지, 그것들이 어떻게 결합해 있는지, 그리고 언제 결합에 실패하는지를 파악한다. 그런 다음 이를 바탕으로 예측한다. 포식자-피식자 주기, 소리 지르면서 다투기, 수염 기르기와 운동하기의 임계점, 정치적 양극화 등에 대한 예측이 여기에 해당한다. 우리는 이런 예측을 한 다음 실제 세계의 데이터와 비교해 검증할 수 있다.

나는 사람들이 이러한 추론 방식의 차이를 받아들이는 정도가 매우 다르다는 것을 발견했다. 많은 사람은 첫 번째 통계적 사고방식,

즉 데이터를 시각화하고, 건강과 행복의 지표를 측정하거나 흡연 여부에 따른 암 발생률을 조사하는 사고방식이 더 객관적이고, 따라서 더 낫다고 느낀다. 데이터 없이는 세상을 이해할 수 없다는 말은 확실히 맞는 말이다. 젊은 시절의 피셔가 우리에게 가르쳐준 것처럼, 세상을 측정하는 방식 중 어떤 것은 다른 방식보다 더 낫다. 하지만 나이 든 피셔에게서 우리가 얻은 교훈은 단순히 숫자에 눈을 고정하는 것만으로는 충분하지 않다는 것이다. 우리는 어떤 질문을 다룰 때 항상 우리의 주관성을 개입시킨다. 어떤 데이터를 시각화할지, 어떤 데이터를 무시할지 결정하는 과정에서 말이다.

두 번째 사고방식, 즉 상호작용적 사고방식이 필요한 이유가 바로 여기에 있다. 우리는 자신의 이해를 출발점으로 삼아 논리적 추론을 통해 앞으로 나아가야 한다. 이는 내가 과학적 문제나 개인적인 문제를 해결할 때 선호하는 방식이기도 하다. 나는 내가 이미 알고 있는 것을 바탕으로 문제를 이해했다는 생각이 든 후에야 구체적으로 예측하고, 그 예측을 자료 수집과 분석을 통해 테스트한다.

첫 번째와 두 번째 사고방식 중 어느 것도 늘 옳거나 틀리다고 말할 수는 없다. 우리는 두 가지 방식 모두로 사고할 수 있어야 한다.

그렇다면 이것으로 끝일까? 상향식과 하향식 접근 방식을 상황에 따라 번갈아 적용하면 모든 문제를 해결할 수 있을까? 아니면 모든 문제를 해결할 순 없더라도, 이 두 가지 방법을 적용하면 최선의 방식으로 문제를 다룰 수 있는 걸까?

어느 정도는 그렇다. 이 방법들은 매우 유용하다. 하지만 우리가 이 방법들을 자신 있게 활용하려면 꽤 큰 장벽을 넘어야 한다…….

3장
카오스적 사고

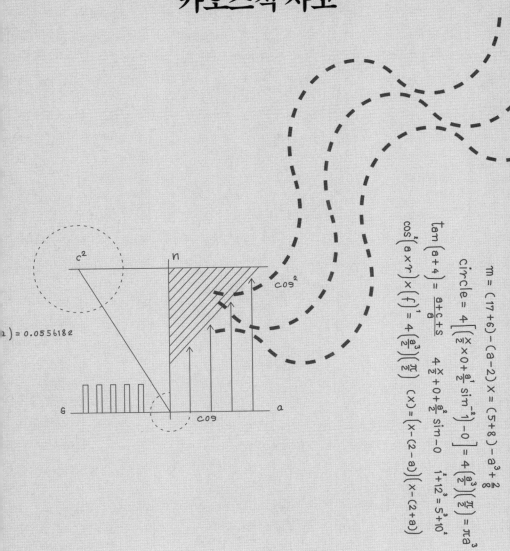

$m = (17+6) - (a-2) \times = (5+8) - a^3 + \frac{2}{8}$

$circle = 4\left[\left(\frac{x}{2} \times 0 + \frac{a^1}{2} \sin^{-2} 1\right) - 0\right] = 4\left(\frac{a^3}{2}\right)\left(\frac{\pi}{2}\right) = \pi a^3$

$\tan(a+4) = \frac{a+c+s}{8}$ $4\frac{x}{2} + 0 + \frac{a^2}{2} \sin - 0$ $\frac{1^i}{1+12} = 5 + 10^i$

$\cos^2(a \times \gamma) \times (f)^1 = 4\left(\frac{a^3}{2}\right)\left(\frac{\pi}{2}\right)$ $(x) = (x - (2-a))(x - (2+a))$

앞 단계에서 다음 단계 추론하기

마거릿은 실수하는 것을 몹시 싫어했다.

같은 수학 수업을 듣는 남학생들 대부분은 칠판에 적힌 증명을 한 줄 한 줄 외우는 데 열중했지만, 수업이 시작된 지 얼마 지나지 않아 마거릿은 그런 방식이 시간 낭비라는 결론을 내렸다. 1950년대 후반 인디애나주 얼햄 칼리지를 다니던 그녀는 수학 교수 플로렌스 롱 Florence Long이 암기에 의존하지 않는다는 점을 알아챘기 때문이다. 롱 교수는 증명의 각 단계를 마치 처음 하는 것처럼 바로 앞 단계로부터 도출해내며, 수학적 추론이 어떻게 논리적 결론으로 이어지는지를 차근차근 보여주었다.

마거릿은 롱 교수가 절대 실수하지 않는 이유를 바로 여기서 찾았다. 암기에 의존하면 언제나 오류가 발생할 수 있다. 각 단계가 서로 연결되지 않고 따로따로 존재하기 때문이다. 하지만 각 단계가 논리적으로 연결된다면 오류의 여지가 사라진다. 그녀는 남학생들에게 농담 삼아 이렇게 말하곤 했다.

"증명을 암기하지 않으면 게을러도 절대 실수하지 않을 수 있어."

그녀가 수학을 사랑한 이유이기도 했다. 그녀는 기초 논리를 완벽히 이해하면, 스스로 모든 것을 통제할 수 있다고 확신했다.

롱 교수는 학생들을 초대해 오이 샌드위치를 대접하며 그들이 집처럼 편안함을 느끼게 했고, 함께 시간을 보내며 배움의 즐거움을 만끽할 수 있게 했다. 롱 교수는 마거릿이 닮고 싶어 했던 사람이었다. 그는 따뜻하고 친근하며, 탁월하고 영감을 주는 존재였다. 게다가 간결하고 정확하며, 절대 틀리지 않는 사람이었다.

마거릿은 마음만 먹으면 무엇이든 할 수 있다고 생각하는 사람이었다. 10대 시절, 그녀는 버려진 구리 광산에서 투어 가이드로 일했다. 그녀가 투어 가이드를 하기 시작하면서, 몇몇 가족 단위 방문객만 찾던 구리 광산은 여름철 하루에 1천 명이 넘는 방문객이 몰려드는 명소로 성장했다. 구리 광산 소유주는 모든 일을 그녀에게 맡긴 채 고급차를 타고 인생을 즐길 수 있었다. 그렇다고 마거릿이 다른 직원들보다 많은 급여를 받는 것은 아니어서, 저녁에는 식당 웨이터나 전화 교환원으로 일하며 생계를 이어갔음에도 대학을 다니는 내내 과 수석 자리를 유지했다.

마거릿은 수학 박사 학위 과정을 밟고 싶었다. 하지만 1958년에 결혼하면서 그녀의 이름은 마거릿 히필드^{Margaret Heafield}에서 마거릿 해밀턴^{Margaret Hamilton}으로 바뀌었고, 남편이 하버드 로스쿨에 합격하면서 그녀는 자신의 꿈을 잠시 접고 보스턴으로 이주해 남편의 학업과 갓 태어난 딸을 위해 일자리를 구해야 했다.

새 직장에서의 첫날, 마거릿 해밀턴은 롱 교수를 떠올렸다. 새 상사인 MIT 기상학과의 수학자 에드워드 로렌츠^{Edward Lorenz} 교수 역시 그녀의 옛 스승처럼 열정적이었다. 그는 연구실 문을 열어 자신의 자랑거리인 라이브라스코프 LGP-30 컴퓨터를 그녀에게 보여주면서, 모든 계산을 수행할 수 있는 신기한 기계라고 말했다.

로렌츠 교수는 그 컴퓨터로 연구자들이 날씨를 예측할 수도 있을 것이라고 말했다. 하지만 해밀턴에게 이 기계는 그 이상의 어떤 것으로 보였다. 실제로 그녀가 본 것 중에서 가장 놀라운 기계였다. 이전에도 그녀는 계산 기계를 본 적이 있었지만, 그것은 차원이 달랐다. 그 기계는 논리적 계산 가능성을 무한히 구현한 것처럼 보였다. 종이에 구멍을 뚫어 명령을 입력하면, 기계는 모든 논리적 단계를 하나도 빠뜨리지 않고 수행해냈다. 마치 롱 교수가 수학적 증명을 가르칠 때와 같았다. 게다가 해밀턴은 그 기계를 언제든지 사용할 수 있었다. 로렌츠 교수는 자신이 아는 것을 설명하고, 사용 설명서를 건네준 뒤 그녀에게 언제든지 사용해도 좋다고 말했다.[1]

해밀턴은 곧바로 그 기계에 대해 학습하기 시작했다. 낮 동안 해밀턴은 날씨 예측 방법을 프로그래밍했고, 저녁에는 MIT의 컴퓨터 연구실을 찾았다. 그곳에서 그녀는 자칭 '해커'들과 어울렸는데, 이들은 모두 남성이었다. 그들은 여성을 동등한 동료로 대하는 데 익숙하지 않았고, 그들에게 '여자'란 데이트 상대에 불과했다.[2] 그들은 처음에는 해밀턴이 있든 없든 성차별적인 농담을 서슴지 않았으며, 그녀를 '남자 무리의 일원' 정도로 여겼다. 하지만 해밀턴은 그들에게 자신을 어떻게 대해야 하는지 분명하게 밝혔다. 그녀는 프로그래머이자 젊은 엄마로서의 모습을 동시에 보여주었고, 저녁 시간 연구실에 딸을 데려와 무릎에 앉힌 채 코딩에 열중했다. 그녀는 논리적이고 체계적인 방식으로 일하면서도, 다른 사람을 대할 때 진심 어린 배려를 잃지 않을 수 있다는 것을 보여주었다. 그러자 연구실 분위기도 서서히 바뀌었고, 해커들은 돌아가며 그녀의 딸과 놀아주기도 했고, 아이가 아무렇게나 입력한 데이터로 그들의 소프트웨어를 망가뜨릴 수 있는지 테스트하기도 했다.

해밀턴이 뛰어난 프로그래밍 재능을 지녔다는 것은 모두에게 분명했지만, 그녀가 자신의 능력을 진정으로 입증할 기회는 남성 동료들이 의무적으로 고급 프로그래밍 과정을 이수하러 다른 도시로 떠

낮을 때 찾아왔다. 해밀턴은 집안일을 해야 했기 때문에 그들과 같이 갈 수 없었다. 하지만 보스턴에 남은 그녀는 동료들이 없는 동안 더 많은 컴퓨팅 자원을 사용할 수 있었다. 계획에 따르면 동료들은 과정을 마치고 돌아와 MIT 연구실에 쌓여 있던 보다 어려운 작업들을 해결할 예정이었다. 그러나 동료들이 2주 후 돌아왔을 때, 해밀턴은 그들보다 훨씬 더 많은 것을 학습한 상태였고, 그들이 연수를 마치고 돌아와 새로 익힌 기술로 해결하려 했던 대부분의 문제를 이미 혼자서 해결한 상태였다.

다른 사람들이 설명서를 암기하는 데 집중할 때, 해밀턴은 문제 해결 관점에서 사고했다. 그녀가 복잡한 증명을 무작정 따라 하기보다 한 단계씩 논리적 흐름을 파악하며 수학을 배웠던 것처럼, 이제는 프로그래밍의 근본적인 논리에 초점을 맞췄다. 이것이 그녀가 새로운 기술을 빠르게 습득할 수 있었던 이유였다. 마거릿 해밀턴에게는 모든 새로운 기술이 이전 기술 위에 쌓이는 구조였다. 반면, 다른 사람들은 복잡하고 아무도 이해할 수 없는 코드를 작성하며 자신의 실력을 과시하려고 했다. 하지만 그들의 코드는 제대로 된 계획 없이 엉성하게 이어 붙인 다리 같은 것이었다. 이런 허술한 다리는 강을 건너게 해줄 수는 있어도 장기적으로 안정적이지는 않았다. 마거릿 해밀턴은 완전히 다르게 접근했다. 그녀는 롱 교수의 논리적 엄격함을 적용하여 로렌츠 교수가 제시한 문제들을 해결했다. 해밀턴은 마치 엔지니어처럼 코드를 설계하고 구축하는 훈련을 스스로 하고 있었다.

안정된 상태에서 카오스로

존은 직장에서 가장 중요한 자신의 역할이 사람들을 올바른 방향으로 이끄는 것으로 생각한다. 적절한 순간에 건네는 격려의 말, 프로젝트 방향에 대한 조언, 시의적절한 다독거림, 명료하게 작성된 이메일, 혹은 퇴근 후의 조용한 술자리. 존은 다양한 상황을 다루기 위한 도구들을 완벽히 익혔다. 그의 상사도 이를 알아보고 회사 프로젝트에서 그에게 점점 더 많은 책임을 맡겼다.

베키는 존의 접근 방식을 냉소적으로 바라본다.

"사람들을 마치 리모컨으로 작동하는 장난감 보트처럼 조종하려고 하면 안 돼."

그녀는 이렇게 말하지만, 존은 자신의 방식이 합리적이라고 주장한다. 그의 행동은 논리적이고 대체로 효과가 있다는 것이다.

존의 머릿속에는 사람들이 보트보다는 농구공에 가깝다는 이미지가 자리하고 있다. 그의 동료들은 이리저리 튕겨 다니지만, 각자에게 자연스러운 안정점resting point이 있다. 그 안정점에 도달했을 때, 그들은 균형이 잡혀 생산적이 된다. 누군가가 잘못된 방향으로 튕겨 나갈 때, 존은 그를 다시 안정점으로 되돌리기만 하면 된다고 생각한다.

존의 사고방식은 그림 10에 잘 나타나 있다. 그의 목표는 농구공을 이 그림에서 계곡의 바닥, 즉 '목표'라고 표시된 지점으로 보내는 것이다. 이를 위해 그는 농구공을 적절한 방향으로 넛지nudge(살짝 밀어주기)해준다. 농구공은 쉽게 튕기기 때문에 첫 번째 넛지로 올바른

그림 10 안정적인 지형(a)과 불안정한 지형(b)에서 농구공을 튀길 때
발생하는 일

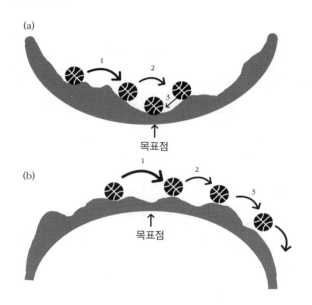

방향으로 나아가기도 하지만, 두 번째 튕김에서 목표를 지나칠 수도
있다. 그림 10(a)에 나타난 것처럼 두 번째 튕김에서 공은 목표를 초
과할 수 있다. 하지만 목표는 계곡 안에 있으므로, 세 번째 튕김에서
공은 원하는 방향으로 다시 굴러 내려와 목표 지점에 안착한다. 그
의 넛지가 공을 있어야 할 곳으로 보낸 것이다.

어느 순간 잘못된 지점에 고정된 농구공을 발견한다면, 그 공을
집어 들어 다시 튕기면 된다. 공이 언덕 측면의 불규칙한 틈새에 걸
려 처음에는 목표 지점에 도달하지 못하더라도, 한 번 더 넛지해주
면 공은 우리가 원하는 곳에 도달할 가능성이 크다.

안정성은 지속적인 개입이 아니라, 지형 구조 자체의 속성에서

비롯된다. 바로 이 점 때문에 존의 전략이 효과를 발휘한다. 그는 동료들이 이루고자 하는 목표를 이해하고 있다고 생각하며, 단지 그들을 원래의 최적 상태로 되돌리는 방향으로 넛지만 해주면 된다고 믿는다.

　존은 업무 환경을 안정적으로 만들기 위해 상호작용적 사고를 적용하고 있다. 우리는 이미 이와 비슷한 접근 방식의 여러 사례를 살펴보았다. 예를 들어 제니퍼는 친구들을 운동 중심의 라이프스타일로 이끄는 피트니스 열풍을 일으켜, 그들을 '소파 위의 게으른 사람들'이라는 안정적 상태에서 '운동에 몰두하는 사람들'이라는 또 다른 안정적 상태로 전환시켰다. 아이샤와 찰리가 논쟁할 때, 그들은 차분함과 격렬함을 오가며 서로 대응했지만, 그들의 상호작용 방식을 반성하면서 거친 논쟁 없이 안정적 대화를 유지할 방법을 찾아냈다.

　또한 우리는 두 번째 사고방식이 어떻게 주기적인 순환을 다루는지도 살펴봤다. 여우들이 안정적인 개체 수에 도달하는 대신 토끼 개체 수를 감소시키고, 이는 다시 여우 개체 수의 감소로 이어지는 현상을 확인했다. 이러한 순환은 사회적 변화의 일부로, 개 품종의 유행과 아기 이름의 선호도에서부터 경제적 호황과 불황에 이르기까지 다양한 영역에서 나타난다.

　만약 세상이 안정적 상태와 순환으로만 이루어져 있다면, 우리는 세상을 완벽히 통제할 수 있을지도 모른다. 예를 들어 마거릿 해밀턴이 성장한 1950년대 미국 사회를 떠올려보자. 이 시기 미국 중서부는 공학 기술로 형성되어 있었다. 그 시대는 깔끔하게 정렬된 교외 주택, 가족용 자동차의 대량 생산, 주방에서 사용되는 시간 절약 기기들이 내는 윙윙거리는 소리, 세탁기 드럼의 규칙적인 회전, 전기식 축음기의 회전 같은 모습이 특징적이었다.

이러한 기술들은 모두 엄격하게 통제된 규칙성에서 비롯되었다. 전기식 축음기의 설계자는 레코드판이 일정한 속도로 회전하도록 설계했고, 자동차 제조업체는 울퉁불퉁한 도로 때문에 발생하는 진동을 완화했으며, 라디오 제조업체는 방송 신호를 증폭시켰다. 이 모든 사례에서 1950년대의 엔지니어들은 세계를 더 예측 가능하고 안정적으로 만들기 위해 노력했다.

영화 「트루먼 쇼」는 이러한 1950년대의 모습을 보여준다. 짐 캐리가 연기한 트루먼 버뱅크는 자신이 가족과 행복하게 생활하고 있다고 믿지만, 사실 그는 정교하게 조작된 TV 세트 안에 살고 있다는 사실을 전혀 알지 못한다. 그저 자신의 행동이 가족에게 안정과 안전을 제공하며 전형적인 '아메리칸 라이프'를 가능하게 한다고 믿는다.

하지만 「트루먼 쇼」가 제시하는 1950년대 미국의 연출된 모습에는 문제가 있다. 당시의 실제 세계가 안정적인 교외 지역의 모습이나 전기식 축음기가 정해진 주기로 움직이는 모습과 꼭 일치하지는 않았기 때문이다. 영화 속 TV 제작사는 트루먼 버뱅크의 삶에 대한 허구적 서사를 영원히 유지할 수 없다. 주인공이 1950년대식 세상의 경계를 벗어나면서 이 가짜 현실은 점점 유지하기 어려워진다. 결국 카오스chaos가 발생한다.

농구공과 비교한 존의 업무관에도 이와 같은 원칙이 적용된다. 그가 주변 사람들을 조종하는 방식을 알아챈 것은 베키만이 아니다. 존의 동료들 역시 처음에는 미묘하게, 그러나 점점 더 뚜렷하게 그가 자신의 이익을 위해 이러한 방식을 사용하고 있다는 사실을 눈치채기 시작한다. 그는 자신을 돋보이게 하거나 자신의 계획에 맞춰 모두가 움직이게 하려고 이 방법을 이용한다. 그 결과, 그의 주변 환경은 변하게 된다. 동료들은 더 이상 그의 말에 귀 기울이지 않는다. 협력이라는 안정된 계곡은 불안정한 언덕 꼭대기로 바뀌고, 언덕 위에 아슬아슬하게 균형을 이루고 있는 농구공은 작은 충격에도 예측할 수 없는 방향으로 굴러가 버릴 상황에 놓인다(그림 10b). 결국 존은 통제력을 잃게 된다.

새로운 사고방식을 탐구하면서 우리는 또 하나의 질문에 직면한다. 카오스는 어떻게 발생하며, 어떻게 대처해야 할 것인가?

바에서 마주한 카오스 문제

나는 오스트리아 화학자 알렉스와 함께 바에 서 있었다. 그곳은 영국의 펍처럼 북적거려서 오히려 편안했다. 아무도 나에게 신경 쓰지 않는 그곳에서 나는 가만히 주변을 관찰하며 자연스럽게 사람들의 움직임을 받아들일 수 있었다. 알렉스가 미소를 지으며 말했다.

"에스테르와 함께 있는 걸 봤어요. 둘이 아주 가까이 앉아 있더군요. 에스테르는 프로그램을 짜고 있었고, 당신은 뭔가를 아는 듯한 표정이었어요."

그는 이어 말했다.

"당신이 뭘 하려는지는 알 것 같아요. 하지만 당신의 접근 방식은 완전히 잘못된 겁니다. 훨씬 더 간단한 방법이 있어요."

"그게 뭘까요?"

내가 물었다. 나는 알렉스가 무슨 말을 하고 있는지 이해가 되지 않았다. 그가 답했다.

"주변을 둘러보세요. 답은 바로 여기, 당신 눈앞에 있어요, 바로 이 군중 속에 말이에요."

나는 그의 말에 반응하지 않았다. 알렉스는 춤을 추는 사람들을 쳐다보았다. 에스테르, 매들린, 자미야는 춤에 완전히 빠져 있었고, 안토니우는 그런 그들에게 환호를 보냈다. 심지어 루퍼트와 맥스도 좌우로 몸을 흔들고 있었다. 하지만 여전히 나는 땀에 젖어 춤추는 학생들로 가득 찬 바가 에스테르와 내가 하는 프로그램과 어떤 관련이 있는지 알 수 없었다. 알렉스가 물었다.

"엘 파롤 바 문제에 대해 들어본 적 있어요?"[1]

나는 그 문제에 대해 들어본 적은 없었지만, 알렉스가 우리가 서 있는 바로 이 바의 이름을 언급하고 있다는 것은 알았다. 이 바는 크리스가 에스테르와 나에게 추천해준 곳이었다. 그런 나에게 알렉스는 크리스가 이곳을 추천한 이유를 설명했다. 이 바는 안정성과 카오스에 대한 중요한 교훈을 준다는 것이었다.

나는 여전히 이해하지 못했지만, 질문할 틈도 없이 알렉스는 군중을 가리켰다. 음악의 템포는 이미 빨라졌고, 모든 사람이 손을 하늘로 들어 올리고 있었다.

"이 바는 작아요."

음악 소리 때문에 알렉스는 목소리를 높여 내게 말했다.

"겨우 50명 정도가 춤출 수 있는 곳이지요. 그래서 금요일 밤에 40명 이하가 오면 모두 즐겁게 보내지요. 그런데 그다음 주에는 너무 재미있어서 각자 친구를 한 명씩 데리고 온다고 상상해봅시다. 손님 수가 두 배가 되는 거지요. 하지만 80명이 오면, 모두가 춤을 출 공간이 부족해져요. 그러면 어떻게 될까요? 그중 50명은 춤출 공간을 찾을 수 있어요. 그들에게는 별문제가 없어요. 하지만 나머지 30명은 이미 누군가가 차지한 공간을 빼앗으려 하겠지요. 그러다 보면 이 30명과 처음 50명 중 30명이 동시에 같은 공간을 두고 다투게 됩니다. 그 결과, 다음 주에 이 60명은 엘 파롤 바에 오지 않을 겁니다. 반면, 춤출 공간을 찾아낸 사람들은 이전처럼 각자 친구를 한 명씩 초대해 다시 오게 될 겁니다."

그는 잠시 말을 멈춘 뒤 이렇게 덧붙였다.

"여기서 첫 번째 문제는 다음 주, 그다음 주, 또 그다음 주에 얼마나 많은 손님이 올지 계산하는 겁니다. 두 번째 문제는 장기적으로 볼 때 매주 몇 명의 손님이 올지 예상하는 겁니다."

그때 나는 소음과 맥주 탓에 사고가 약간 흐려진 상태였다. 하지만 예를 들어 12명의 손님이 어떤 금요일 밤에 이 바에 왔다면 그다음 주 금요일에는 24명의 손님이 올 것으로 생각할 수는 있었다. 하지만 손님이 50명을 초과하면 계산이 조금 복잡해진다. 그래서 나는 알렉스의 예에서처럼 80명이 오는 경우를 생각해보았다. 처음에 춤출 공간을 차지했던 50명 중 30명은 나중에 온 사람들과 다툼을 벌이게 된다. 그 결과, 바에서 즐겁게 보낸 사람은 20명(50-30)에 불과하다. 그다음 주, 이 20명은 각각 친구를 한 명씩 데려오기 때문에 바에는 총 40명이 오게 된다.

나는 알렉스에게 내 계산 방식을 설명했다.

"바로 그겁니다."

알렉스가 대답했다. 그는 다음 주에 올 손님 수를 계산하는 방법을 설명했다. 손님 수가 50명보다 적으면, 다음 주에는 그 숫자를 두 배로 늘린다. 예를 들어 12명을 두 배로 하면 24가 된다. 반대로 손님 수가 50명을 초과하면, 다툼을 일으키는 '초과' 인원수는 바를 찾은 손님 수에서 먼저 도착한 50명을 뺀 수와 같다. 예를 들어 손님이 80명이었다면 초과 인원은 80-50=30이다. 그런 다음, 초과 인원을 먼저 춤을 춘 50명에서 빼면 된다. 즉, 50-30=20이다. 이를 단순화하면, 50-(80-50)=100-80이 된다. 따라서 바에 올 수 있는 100명(바가 최대로 수용할 수 있는 손님 수)에서 현재 손님 수를 뺀 다음, 그 값에 2를 곱하면 다음 주의 손님 수를 구할 수 있다. 이 예시에서 100-80=20이고, 20에 2를 곱하면 다음 주에는 40명이 올 것이라고 예상할 수 있다.

이어 나는 알렉스가 제기한 두 번째 문제, 즉 장기적으로 바에 몇 명의 손님이 방문할지를 생각한 후 말했다.

"그렇다면 결국 손님 수는 50명으로 안정되어 갈 거라고 봐야 하지 않을까요?"

나는 현재 손님 수가 50명보다 적으면 장기적으로 손님 수가 증가하고, 50명보다 많으면 감소할 것이라고 확신했다. 이 문제는 수요와 공급의 균형 문제와 비슷해 보였다. 루퍼트라면 이런 문제를 사소하다고 비웃었겠지만, 결국 시장의 수요와 공급처럼 바의 손님 수와 춤출 공간은 균형점에 도달할 것이다. 나는 이 생각을 알렉스에게 전했지만, 그는 미소만 지을 뿐이었다. 나는 그가 의도한 함정에 빠진 것이었다.

알렉스는 이렇게 말했다.

"49명이 바에 온다고 생각해봅시다. 이들은 완벽한 밤을 보내고 다음 주에는 친구를 한 명씩 데리고 올 겁니다. 그러면 다음 주에는 모두 98명이 오겠지요. 이때 이 98명 중 2명을 제외한 모든 사람은 춤출 공간을 두고 다툼을 벌일 겁니다.* 그 결과 다음 주에는 겨우 4명만 바에 오게 되지요. 이건 극단적인 예시지만, 손님 수가 98명에서 4명으로 변화한 것처럼, 처음에 오는 손님 수가 몇 명인지와는 상관없이 이와 비슷한 큰 폭의 변화가 결국에는 발생합니다."

이어 알렉스는 "문제는 결코 균형 상태에 도달하지 못한다는 겁니다. 숫자는 계속 오르락내리락할 뿐입니다"라고 덧붙였다. 나는

----

*전체 98명 중에서 먼저 도착한 50명 중 48명과 나중에 도착한 48명이 춤출 공간을 두고 다툼을 벌이게 되기 때문에, 다툼에 휘말리지 않는 사람은 2명이 된다.

"아하!"하고 이제야 이해했다고 생각했다.

"그럼 포식자-피식자 모델처럼 손님 수가 50명을 중심으로 진동하는 거네요."

알렉스는 더 크게 미소 지으며 말했다.

"아니, 또 틀렸어요. 이건 훨씬 더 흥미롭습니다."

그는 설명을 이어갔다.

"이건 카오스의 시작점이라고 할 수 있어요. 우리가 아무리 노력해도 몇 달 후에 바에 몇 명이 올지 예측할 수 없어요. 왜냐하면 손님 수를 조금만 잘못 측정해도 미래 예측은 크게 빗나가게 되거든요."

그러더니 알렉스는 루퍼트를 가리키며 이렇게 말했다.

"저기 있는 루퍼트 같은 경제학자들이 아무것도 이해하지 못하는 이유가 바로 여기에 있어요. 이 이야기는 파커 교수님이 지금까지 한 강의가 빙산의 일각에 불과하다는 걸 보여주기도 합니다. 당신이 매들린과 함께한 개미에 대한 계산 같은 것들이 진실에 다가가는 작은 단계에 불과한 이유도 바로 여기에 있습니다. 생명체의 반응은 어떤 때는 안정적인 상태나 주기로 이어지지만, 전혀 의외의 반응이 나타날 때도 있습니다. 이 모든 것은 생명이 통제 불가능하다는 것을, 미래를 예측할 수 없다는 것을, 우리가 결과를 알지 못하기 때문에 우리의 행동에 대한 책임을 질 수 없다는 것을 말해주지요."

알렉스는 크리스가 우리에게 카오스에 대해 제기했던 질문이 단지 시작일 뿐이라고 덧붙였다. 그는 음료를 마저 비우며 말했다.

"이제 일 이야기는 그만할까요? 예측 불가능하고 카오스적인 내 논리에 따르면, 우리가 이곳 사람들과 어울리지 않으면 아무것도 배울 수 없으니 말입니다."

알렉스는 내 어깨를 잡고 바의 다른 쪽 끝에 앉아 있는 두 여성에게로 끌고 갔다. 그는 활짝 미소를 지으며 그들에게 자신을 소개했다.

"안녕하세요. 알렉스라고 합니다. 비엔나에서 왔고, 이쪽은 제 친구 데이비드인데 영국 맨체스터에서 왔습니다. 저희는 유럽에서 가장 멋진 두 도시에서 왔지만, 여기서는 이방인이지요. 같이 앉아도 될까요? 저희는 연구를 하고 있는데…… 이곳에 자주 오시나요? 여기는 지금처럼 늘 이렇게 카오스적인가요?"

극단적 결심이 불러오는 파국

알렉스가 제시한 문제에서 엘 파롤 바의 손님들은 일종의 자기조절 형태를 보인다. 손님 수가 50명보다 적으면 긍정적 피드백으로 인해 손님 수가 늘어난다. 반면, 손님 수가 50명을 넘으면 (자기조절 과정을 통해) 손님 수가 줄어든다. 이와 유사한 조절 또는 시스템 통제 개념은 존이 동료들을 농구공으로 생각하는 방식에서도 드러난다. 존은 동료를 마치 농구공처럼 다루며, 넛지를 통해 중심 부분으로 되돌린다. 존의 경우, 이러한 작은 힘들이 결국 안정성을 만들어낸다. 하지만 알렉스는 엘 파롤 바의 손님 수 변화가 안정성으로 이어지지 않고 오히려 카오스를 초래한다고 주장한다. 그는 이를 엄밀히 증명하지는 않았지만, 지금부터 우리는 그의 주장을 탐구해볼 것이다.

그 전에 자기조절의 또 다른 사례를 살펴보자. 이번에는 케이크를 사랑하는 한 남자, 리처드의 몇 달간 생활을 살펴보자. 리처드는 서른 살 직전부터 매년 몇 킬로그램씩 체중이 늘어왔다. 그는 자신이 당분이 많은 간식을 과도하게 먹고 있다는 사실을 잘 알고 있지만, 상황을 통제하기가 쉽지 않다.

그의 일상은 이렇다. 리처드는 케이크, 페이스트리, 디저트를 한 달에 네 번, 즉 일주일에 한 번만 먹겠다고 결심한다. 이 결심은 한동안 유지되지만, 누군가가 직장에 케이크를 가져오거나 친구 집에서 열린 파티에서 도저히 거부할 수 없는 디저트를 만나면 이내 무너지고 만다. 한 번 규칙을 어기고 나면, 그는 점점 더 쉽게 유혹에 굴복한다. 출근길에 초콜릿 빵을 사거나 화요일 저녁에 아이들과 함께

화이트초콜릿 치즈케이크를 먹는 일이 잦아진다. 곧 그는 매일 간식을 먹기 시작하고, 이후에는 하루에 두 번씩 간식을 즐긴다. 6개월 뒤, 리처드는 불현듯 하루에 두세 번씩 당분이 많은 간식을 먹고 있다는 사실을 깨닫는다. 아침 커피와 함께 먹는 빵, 오후에 먹는 케이크와 비스킷, 저녁에는 가족과 함께 즐기는 커다란 디저트까지, 그의 하루는 설탕으로 가득 차 있다.

리처드는 자신을 통제하지 못하고 상황에 휘말린다. 그러던 어느 날 더부룩함을 느끼며 잠에서 깨어나 체중계에 올라가 본 후 자신의 생활 방식을 바꿔야 한다는 것을 깨닫는다. 그는 이제 케이크를 한 달에 단 한 번, 가족 생일파티 같은 특별한 날에만 먹기로 결심한다. 거의 한 달에 100번 가까이 먹던 당분 많은 간식을 한 번으로 줄이기 위해 단호하게 노력한다.

그렇게 생활하면서 그는 한동안 훨씬 나아진 기분이 든다. 그러다가 곧 2주에 한 번쯤 케이크를 먹는 것도 나쁘지 않을 거로 생각한다. 얼마 지나지 않아 그는 스스로에게 이렇게 말한다.

"이제 교훈을 얻었으니, 전에 했던 것처럼 일주일에 한 번 먹는 것도 괜찮을 거야."

초콜릿케이크 먹기부터 위스키 마시기까지 적당히 해야 한다는 것을 알면서도 멈출 수 없는 것들이 우리 모두에게 있다. 막상 하고 나면 멈추기보다는 더 많이 즐기고 싶어진다. 이것이 바로 양성 피드백positive feedback이다. 여기서 양성이라는 말은 우리에게 좋다는 뜻이 아니라 할수록 더 많이 하고 싶어진다는 의미다. 한 달에 한 번의 방종이 두 번으로 늘어나고, 두 번은 네 번으로 늘어나며, 어느 날 아침 우리는 자신이 중독되었다는 끔찍한 진실을 깨닫는다! 양성 피드백의 반대는 조절적 피드백regulatory feedback이다. 이 피드백은 우리가 소비를 억제하기로 결심할 때 일어난다.

리처드(그리고 우리 자신)를 돕기 위해, 우리는 엘 파롤 바에 대한 알렉스의 설명과 리처드의 케이크 먹기에 적용되는 수학적 규칙을 살펴볼 필요가 있다.

0에서 99 사이의 숫자를 하나 고르는 것으로 시작하자.

고른 숫자가 50보다 작다면, 그 숫자에 2를 곱한다. 고른 숫자가 50보다 크다면, 100에서 그 숫자를 빼서 얻은 숫자에 2를 곱한다. 예를 들어 45를 고르면 결과는 90이 된다. 80을 고르면 결과는 $2 \times (100 - 80) = 40$이 된다. 이 과정은 알렉스가 바에서 설명한 것과 같다.

이제 서로 가까운 두 숫자를 선택하고 이 규칙을 적용했을 때 어떤 일이 일어나는지 살펴보자. 13에서 시작하면 다음과 같은 수열이 생성된다.

13, 26, 52, 96, 8, 16, 32, 64

14에서 시작하면 다음과 같은 수열이 생성된다.

14, 28, 56, 88, 24, 48, 96, 8

두 수열의 마지막 숫자는 매우 다르다. 13에서 시작하면 64가 되고, 14에서 시작하면 8이 된다. 이는 초기 조건에 대한 민감성의 한 형태로, 시작 숫자가 향후의 동적 변화를 예측하는 데 결정적이라는 것을 보여준다. 수열의 초깃값이 1의 차이를 보였던 것이 7단계 후에는 64−8=56의 차이가 되는 것이다.

　이러한 초기의 작은 차이가 바로 수학자들이 카오스라고 부르는 현상의 특징이다. 엄밀히 말하면, 위의 수열은 카오스적이지 않다. 이 두 수열은 결국 동일한 반복 수열(8, 16, 32, 64, 72, 56, 88, 24, 48, 96, 8, 16……)로 귀결되기 때문이다. 하지만 우리가 적용한 규칙 자체는 카오스적이다. 이를 이해하기 위해, 소수 값을 시작점으로 설정했을 때의 수열을 보여주는 그림 11을 참고해보자. 14.1(실선)과 14.2(점선)로 시작하면 초기에는 두 수열 사이의 차이가 거의 없기 때문에 점선과 실선이 겹쳐 하나의 선으로 보인다. 그러나 9단계가 되면 차이가 분명해지며, 실선은 19.2에, 점선은 70.4에 도달한다. 이후 두 선은 잠시 동기화되었다가 14단계 이후에는 각기 독립적인 경로를 따르게 된다.

　결과의 이런 예측 불가능성은 외부의 무작위적인 영향 때문이 아니다. 오히려 시작할 때의 매우 작은 차이(이 경우 0.1)가 빠르게 증폭되면서, 20단계 후에는 현재 값이 초깃값과 본질적으로 아무 연관이 없게 된다. 만약 시작점을 14.01과 14.02로 설정했다면 약 20단계 후에 다른 값이 나타났을 것이다. 시작점을 14.001과 14.002로 설정했다면 약 25단계 후에 차이가 나타났을 것이다.

　이제 13에서 시작하는 숫자 수열이 리처드의 케이크 소비를 묘사한다고 상상해보자. 위 이야기에서 리처드는 매달 단것의 양을 두 배로 늘려 먹는다. 그는 13에서 26으로, 26에서 52개로 소비를 늘린다. 하지만 매달 케이크를 50개 이상 먹고 있다는 사실을 깨달은 후에는 더 이상 소비량을 두 배로 늘리지 않고, 대신 52개에서 다음 달에는 96개로 늘린다(대략 하루 두 조각씩). 그러다 마침내 깨닫는다.

그림 11 본문에서 설명된 규칙에 따라 생성된 두 수열

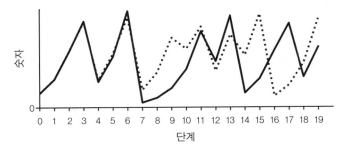

하나는 14.1에서 시작하는 실선 수열이고, 다른 하나는 14.2에서 시작하는 점선 수열로, 두 수열은 빠르게 멀어진다.

그는 정말로 소비를 줄여야 한다는 것을.

그래서 리처드는 한 달에 8개(주당 두 번)로 다시 줄인다. 여기서 눈여겨볼 점은, 리처드가 소비량을 줄이는 정도는 이전의 소비가 얼마나 극단적이었는지에 달려 있다는 점이다. 52개를 먹었을 때는 소비량을 두 배로 늘리지 않는 선에서 그쳤지만, 한 달에 96개를 먹게 된 후에는 소비를 대폭 줄였기 때문이다.

이제 14에서 시작하는 수열로 또 다른 현실을 생각해보자. 1월에 리처드가 케이크를 13조각 먹는 대신 14조각을 먹는다고 상상해보자. 그 외에는 소비를 늘리다가 통제가 어렵다고 느끼면 급격히 조절하는 동일한 규칙을 따른다. 첫 번째 경우(13조각에서 시작) 그는 8월(7개월 후, 즉 수열에서 7단계 진행)에 64조각의 케이크를 먹게 된다. 두 번째 경우(14조각에서 시작) 그는 8월에 단 8조각만 먹게 된다. 1월의 파티에서 초콜릿케이크 한 조각을 더 먹었는지가 8월의 결과에 극적으로 다른 결과를 가져오는 것이다.

리처드는 자신이 나름대로 논리적인 단계들을 따르고 있다고 느 낀다. 그는 스스로 유혹에 빠져들고 있다는 것을 알지만, 상황이 너 무 심각해지면 단호히 다이어트를 결심한다. 이것은 별로 이상한 일 이 아니다. 하지만 친구들이 외부에서 그의 행동을 볼 때는 완전히 무작위적으로 보인다. 어떤 해 여름에는 매일 오후에 친구들을 데리 고 카페에 가더니, 그다음 해 여름에는 아이스크림을 한 스푼도 입 에 대지 않는다. 리처드는 케이크 소비의 카오스에 빠진 것이다.

알렉스의 바 이야기, 리처드의 케이크 소비, 그리고 숫자 수열은 세 가지 주요 요소를 공통으로 가지고 있다. 양성 피드백, 조절적(또 는 음성) 피드백 그리고 소규모 교란perturbation이다. 바의 손님 문제에 서 양성 피드백은 서로 바에 관한 의견을 나누면서 발생한다. 조절 적 피드백은 너무 많은 사람이 방문했을 때 발생하며, 이는 다음 주 에 손님 수를 줄어들게 만든다. 소규모 교란은 초기 손님 수의 작은 차이에서 기인한다. 리처드의 케이크 소비에서 양성 피드백은 먹는 즐거움이 더 많은 소비로 이어진 결과다. 조절적 피드백은 그가 과 도하게 소비했을 때 이를 급격히 줄이는 것이다. 소규모 교란은 1월 에 초콜릿케이크 몇 조각을 먹었는지에서 비롯된다. 숫자 수열에서 양성 피드백은 숫자를 두 배로 늘리는 것이고, 조절적 피드백은 숫 자가 100을 초과했을 때 감소 조정을 하는 것이다. 소규모 교란은 초 깃값의 1, 0.1, 또는 심지어 0.001의 차이다.

현실에서는 리처드의 케이크 소비가 숫자 규칙에 따라 생성된 수 열을 정확히 따를 것이라고 기대하지 않듯이, 알렉스 역시 바의 손 님 수가 자신이 설명한 규칙을 그대로 따를 것이라고 기대하지 않 는다. 하지만 우리가 소비를 늘려가고 이를 급격히 조절하는 방식도 양성 피드백, 조절적(또는 음성) 피드백 그리고 소규모 교란이라는 동일한 세 가지 요소에 영향을 받는다. 사실, 그림 11에서 우리가 관찰한 카오스는 특정 규칙에서만 발생하는 것이 아니다. 수학자들은 작은 숫자가 증폭되고 큰 숫자가 줄어드는 다양한 규칙에서 초기 조건에 대한 민감성을 발견했다. 양성 피드백 뒤에 급격한 조절이 따를 때, 카오스가 발생할 수 있다.

아이러니하게도 카오스를 만들어내는 것은 바로 스스로를 조절하려는 우리의 시도다. 우리는 모두 이런 함정에 빠진다. 소셜 미디어를 일주일 동안 아예 사용하지 않기로 결심하거나, 한 달 동안 술을 완전히 끊거나, 공원을 달리기로 결심할 때 처음부터 전속력으로 시작한다. 이러한 극단적인 반응은 모두 조절이나 통제의 한 형태다. 하지만 이것이 바로 카오스를 만들어내는 방식이다.

조절이 카오스를 일으킬 수 있다는 사실을 인식하면, 균형을 되찾기 위한 대안을 찾을 수 있다. 과도한 탐닉을 다룰 때, 일반적으로 우리는 양성 피드백, 즉 한 번의 실수가 또 다른 실수를 부르고, 결국 더 큰 실수로 이어지는 현상에 초점을 맞춘다. 하지만 양성 피드백을 조절하는 것은 매우 어려운 일이다. 그러려면 우리의 본능, 즉 조절을 포기하고 더 많은 것을 원하는 타고난 성향에 저항해야 하기 때문이다.

더 나은 해결책은 우리가 피하고자 하는 행동을 먼저 안정화한 다음, 서서히 줄이는 것이다. 카오스에 빠진 리처드는 월평균 50조각의 케이크를 소비한다. 만약 그가 소비량을 서서히 줄여 하루 한 조각, 즉 한 달에 30조각 정도로 줄일 수 있다면 현재보다 나아질 뿐만 아니라 이를 유지하기도 훨씬 수월할 것이다. 하루에 한 번의 사치를 허용하는 것은 관리할 수 있는 수준이다.

리처드는 매일 아침 하루 중 어느 시점에 간식을 즐길지 미리 결정한다. 출근길에 먹을지, 오후 티타임에 먹을지, 저녁에 가족과 함께 먹을지, 아니면 모두 잠든 후에 몰래 먹을지를 정한다. 하지만 그는 반드시 하루에 한 번, 그것도 미리 결정한 시간에만 간식을 허용한다. 점진적이고 신중히 계획된 변화는 성공하지만, 극단적인 조치는 실패한다.

우리 행동 속에서 카오스를 초래할 수 있는 패턴을 인식하기는 절대 쉽지 않다. 살면서 우리는 삶에 큰 변화를 일으켜야겠다고 결심할 때가 있다. 예를 들어 오래된 옷을 정리하거나, 운동 계획을 바꾸거나, 술을 끊거나, 새로운 친구를 사귀거나, 특정 사람을 피하거나, 책상을 정리하거나, 새로운 업무 루틴을 만드는 것처럼 말이다. 이러한 결심은 현재 우리 삶의 상황에서는 합리적으로 보일 수 있다. 하지만 6개월 후에는 예상과 전혀 다른 방식으로 행동하는 자신을 발견하게 될지도 모른다.

실수

마거릿 해밀턴은 실수가 일어나기 전에 미리 그 가능성을 찾아내는 사람이 최고의 컴퓨터 프로그래머라고 믿었다.

해밀턴은 LGP-30 컴퓨터에 입력할 종이테이프에 구멍을 직접 뚫으며 이진 코드를 작성했다. 실수했을 때의 기분은 정말 끔찍했다. 그녀는 컴퓨터실 바닥에 앉아 잘못 뚫린 구멍 위에 테이프를 붙이고, 다시 새로운 구멍을 뚫어 수정 작업을 반복해야 했다. 프로그래밍을 처음 시작했을 때 이러한 수정 작업, 즉 그녀가 '해킹'이라고 부르던 방식으로 원래의 실수를 고칠 수 있을지에 대한 불안감이 늘 따라다녔다.[1] 해밀턴은 결심했다. '실수는 어떤 일이 있어도 피해야 한다.'

어느 날 새벽 3시, 해밀턴은 친구들과 칵테일파티를 즐기던 도중에 연구실의 컴퓨터가 계산을 마치고 유휴 상태로 멈춰 있을 거라는 생각이 갑자기 떠올랐다. 그녀는 즉시 로렌츠의 연구실로 가서 날씨 계산 작업을 다시 시작했다. 다음 날 아침, 로렌츠가 사무실에 도착해 계산이 어디까지 진행되었는지 확인하던 중, 해밀턴이 새벽에 다녀간 사실을 알아차리고 그 이유를 물었다.[2] 그녀는 "그럴 수밖에 없었어요"라고 간단히 대답했다. 그녀에게는 당연한 일이었다. 그녀는 몇 분의 컴퓨팅 시간도 낭비하고 싶지 않았던 것이다.

시간이 지나면서 해밀턴은 LGP-30을 완전히 통제할 수 있게 됐다. 그녀가 명령하면 컴퓨터는 정확히 응답했다. 에드워드 로렌츠를 유명하게 만들고 해밀턴의 믿음을 근본적으로 뒤흔든 당시의 발견이 더욱 놀라웠던 이유가 바로 여기에 있었다.

이 발견은 12개의 대기 방정식을 시뮬레이션하던 중 이뤄졌다. 해밀턴과 로렌츠는 전날 시뮬레이션을 실행하고, 각 변숫값이 시간에 따라 어떻게 변화하는지 출력한 목록을 가지고 있었다. 그런데 다음 날, 동일한 초깃값을 입력해 시뮬레이션을 실행했는데도 불구하고 완전히 다른 결과가 나왔다. 두 사람은 충격에 휩싸였다. 도대체 왜 이런 일이 일어난 걸까?

처음에 해밀턴은 자신의 프로그래밍 실수일 가능성을 걱정했다. 하지만 그녀의 철저한 방식으로 볼 때 실수일 가능성은 작았다. 그래도 그 가능성을 배제할 수는 없으므로 그녀는 기계에 입력된 데이터를 반복해서 확인하며 무엇이 잘못되었는지 찾으려고 했다.

그러다 마침내 그들은 원인을 발견했다. 코드 입력값은 소수점 여섯째 자리까지 지정되어 있었지만, 출력값은 소수점 셋째 자리까지만 표시되었다. 두 번째 시뮬레이션에서는 출력에서 생략된 소수점 넷째 자리를 입력하지 않은 것이 문제였다. 초기 조건이 거의 동일했음에도 두 결과는 완전히 달랐다. 예를 들어, 14.956이라는 입력값과 14.956181이라는 입력값이 완전히 다른 결과를 만들어낸 것이다.

에드워드 로렌츠는 나중에 이 현상을 '갈매기의 날갯짓 효과'라고 불렀다. 소수점 넷째 자리라는, 갈매기의 날갯짓 한 번과 같은 미미한 차이가 날씨를(정확히는 시뮬레이션된 날씨를) 바꾼 셈이었다.

마거릿 해밀턴은 이 발견이 날씨 예측에 미치는 영향보다는 그 오류 자체의 본질에 더 관심이 갔다. 작은 입력값의 차이가 출력값에 큰 차이를 만들어낸 것이다. 그녀는 롱 교수에게 배운 이후로 계산을 논리적이고 오류가 없는 것으로 여겨왔다. 하지만 이번에는 코드에 실수가 없었지만 예상치 못한 차이가 발생했다.

로렌츠는 그녀를 칭찬했다. 그가 소수점 넷째 자리에서 카오스의 갈매기를 발견할 수 있었던 것은 그녀의 프로그래밍 실력을 신뢰했기 때문이라고 말했다. 즉, 그에게는 입력값만이 오류의 유일한 원인일 수밖에 없었던 것이다.

하지만 그 말은 해밀턴에게 별 위안이 되지 못했다. 일이 잘못되었을 때 그녀는 육체적 고통에 가까운 감정을 느꼈다. 앞으로는 훨씬 더 조심해야 한다는 사실을 깨달았다. 그녀는 프로그래밍에 대한 큰 계획이 있었고, 이를 위해서는 더욱 정밀해져야 했다. 그런 실수는 비록 자신이 저지른 것이 아니더라도 절대 반복되어서는 안 되었다.

나비 효과

1961년 에드워드 로렌츠는 마거릿 해밀턴이 자신의 연구소에 있는 LGP-30 컴퓨터에서 시뮬레이션했던 12개의 방정식 대신, 대기 대류 과정을 설명하는 세 개의 더 간단한 방정식에 집중하기로 했다. 그는 날씨의 본질을 가능한 한 단순하게 포착하고자 했다.

로렌츠가 연구하던 방정식을 이해하기 위해 열대 섬을 떠올려보자. 섬의 땅은 태양에서 오는 복사열을 흡수하며 가열된다. 그 결과 지표면의 공기가 상승하고, 하늘의 차가운 공기가 아래로 내려온다. 이는 대류 순환을 통해 섬에 미풍을 일으킨다. 즉, 섬의 한쪽에서 따뜻한 공기가 상승하고, 다른 쪽에서 차가운 공기가 미풍으로 불어오는 것이다.

로렌츠는 이 과정을 세 가지 수학적 변수로 표현했다. X는 공기의 대류 강도, 즉 섬에서 부는 미풍의 세기를 나타낸다. Y는 섬의 동쪽과 서쪽 사이의 온도 차이를 나타낸다. Z는 섬의 지표면과 지표면 위 하늘 사이의 온도 분포 왜곡 정도를 나타낸다(온도 분포 왜곡은 지면이 매우 뜨거워지고, 하늘 위 먼 곳이 매우 차가워지는 현상을 말한다). 여기서 주의할 점은, 미풍이 동쪽에서 서쪽으로 불 때는 변수 X와 Y가 양의 값을 가지며, 서쪽에서 동쪽으로 불 때는 음의 값을 가진다는 것이다. 로렌츠는 X와 Y 사이에서 상호 피드백이 발생한다고 생각했다. 즉, 그는 동쪽과 서쪽 사이의 온도 차이가 커지면 대류 강도가 증가하고, 대류 강도가 증가하면 다시 동쪽과 서쪽 사이의 온도 차이가 더 커진다고 가정했다. 이런 피드백은 지표면과 공기 사이의 온도 왜곡을 키우고, 그로 인해 대류가 점차 약해지면서(하향 조절되면서), 어느 순간 바람이 방향을 바꿔 서쪽에서 동쪽으로 불기 시작한다. 로렌츠 모델에 따르면 시간이 지남에 따라 바람은 동쪽에서 서쪽으로, 다시 서쪽에서 동쪽으로 방향을 바꾸며 섬을 가로질러 불게 된다.

리처드의 케이크와 알렉스의 엘 파롤 바 이야기에서처럼, 로렌츠의 모델도 단순화된 것이다. 그리고 내가 이를 열대 섬의 날씨로 설명한 것 역시 일종의 비유에 불과하다. 하지만 X, Y, Z의 변화를 설명하는 로렌츠의 방정식은 실제 기상 예측에 사용되는 더 정교한 모델에서 나타나는 상호작용의 많은 특징을 잘 포착하고 있다.

마거릿 해밀턴은 로렌츠의 단순화된 모델을 시뮬레이션하는 작업에 참여하지 않았다. 로렌츠가 이 모델을 공식화했을 때, 해밀턴은 이미 또 다른 모험을 향해 움직이고 있었다(우리는 곧 그녀의 여정을 따라가 볼 것이다). 하지만 해밀턴은 떠나기 전에 자신의 후임자를 찾았다. 보스턴에 도착한 지 얼마 되지 않은 수학과 졸업생 엘런 페터Ellen Fetter였다. 페터는 해밀턴처럼 세부 사항에 주의를 기울이는 능력이 있었고, 모델의 출력 결과를 더 명확하게 시각화하는 능력 또한 뛰어났다.

페터는 LGP-30을 사용해 로렌츠 모델의 출력 결과, 즉 시간에 따른 변수의 변화를 종이에 그래프로 나타내는 방법을 고안했다. 그녀가 만든 그래프는 우리가 앞에서 다룬 포식자-피식자 모델이나 전염병 모델의 위상도와 유사했다. 이들 모델에서 선은 종의 개체 수나 감염의 경로를 나타냈던 반면, 페터의 그래프는 세 가지 변수(X, Y, Z)의 시간에 따른 변화를 그렸다. 이 그래프는 그림 12에서 확인

그림 12 카오스의 나비

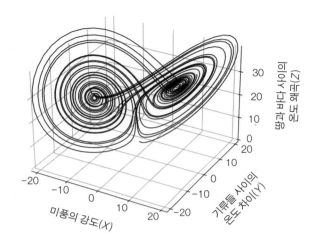

선은 시간에 따른 세 변수의 변화를 추적한 궤적을 나타낸다.

할 수 있다. 이 그래프를 이해하기 위해, 이 세 변수가 큐브 내부를 이동한다고 상상해보자. 여기서 Z는 큐브의 높이, X와 Y는 큐브 밑면의 두 축을 각각 나타낸다.

궤적은 계속해서 돌고 돌지만, X, Y, Z의 값이 정확히 똑같이 반복되지는 않는다. 대신, 섬의 날씨가 3차원 안에서 끊임없이 뒤틀리고 변화하면서 나비의 날개와 비슷한 궤적을 이룬다. 이는 이전에 살펴본 포식자-피식자 모델 등에서 봤던 것과는 매우 다른 동역학적 특성을 보여준다. 이 시스템은 안정적으로 하나의 지점에 수렴하지도 않고, 같은 패턴이 반복되는 주기적인 형태도 아니다. 바람은 처음에는 동쪽에서 서쪽으로 불다가, 다시 서쪽에서 동쪽으로 방향을 바꾼다. 때로는 따뜻한 바람이 불고, 때로는 차가운 바람이 분다.

그리고 몇 시간 뒤의 날씨조차 예측할 수 없게 된다. 이 궤적은 카오스적이다.

현재 카오스라는 개념은 이 나비와 동의어처럼 여겨지지만, 페터가 1963년 로렌츠의 논문을 위해 그린 그래프가 나비처럼 보이는 것은 단지 우연일 뿐이다. 앞 장에서 읽었듯이, 로렌츠는 처음에 카오스의 동역학을 설명하기 위해 나비 대신 갈매기의 날갯짓이라는 비유를 사용했다. 나비라는 더 인상적인 이미지는 나중에 등장했다. 1972년, 로렌츠가 강연 제목을 정하지 못하자 주최 측에서 **'브라질에서 발생한 나비 한 마리의 날갯짓이 텍사스에서 토네이도를 일으킬 수 있는가?'**라는 질문을 제목으로 선택했다.

이 제목은 인상적이긴 하지만 카오스라는 개념에 대해 약간 잘못된 인식을 하게 만들 수 있다. 마치 아마존 어딘가에 있는 한 마리의 나비가 날갯짓 한 번으로 텍사스에 강력한 토네이도를 일으킨다는 뜻으로 해석될 수 있기 때문이다. 나비 효과를 더 정확히 설명하자면, "북대서양에서 두 달 후 발생할 폭풍을 정확히 예측하려면 전 지구 곳곳의 대기 상태를 알아야 하고, 그 안에는 아마존의 나비가 날갯짓을 했는지도 포함된다"라고 설명해야 한다. 그림 12를 기준으로 이를 설명하자면, 궤적에서 약간의 편차만 생겨도 전혀 다른 경로가 그려지는 것과 같다.

문제를 복잡하게 만드는 것은 특정한 나비, 초콜릿 한 조각, 또는 바에 있는 한 명의 손님 그 자체가 아니다. 삶을 예측할 수 없게 만드는 것은 모든 나비, 모든 초콜릿, 모든 낯선 것들에 대해 알지 못하는 우리의 불가피한 한계다.

밤하늘을 보며: 1부

우리는 가만히 앉아 별들을 올려다보았다. 이곳에서 본 밤하늘은 영국에서 보던 익숙한 밤하늘과는 너무나 달랐다. 뉴멕시코의 별들이 이렇게 밝을 줄은 상상도 못 했다. 맨체스터에서는 구름이 희미한 가로등 빛과 뒤섞여 하늘이 흐릿하게 보였다. 영국의 3월은 춥고 비가 많이 와서 그때 우리처럼 밤하늘을 올려다보며 앉아 있는 사람은 거의 없었을 것이다.

"저 별들은 완벽하게 배열돼 있어요. 하지만 이 완벽함은 당신이나 당신의 친구 알렉스가 관심을 가질 만한 과학적 완벽함과는 다를 거예요. 이 완벽함은 우리 자신을 돌아보게 하는 완벽함이에요. 우리는 모두 나름의 방식으로 완벽하거든요. 내가 읽었는데, 우주에는 1000억 개의 은하가 있고, 각각의 은하에는 1000억 개의 별이 있대요. 그리고 곧 지구에는 100억 명의 사람이 살게 될 거고, 우리 각자의 뇌에는 1000억 개의 뉴런이 있어요. 별 하나가 깜박이는 건 뉴런 하나가 발화하면서 다른 뉴런에 연결되는 것과 비슷해요. 어딘가에서, 누군가의 뇌 속에서 그런 연결이 이루어지고 있는 거지요."

나와 함께 별을 바라보던 릴리로즈가 말했다. 릴리로즈는 이런 관계, 즉 뇌와 은하, 뉴런과 별 사이의 관계를 이해했을 때 진정한 점성학의 힘을 깨달았다고 했다. 신문에 실리는 진부한 점성술이 아니라, 우리에게 전해 내려온 진정한 지식이라고 했다. 그녀는 우리 조상들이 하늘을 올려다보며 자기 머릿속에서 뉴런들이 발화하는 모습을 읽어낼 수 있었으며, 자신과 타인의 생각이 어둠 속 별들의 깜빡임에서 나타난다고 믿었다고 했다. 그러면서 지금은 기술이 만든 인공의 빛들로 하늘이 오염돼 있고, 우리의 뇌는 과학적 의심으로 흐려져 그런 패턴을 명확하게 인식하지 못하게 됐다고 말했다. 하지만 이곳에 올라오면 우리의 마음이 집단적으로 깜빡이고 있다는 것을 느낄 수 있다고 덧붙였다.

알렉스와 내가 산타페 연구소와 멀지 않은 이곳 산기슭에 오게 된 것은 릴리로즈와 그녀의 친구 마리아의 제안 덕분이었다. 두 여성은 엘 파롤 바에서 알게 된 사람들이었다. 운전은 릴리로즈가 했다. 나는 그녀 옆자리에 조용히 앉아 뒷좌석에서 알렉스와 마리아가 킥킥거리며 속삭이는 소리를 무시하려고 애썼다. 목적지에 도착했을 때, 릴리로즈와 나는 차에서 내려 이제 막 서로에게 마음을 연 듯 보이는 그 둘을 차에 남겨두고 짧은 거리를 걸어와 지금 우리가 앉아 있는 이 전망 좋은 지점까지 올라왔다.

릴리로즈가 별들에 관해 이야기하기 시작한 것은 바로 그때였다.

나는 그녀의 발상이 만들어내는 이미지가 마음에 들었지만, 과학적인 관점에서는 다소 개연성이 낮아 보인다고 솔직히 말했다.

그녀는 한 해 전에 산타페 연구소에서 열린 공개 강연에 참석한 적이 있다고 했다. 그녀의 기억에 강연은 셀룰러 오토마타에 관한 것이었다. 강연자는 모든 것이 서로 연결되어 있으며, 오토마타의 한 지점에서 일어난 작은 변화가 다른 지점에서 큰 변화를 일으킬 수 있다고 설명했다. 그는 우주도 마찬가지라면서 어떤 한 곳에서 한 번의 깜빡임이 우주 반대편 은하에 변화를 일으킨다고 말했다. 그녀는 셀룰러 오토마타가 우리의 뇌와 별을 비롯한 모든 것들을 상호 연결되어 깜박이는 전구의 배열로 모델링하는 데 사용될 수 있다고 들었다고 했다. 또한 한 전구의 깜빡임이 다른 전구를 작동시키는 식으로, 우리의 뉴런 발화와 별빛의 깜빡임이 예측할 수 없는 영향을 미친다는 이야기도 들었다고 했다. 이어 그녀는 이렇게 말했다.

"지금 우리가 보고 있는 게 바로 그거예요. 우리는 하늘에서 우리의 마음이 깜빡이는 걸 보고 있는 거예요. 각자 자신만의 별이 있고, 그 별이 각자가 생각하는 걸 나타내는 거지요. 우리는 우리 생각의 카오스를 보고 있는 거예요. 점성학이 진실인 이유가 바로 여기에 있어요."

그러더니 그녀는 이렇게 말했다.

"'별에 쓰여 있다'라고 말할 때, 당신이나 알렉스 같은 과학자들은 그걸 문자 그대로 받아들이죠. 하지만 중요한 건 그게 아니에요. 중요한 건 별을 읽으려면 특별한 감정이 필요하다는 거예요. 우리의 마음을 이해하는 데에도, 미래를 읽는 데에도 특별한 감정이 필요해요"

나는 산타페 연구소의 강연자가 진짜로 그런 뜻으로 말한 것은 아닐 거라고 그녀에게 말하고 싶었다. 크리스(그 강연자가 크리스였을 가능성도 있어 보였다)가 우주와 우리의 마음이 0과 1로 깜박이는 전구처럼 모델링될 수 있다고 말했다 해도, 뉴런과 별 사이에 실제로 인과관계가 있다고 믿지는 않았을 테니 말이다.

하지만 내가 릴리로즈에게 어떻게 설명해야 할지 고민하는 사이 그녀가 말을 이었다.

"내가 한 말을 문자 그대로 받아들일 필요는 없어요. 하지만 내 인생에는 카오스가 많았어요. 내 주변 사람 중에는 통제 불가능한 사람들이 있었어요. 그런 사람들과 만날 때 이런 생각을 하면 좀 기분이 나아져요. 그래서 그 과학자가 한 말이 좋았던 거예요. 우리는 흔히 어떤 행동이 특정 결과로 이어진다고 생각해요. 어느 정도는 맞는 말이지만, 일상의 흐름에서 잠시 벗어나 깜빡이는 전구들에 집중해보면 그 패턴이 사실 무작위적이라는 걸 알 수 있어요. 그런데 대부분 사람은 산에 올라와 자기 마음을 들여다보는 일을 하지 않아요."

그녀는 이곳에 올라오면 자신이 모든 걸 통제할 필요가 없다는 사실을 떠올리게 된다고 했다. 다른 사람들은 소용돌이치는 은하처럼 스스로의 궤적을 따라 움직이고, 그녀가 무엇을 하든 말든 그들은 여전히 그들만의 길을 간다고 생각하게 된다며, 그런 생각이 조금은 삶을 편안하게 해준다고 했다.

밤하늘을 보며 : 2부

마거릿 해밀턴에게 밤하늘은 단 하나의 의미만 있었다. 그것은 완벽한 통제가 필요한 대상일 뿐이었다. 그 외의 가능성은 존재하지 않았다. 밤하늘은 진공 상태, 곧 중력의 법칙만이 지배하는 빈 공간이었다. 아폴로 11호가 성공할지는 그녀와 나사NASA의 동료들이 로켓 궤적을 어떻게 그리느냐에 달려 있었다. 그들의 임무는 단 하나였다. 우주비행사가 광대한 우주를 건너 달에 성공적으로 착륙한 뒤 무사히 지구로 귀환하도록 만드는 것이었다. 그리고 이 임무에는 미세한 실수조차 용납될 수 없었다.

그녀는 날씨 예측에서 목격한 카오스를 통해 소수점 네 번째 자리의 작은 실수조차 실패를 초래할 수 있다는 사실을 너무나 잘 알고 있었다. 이 교훈은 그녀가 로렌츠의 연구실과 LGP-30을 떠난 후 미국 국토안보부에서 비우호적 항공기를 탐지하는 소프트웨어를 개발하며 더욱 확고해졌다. 그녀는 자신이 개발한 새로운 시스템에 '바닷가seashore'라는 이름을 붙였다. 이 시스템은 소프트웨어가 올바르게 작동하면 대형 메인프레임 컴퓨터에서 잔잔한 파도가 모래사장을 때리는 듯한 규칙적인 소리를 냈기 때문이다. 하지만 무언가가 잘못되면, 그 소리는 거친 폭풍 소리처럼 변했다. 최악의 경우 컴퓨터가 다운되면서 사이렌과 경적 소리가 울려 퍼졌고, 이는 곧 그녀가 실수를 저질렀다는 것을 모두에게 알리는 신호였다.

해밀턴은 실수를 통해 배웠다. 실수가 발생하면 새로운 방식으로 오류를 분류하고 모든 것을 문서화했다. 동료들이 버그가 있는 코드

옆에서 포즈를 취하는 장면을 폴라로이드 사진으로 남기기도 했다. 그녀는 자신의 실수를 모르고 넘어가는 것보다는 많은 관객 앞에서 공개적으로 마주하는 것이 더 낫다고 생각했다.

그래서 그녀는 나사가 '인간 등급 소프트웨어^{man-rated software}', 즉 우주비행사를 달에 안전하게 보내기 위한 코드를 작성할 사람을 찾고 있다는 소식을 듣자마자 자신이 그 일의 적임자임을 알았다. 그녀는 케네디 대통령의 연설을 떠올렸다.

"우리는 이 10년 안에 달에 가는 것을 선택했다. 그것이 쉬워서가 아니라 어렵기 때문이다."

그녀는 이 일이 얼마나 어려운지, 한마디로 실수를 절대 허용하지 않는 일이라는 것을 잘 알고 있었다.

1963년 해밀턴은 나사의 두 팀에 프로그래머로 지원했다. 인터뷰를 마친 지 몇 시간 만에 두 팀 모두 그녀에게 자리를 제안했고, 그녀는 동전 던지기로 어느 팀에 합류할지 결정했다. 결국 어느 팀을 선택하든 그건 중요하지 않았다. 곧 모든 사람이 그녀가 달 착륙 임무의 모든 부분에 관여해야 한다는 것을 알게 되었기 때문이다. 그녀가 일하기 전까지 나사에는 복잡하고 세밀한 코드를 가치 있게 여기는 문화가 있었다. 해밀턴은 "방정식이 많아질수록 오류가 발생할 가능성이 커진다"라고 부드럽지만 단호하게 지적했다. 그녀는 단순성, 반복 가능성, 그리고 이해하기 쉬운 코드를 사용해야 한다고 주장했다. 소프트웨어 공학^{software engineering}이라는 용어도 그녀가 처음 사용했다. 그녀는 자신들의 작업이 로켓을 설계하거나 달 착륙선을 조립하는 엔지니어들의 작업만큼이나, 아니 그보다 더 중요하다고 믿었다. 그녀는 실패를 최대한 피하기 위해서는 소프트웨어 역시 우주선처럼 간결하고 효율적이어야 한다고 주장했다.

해밀턴의 접근 방식은 대학 시절 롱 교수에게 배운 수업으로 거슬러 올라간다. 롱 교수는 암기보다, 모든 단계가 논리적으로 이전 단계와 이어지게 하는 것이 훨씬 더 확실한 방법이라고 가르쳤다. 이 원리는 소프트웨어에도 적용되었다. 아폴로 11호에 탑재된 컴퓨터는 우주선의 위치와 속도 추정, 조종 명령 지원, 부품 온도 제어, 행성 간 각도 측정을 포함한 여러 중요한 기능을 담당했다. 이 모든 작업은 임무 상황에 따라 우선순위가 달라졌다. 예를 들어 초기에는 조종 기능이 위치 추정보다 우선했지만, 측정을 오랫동안 하지 않으면 위치가 불확실해져 위치 재추정의 우선순위가 높아졌다. 해밀턴의 임무는 한 번에 하나의 작업만 수행할 수 있는 우주선 기내 컴퓨터가 가장 우선순위가 높은 작업을 처리할 수 있도록 시스템을 개발하는 것이었다.

해밀턴은 '만약 어떤 일이 발생한다면, 어떻게 해야 한다'라는 절차 중심의 접근 방식 대신, 우주선의 각 부품이 담당하는 기능과 이들 간의 우선순위 관계를 먼저 문서화했다. 이후 그녀는 이 목록을 기반으로 올바른 반응을 자동으로 생성하는 소프트웨어 시스템을 구축했다. 해밀턴의 팀이 시스템 전체가 100% 안전하게 구축되었다는 확신을 가진 후에는, 어떤 반응이 잘못되었을 때 그 오류는 개별 코드가 아니라 우선순위 설정이나 기능 설계에 있을 가능성이 더 커졌다. 이러한 오류는 기존의 '만약 어떤 일이 발생한다면, 어떻게 해야 한다'라는 절차에 숨겨진 오류보다 훨씬 쉽게 바로잡을 수 있었다. 왜냐하면 그것들은 우주선의 작동과 임무의 우선순위와 직접적으로 관련 있었기 때문이다. 게다가 프로젝트가 진행된 8년 동안 우주선의 기능이나 임무의 우선순위가 자주 변경되었지만, 이 방식을 통해 그녀는 새로운 오류를 유발할 위험 없이 업데이트를 수행할 수 있었다.

해밀턴의 소프트웨어 설계 방식은 시스템 내에서 불안정성이 발생할 수 있는 원리를 설명하는 엔지니어들의 방정식에서 영감을 얻었다. 예를 들어 금문교나 런던의 밀레니엄 브리지와 같은 현수교가 어떻게 진동을 시작하게 되는지를 설명하는 방정식처럼 말이다. 해밀턴과 그녀의 팀은 우주선의 강력한 추력, 위치 측정의 작은 오차, 우주비행사나 지상 관제소의 계산 실수에서 불확실성을 찾아냈다. 그들은 이러한 카오스의 나비들을 식별하고 혼돈이 발생하기 전에 통제해야 했다. 해밀턴과 그녀의 팀이 수행한 8년간의 소프트웨어 공학은 모든 오류의 가능성을 대비하는 과정이었다. 그들은 카오스가 발생하기 훨씬 이전부터 이를 통제할 준비를 해야 했다.

아폴로 11호가 임무를 수행하는 동안, 해밀턴은 통제실에 머물며 모니터를 확인하고 출력물을 검토했다. 그녀는 우주비행사들이 달 표면으로 하강을 시작하는 순간을 주의 깊게 지켜보았다. 이 하강은 인간이 처음으로 달에 발을 내딛기 전에 마지막으로 거쳐야 할 도전이었다.

바로 그때, 경고음이 울리며 통제실에 불빛이 깜빡였다. 우주비행사의 컴퓨터 화면에 경고 메시지가 나타났다. 훈련 중에는 본 적 없는 긴급 코드였다. 컴퓨터가 과부하 상태임을 나타내는 경고였다.

닐 암스트롱은 통제실에 걱정스러운 목소리로 말했다.

"1202 코드야…… 이게 뭔가?"

통제실의 모든 엔지니어가 해밀턴을 쳐다봤다. 이 경고를 띄운 것은 바로 **그녀가 만든** 소프트웨어였기 때문이다.[1] 1202 루틴이 작동하면서 우주비행사의 임무 화면이 중단되고 경고 메시지가 뜬 것이었다. 모두가 그녀의 소프트웨어에 무슨 문제가 생겼는지 물었다.

우주선 안에서는 암스트롱과 올드린이 화면에 나타난 메시지를 확인했다. 그것은 착륙 전에 랑데부 레이더를 수동으로 올바른 위치로 되돌려야 한다는 경고였다. 우주인 두 사람은 스위치를 돌려 레이더를 제자리에 맞췄다. 화면은 이제 착륙 준비가 되었는지를 묻는 메시지를 표시했다. 두 사람은 착륙을 결정하고 마지막 하강 단계를 시작했다. 경고음과 불빛이 꺼졌다. 해밀턴의 한 동료가 긴장된 목소리로 물었다.

"방금 무슨 일이 있었던 거지?"

해밀턴은 차분히 출력물을 확인했다. 문제는 그녀의 소프트웨어가 아니었다. 우주선의 하드웨어에 문제가 있었던 것이다. 그녀의 소프트웨어는 하드웨어의 오류를 보완했을 뿐만 아니라, 암스트롱과 올드린에게 문제를 경고했다.

다른 사람들이 인류 최초의 달 착륙에 환호할 때, 해밀턴은 속으로 생각했다. '달에 착륙한 최초의 소프트웨어이기도 하군.' 그녀는 달 표면에 놓여 있을, 작고 오류 없는 루틴 박스인 컴퓨터를 떠올리며 미소를 지었다.

수십 년이 지나, 버락 오바마 대통령은 백악관에서 해밀턴에게 자유의 메달을 수여하며 그녀를 이렇게 소개했다.

"우리 우주비행사들에게는 시간이 많지 않았지만, 다행히도 마거릿 해밀턴이 있었습니다. 해밀턴은 MIT의 젊은 과학자이자 1960년대에 직장 생활과 가정생활을 병행하던 어머니였습니다."

오바마는 청중을 향해 그녀가 소프트웨어 공학이라는 개념이 만들어지기 전부터 이미 소프트웨어를 설계했다는 사실을 상기시키며 이렇게 말했다.

"그녀에게는 참고할 교과서조차 없었기에 선구자가 되는 수밖에 없었습니다."

오바마가 연설하는 동안, 해밀턴은 그의 말이 옳다고 생각했다. 실제로 당시 그녀에게는 교과서가 없었다. 그 대신 그녀는 철저함을 추구하며, 실수를 미리 제거하기 위해 논리와 추론을 사용하는 방식을 배웠다. 그녀는 컴퓨터 시뮬레이션에서 최초의 카오스를 목격했고, 아폴로 임무의 소프트웨어 공학이 완벽해야 한다는 사실을 더욱 강하게 마음속에 각인했다. 그녀는 실수할지도 모른다는 두려움, 확실함이 필요할 때 오류를 범할까 봐 느꼈던 불안, 삶이 통제 불가능해질 수 있다는 공포를 오히려 자신을 하늘 너머 우주로 초월시키는 원동력으로 바꾸었다.

그녀의 임무는 완수되었다.

완벽한 결혼식

나사의 마거릿 해밀턴과 산타페의 릴리로즈는 카오스와 무작위성을 대하는 서로 다른 접근 방식을 보여준다. 해밀턴의 해결책은 철저한 준비에 있었다. 달 표면으로 하강하는 몇 분 동안의 안전을 확보하기 위해 8년간의 계획이 필요했다. 반면 릴리로즈의 접근 방식은 삶을 늘 통제할 수 없다는 사실을 인정하는 데 있다. 그녀는 카오스를 받아들여야 한다고 말한다.

우리의 삶에서 중요한 것은 어떤 접근 방식을 취할지, 그리고 언제 그것을 선택할지를 아는 것이다.

이 균형을 이해하기 위해 영국에서 가장 유명한 웨딩 플래너인 니아를 만나보자. 그녀는 최근 리얼리티 TV 프로그램 「마이 빅 런던 웨딩My Big London Wedding」에 출연하며 사업이 크게 번창했다.

공학을 전공하고 투자은행가로 일하던 니아는 3년 전 일을 그만두고 자신의 기술적 능력을 새로운 도전에 투입했다. 그 도전이란, 많은 사람의 삶에서 가장 특별한 날을 준비해주는 일이었다.

「마이 빅 런던 웨딩」이라는 프로그램은 행복한 커플(그리고 결혼식 비용을 부담하는 부모)에게 결혼식장에서 사용할 꽃에서 하객들을 위한 식사 메뉴에 이르기까지 세부 사항들을 계획하는 과정을 한 단계씩 따라간다. 결혼식 당일, 니아는 아침 6시에 현장에 도착해 피로연이 끝날 때까지 자리를 지킨다. 니아는 무전기를 이용해 직원들과 소통하며, 정교한 조명 쇼에서부터 헤어와 메이크업에 이르기까지 모든 것을 조율한다. 그녀는 이 일을 하면서 심각한 문제에 직면한 적이 한 번도 없다. 케이크는 항상 신랑과 신부가 원하는 대로 준비되고, 리무진은 언제나 제시간에 도착한다. 니아가 가장 좋아하는 순간은 완벽한 하루가 절정을 이루는 때다. 연회장에 초대받은 사람들이 문 앞에서 잠시 멈춰 장관을 감상하며 감탄하거나 사진을 찍는 그 순간, 그녀는 진정한 완벽함을 느낀다.

하지만 니아는 집에 돌아왔을 때는 이런 완벽함을 느끼지 못한다. 니아의 일은 매우 바쁘게 돌아가므로 육아와 가사는 남편 앤터니가 대부분 맡고 있다. 앤터니는 적극적인 아버지 역할을 기쁘게 받아들이며, 니아가 자기 일을 사랑하듯 자신의 역할을 사랑한다. 하지만 문제는 그가 그리 능숙하지 않다는 점이다! 물론 그는 아이들과 잘 지내며 즐겁게 해줄 새로운 방법을 늘 찾아낸다. 앤터니와 아이들은 항상 새롭고 창의적인 프로젝트를 시작한다(물론 늘 잘되는 것은 아니다). 어떤 날엔 함께 그림을 그리고, 어떤 날엔 운동 시합에 나가거나 보드게임 대회에 출전하기도 한다.

게다가 앤터니는 친구들을 자주 집으로 부른다. 그의 친구들은 아이들보다 더 시끄러울 때도 있다. 지난주 니아가 집에 돌아왔을 때 안토니와 아이샤, 찰리, 베키는 주방에서 노트북을 들여다보며 데이터를 분석하고 통계를 이용해 행복을 이해하려는 프로젝트를 막 시작한 상태였다. 그동안 아이들은 거실에서 미친 듯이 뛰어다니고 있었다.

니아는 집으로 돌아와도 쉴 수가 없었다. 앤터니가 집 안을 정리하긴 하지만 그는 아이들이 잠들고 친구들이 돌아간 늦은 밤이 되어서야 집을 치우기 시작한다. 그녀는 집에 돌아왔을 때 카오스를 마주치고 싶지 않았다. 대체 어떻게 해야 할까?

이 질문의 답은 마거릿 해밀턴과 릴리로즈의 차이에서 찾을 수 있다. 해밀턴처럼 니아는 자신의 하루를 완벽하게 통제해 매주 주말마다 달 착륙 같은 완벽한 행사를 치른다. 결혼식 준비에는 실수의 여지가 없다. 결혼식 준비는 해밀턴이 그랬던 것처럼 소수점까지 정확한 계산과 완벽한 기술이 요구되기 때문이다. 해밀턴의 계산은 모든 가능성에 대비해야 하며, 작은 오류조차 사전에 제거해야 한다. 니아가 일하는 방식도 마찬가지다. 중요한 날인 만큼 모든 것이 완벽해야 하며, 이를 위해 어떤 작은 문제라도 예방할 수 있는 계획이 필요하다.

하지만 니아가 통제할 수 없는 것은 바로 그다음 날이나 그 이후에 일어날 일들, 그리고 결혼한 커플의 결혼 생활이 어떻게 전개될지다. 이것이 바로 카오스의 본질이다. 1961년, 로렌츠가 해밀턴과 함께 대기 방정식의 시뮬레이션 결과를 분석할 때 배운 교훈은 아주 작은 오류가 결과를 예측 불가능하게 만든다는 것이었다. 로렌츠는 우리가 미래를 통제하거나 예측할 수 있는 기간이 매우 짧다는 것을 깨달았다. 예를 들어 우주선을 착륙시키거나 오후에 비가 올지 (비교적) 정확하게 예보하는 것은 가능하지만, 더 먼 미래는 예측할 수 없다. 카오스는 피할 수 없다.

우리의 웨딩 플래너 니아는 단기적으로 미래를 통제하는 능력으로 주목받지만, 장기적인 통제는 할 수 없다. 니아가 남편을 바라볼 때, 그녀는 모든 것을 완벽히 통제할 수 없다는 새로운 사고방식을 이해할 필요가 있다. 반대로, 앤터니 역시 안정과 완벽을 중시하는 니아의 사고방식을 존중해야 한다. 이것은 옳고 그름의 문제가 아니다. 두 가지 사고방식 모두 삶에 꼭 필요한 균형이다.

중국 철학에서는 이런 이분법을 '음양陰陽'이라고 부른다. 음은 혼란스럽고 수동적이며, 미지의 영역으로 흘러가는 것을 허용한다. 앤터니는 음이다. 그는 순간의 충동과 욕망에 자신을 맡긴다. 반면, 양은 질서를 상징하며 능동적으로 미래를 통제하려 한다. 일할 때의 니아는 양이다. 그녀는 매 순간을 완벽하게 통제하려 한다.

니아의 양(단기적인 질서)와 앤터니의 음(장기적인 카오스)은 균형을 이뤄야 한다. 현실적으로 이는 두 사람이 서로의 삶에서 무엇을 엄격히 통제하고, 무엇을 자유롭게 흘러가도록 허용할지 논의해야 한다는 뜻이다. 예를 들어, 니아는 아이들로 인한 어느 정도의 카오스를 받아들여야 한다. 니아와 앤터니 모두 아이들에게 일상적인 질서(규칙적인 식사와 취침 시간 등)가 필요하다는 데는 동의하지만 동시에 아이들이 제약 없이 자유롭게 자신을 표현할 기회를 누리게 해야 한다. 니아가 결혼식장에서 손님들이 춤추며 자유롭게 즐기는 모습을 보면서 기뻐하듯, 아이들이 안전한 환경에서 카오스를 경험하며 자유롭게 행동하도록 남편이 허용하는 것도 그녀는 기꺼이 받아들여야 하는 것이다.

하지만 주방의 무질서는 다른 문제다. 여기서는 앤터니의 카오스적인 음이 지나칠 정도로 많이 발현되기 때문이다. 주방에서는 니아의 질서정연한 양이 숨 쉴 공간조차 없다. 그녀는 집 안에서 단 한 군데만이라도 온전히 쉴 수 있는 공간이 필요하다. 즉 장난감이나 마무리되지 않은 미술 프로젝트, 혹은 데이터 과학 애호가들이 컴퓨터를 두드리는 소리가 없는 공간, 아이들이 잠든 후 두 사람이 함께 저녁 식사를 준비하거나 와인 한 잔을 즐길 수 있는 그런 공간이 필요하다. 니아와 앤터니는 주방의 질서를 최우선 과제로 삼기로 하고, 앤터니는 어른들의 공간을 깨끗하게 유지하겠다고 약속한다. 그는 또한 저녁에 친구들을 집이 아닌 다른 곳에서 만나는 데 동의했으며, 니아가 아이들과 함께 시간을 보낼 수 있도록 배려한다. 만약 그가 아이들 돌보기와 집안일을 동시에 감당하기 어렵다면(분명 힘들 수 있다), 둘은 청소 도우미를 고용하거나, 베이비시터를 부르거나, 건강한 테이크아웃 음식을 더 자주 주문하기로 합의한다. 이는 1부에서 앤터니와 그의 친구들이 통계 분석을 통해 추천했던 방법과도 일맥상통한다.

음과 양의 균형을 찾는 구체적인 방법은 관계의 세부 사항에 따라 달라지지만, 카오스 이론은 음과 양이 없다면 서로 존재할 수 없음을 보여준다. 심지어 소수점 넷째 자리의 오류 하나가 장기적으로는 철저히 계산된 결과를 완전히 바꿔버릴 수도 있다. 질서와 혼돈은 결혼한 부부의 삶처럼 깊이 얽혀 있다. 핵심은 장기적인 미래를 지나치게 통제하려 하면 과잉 규제로 인해 더 큰 카오스를 초래한다는 점을 깨닫는 것이다. 반대로 단기적 통제를 소홀히 하면 무질서와 불안정을 초래한다. 균형을 맞추는 일은 쉽지 않지만, 질서와 카오스 중 어느 쪽도 다른 한쪽 없이는 존재할 수 없다는 점을 인정하는 것이 좋은 시작이다.

이러한 균형을 맞추는 과정은 우리에게 새로운 질문을 던진다. 마거릿 해밀턴이 불확실성을 제거하며 안정성과 주기적 시스템을 연구하는 과정을 통해 우리는 균형이 가지는 양의 측면에 대해 배웠지만, 아직 음의 측면은 들여다보지 않았다.

우리가 릴리로즈처럼 자신을 내려놓고 카오스를 받아들인다면 과연 무엇을 얻을 수 있을까? 이를 알아내려면 다시 산타페 연구소로 돌아가야 한다.

셀룰러 카오스

일요일에 나는 점심시간이 훌쩍 지나서야 잠에서 깼지만 눈을 뜨자마자 크리스가 내준 과제를 해결하고 싶은 의욕을 강렬하게 느꼈다. 과제는 기본 셀룰러 오토마타 모델에서 카오스를 찾는 것이었다. 릴리로즈와 알렉스에게 카오스에 대해 배웠을 때 나는 새로운 영감을 얻은 기분이었다. 나는 에스테르와 함께 과제를 해결해야겠다고 생각했다. 하지만 공용실에 가보니 안토니우와 매들린만 있었다. 둘은 숙취로 힘들어하면서도, 개미와 말벌의 진화에 대해 열띤 논쟁을 벌이고 있었다. 매들린은 에스테르와 루퍼트, 그리고 몇몇 사람들이 함께 산타페 오페라 극장의 야외 공연을 보러 갔다고 말했다.

결국 나는 혼자 컴퓨터실로 가서 자리에 앉아 프로그래밍을 시작했다. 하지만 무작위적인 방식으로 사고하는 것은 쉽지 않았다. 어릴 적 배웠던 마술이 떠올랐다. 친구에게 "1부터 4 중에서 숫자를 골라봐"라고 말하면 대부분 별생각 없이 3을 고른다는 것이었다. 그때 내가 바로 그랬던 것 같다. 내 머릿속에 떠오르는 모든 아이디어는 규칙적이고 주기적이었다. 나는 계속해서 '3'만 고르고 있었다.

다양한 규칙을 시도하던 중 에스테르가 예전에 해준 설명이 떠올랐다. 그녀는 모든 기본 셀룰러 오토마타는 아래와 같은 규칙 집합으로 표현될 수 있다고 말했다.

111	110	101	100	011	010	001	000
0	0	0	1	0	1	1	0

셀룰러 오토마타란 1과 0의 문자열(이진수 비트 문자열)을 변경하는 규칙 집합이라는 사실을 다시 떠올려보자. 예를 들어 아래와 같은 초기 문자열이 있다고 하자.

00000001000000

이 규칙을 적용하는 방법은 문자열 중간 부분의 1부터 살펴보는 것이다. 이 1은 두 개의 0을 이웃으로 가지고 있다. 따라서 이 세 이진수가 이루는 패턴은 010이다. 위의 규칙에서 010을 찾으면 결과 값이 1임을 알 수 있다. 따라서 새로운 문자열에서도 이 1은 그대로 1로 남는다. 이제 중앙의 1 왼쪽에 있는 비트를 살펴보면, 이웃 패턴은 001이다. 규칙에서 001에 해당하는 값은 1로 나와 있으므로, 이 0은 1로 변환된다. 마찬가지로, 오른쪽 이웃 패턴 100도 이 규칙에 따라 1로 변환된다. 이 규칙을 적용한 새로운 문자열은 다음과 같다.

00000011100000

이 문자열에서 중간의 1이 규칙에 따라 세 개의 1로 확장된 것을 볼 수 있다(000 부분은 규칙에 따라 그대로 0으로 남는다).

이 규칙을 한 번 더 적용하면 다음과 같은 결과가 나온다.

00000100010000

이는 세 개의 비트가 모두 1(즉, 111)이거나 두 개의 인접한 셀이 1(즉, 110 또는 011)일 경우, 규칙에 따라 해당 비트가 0으로 변하기 때문이다. 나는 이 규칙을 코드로 구현해 컴퓨터에서 실행했다. 배열은 하나의 검은 셀(1)과 여러 개의 흰 셀(0)로 시작했다. 여기서 검은 셀은 1, 흰 셀은 0을 나타낸다. 프로그램을 실행하자 셀들이 한 줄씩 화면을 채워나가는 모습을 지켜볼 수 있었다.

그 패턴에서 나는 수학 수업에서 봤던 형태를 알아볼 수 있었다 (그림 13). 그것은 프랙탈fractal이라는 자기 유사성, 즉 일부 조각이 전체와 비슷한 기하학적 형태를 보이는 패턴이었다. 셀룰러 오토마타가 만들어낸 전체 삼각형은 세 개의 작은 삼각형으로 구성되었고, 각 작은 삼각형은 다시 세 개의 더 작은 삼각형으로 나뉘었다. 이러한 과정은 계속 반복되었다. 나는 수학 수업에서 시에르핀스키 삼각형Sierpiński triangle이라는 이 특정 프랙탈을 만드는 방법을 배운 적이 있었다. 당시에는 검은 삼각형에서 시작해 삼각형의 중앙을 흰색으로 칠하고, 남은 세 개의 검은 삼각형의 중앙을 다시 흰색으로 칠하는 방식으로 패턴을 구성했다. 하지만 여기서는 완전히 다른 방식으로 동일한 형태가 나타났다. 기본 셀룰러 오토마타가 단순한 이진 규칙 집합을 이용해 시에르핀스키 삼각형을 만들어낸 것이다.

111	110	101	100	011	010	001	000
0	1	0	1	1	1	1	0

규칙의 작은 변화, 즉 단 하나의 비트 변환이 결과에 큰 변화를 초래할 수 있을까?

그림 13 프랙탈과 유사한 패턴을 생성하는 셀룰러 오토마타

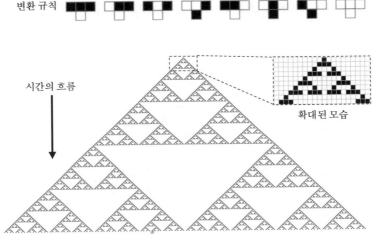

맨 위 행은 위쪽 행의 세 이웃이 아래쪽 행을 결정하는 변환 규칙을 보여준다. 시간의 흐름에 따른 셀룰러 오토마타의 진화는 위에서 아래로 진행된다.

그렇다, 가능했다. 이 시뮬레이션을 다시 실행해보았다. 하나의 검은 셀(1)로 시작했지만, 이번에는 완전히 다른 패턴이 나타났다. 플롯의 왼쪽(그림 14)에는 어느 정도 규칙성이 보였다. 작은 반복 패턴과 규칙적으로 배치된 삼각형이 나타났다. 이 삼각형들은 크기가 다양했고, 왼쪽에 있는 삼각형이 오른쪽보다 더 컸다.

반면, 플롯의 오른쪽은 완전히 달랐다. 규칙성은 사라지고, 무작위성이 지배했다. 큰 흰색 삼각형, 작은 흰색 삼각형, 그리고 선들이 명확한 질서 없이 섞여 있었다. 특히 모양의 가운데 부분에서 무작위성이 극단적으로 나타났다. 검은 셀과 흰 셀이 거의 같은 비율로 분포해 있었고, 이후 어떤 패턴이 나올지 전혀 예측할 수 없었다.

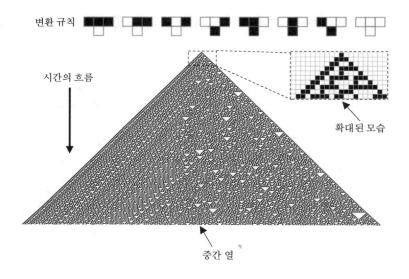

그림 14 무작위 패턴을 생성하는 셀룰러 오토마타

변환 규칙

시간의 흐름

확대된 모습

중간 열

맨 위 행은 위쪽 행의 세 이웃이 아래쪽 행을 결정하는 변환 규칙을 보여준다. 시간의 흐름에 따른 셀룰러 오토마타의 진화는 위에서 아래로 진행된다.

 나는 이것이야말로 단순하고 결정론적인 규칙에서 생성된 무작위 패턴이라는 생각이 들었다.

 월요일 오후, 연구실에서 내가 만든 시뮬레이션을 크리스에게 보여주자 그는 몹시 흥분하며 말했다.

 "굉장한걸! 결국 해냈군요!"

 우리는 시뮬레이션이 실행되는 동안 화면에 나타나는 패턴 변화를 함께 지켜보았다. 내가 크리스에게 물었다.

 "이게 정말 무작위라는 걸 어떻게 알 수 있죠? 가운데 부분이 가장 무작위처럼 보이긴 하지만, 정확하게 확인할 방법은 모르겠어요."

크리스는 좋은 질문이라고 말했다. 그래서 나는 대답을 기대하며 기다렸지만, 그는 아무 말도 하지 않았다. 그 대신 패턴이 한 번 더 스크롤되는 것을 지켜본 뒤 크리스는 단 한 단어만 내뱉었다.

"엔트로피."

또다시 들은 그 단어. 산타페 연구소에 온 첫날 밤 스포츠 바에서 맥스가 미국의 정보 중독을 묘사할 때 사용했던 바로 그 단어였다. 엔트로피는 통신communication과 관련이 있는 듯했다. 하지만 정확히 어떤 관련일까? 크리스는 아무 설명도 하지 않은 채 다른 학생에게로 다가가 이야기를 나눴다.

결국 나 혼자 엔트로피를 알아내야 한다는 생각이 들었다. 그러면서도 어쩌면 에스테르를 찾아가 그녀에게 설명을 부탁하는 게 더 나을지도 모른다고 생각했다.

B에서 C로 메시지 전하기

해밀턴은 우리에게 양陽, 즉 통제된 공학적 안정성을 제공했다. 하지만 우리는 여전히 음陰, 즉 엔트로피의 비밀이 필요하다. 이를 찾기 위해 다시 과거로 돌아가야 한다. 이번에는 1948년으로 가서, 수줍은 성격을 극복하려 애쓰던 한 젊은이를 만나보자.

클로드 섀넌Claude Shannon은 지난 몇 주간 하나의 고민에 많은 시간을 할애했다. 베티 무어Betty Moore가 데이트 신청을 받아줄까? 그녀의 대답은 0(아니오) 또는 1(예)이라는 이진수로 표현되는 한 가지 정보만이 담길 것이었다.[1] 클로드는 베티의 마음속에 숨겨진 명확한 이진 구성값을 예측하기 위해 자신의 '계산 기계'를 쓸데없이 소비하는 일이 한심하다고 생각했다.

클로드는 자신의 이론적 발견 결과를 이 문제에 적용할 수 있을지 생각하기 시작했다. 그는 뉴저지의 벨 전화 연구소Bell Telephone Laboratories에서 일하면서 통신 이론communication theory이라는 개념을 제안한 바 있었다. 당시에 그가 통신 이론을 생각해낸 것은 알파벳 글자들을 이진수 1과 0으로 변환해 통신 채널을 통해 한 지점에서 다른 지점으로 효과적으로 전송할 수 있는 최선의 방법에 관한 질문, 즉 두 지점을 오가는 메시지를 통신 엔지니어가 가장 잘 부호화하는 방법에 관한 질문이었다. 이 이론을 바탕으로 그는 B 지점(베티)과 C 지점(클로드)이라는 두 지점 사이에서 메시지를 가장 효율적으로 전달할 방법을 생각해보기로 했다.

그의 이론은 베티의 '예' 또는 '아니오'라는 이진 답변이 정확하고 간결한 정보임을 보여줬다. 이는 효율적인 통신이었다. 반면, 그녀의 답변이 무엇일지에 대해 클로드가 속으로만 추측하며 고민하는 과정은 터무니없이 비효율적이었다.

결국 그의 이론에 따르면 최선의 행동은 분명했다. 자신의 비효율적인 추측을 그녀의 간결하게 인코딩된 답변으로 대체하는 것이었다.

그래서 마침내 클로드 섀넌은 베티 무어에게 저녁을 같이 먹을 수 있겠냐고 물었다.[2]

그녀의 대답은 이진수 1, 즉 긍정적인 '예'였다.

레스토랑에서 그녀와 함께 앉아서 생각해보니 그녀의 대답으로 상황이 더 쉬워진 것은 아니었다. 그는 예의를 중시하는 사회에서 단 한 번의 '예'라는 대답이 궁극적으로 무엇을 뜻하는지 정확하게 생각하지 않았다는 것을 문득 깨달았다. 즉 자신이 쌍방향 대화에서 어떻게 대화를 이어가야 하는지 미처 생각하지 못했던 것이다. 아이러니하게도 벨 연구소의 동료들이 통신 이론 역사상 가장 중요한 논문이라고 평가한 글을 발표한 그였지만 정작 사람들과의 의사소통 기술에서는 안타깝게도 서툴렀던 것이다.

그는 레스토랑의 분위기, 음식 또는 그녀의 외모 같은 것들에 대해 무엇이든 말해야 한다는 것을 알았지만, 말 꺼내기가 쉽지 않았다. 그는 도무지 어떻게 말해야 할지 알 수 없었다. 사소한 대화는 그의 관점에서 보면 통신 대역폭의 낭비였다.

문득 그녀 역시 한마디도 하지 않고 있다는 사실을 깨달았다. 하지만 표정으로 볼 때 그녀는 이렇게 말이 오가지 않는 상황을 그다지 신경 쓰지 않는 것 같았다. 그녀는 자리에 가만히 앉아 그를 관찰하는 듯 보였다.

"왜 아무 말도 하지 않죠?"

마침내 클로드가 물었다. 그녀의 침묵을 별달리 이해할 길이 없다는 것을 확신한 뒤였다.

"당신의 논문을 읽었어요. 엔트로피, 정보 그리고 통신에 관한 논문 말이에요. 질문이 몇 가지 떠올랐고, 명확히 정리한 뒤에 물어보고 싶었어요. 당신 논문은 의문의 여지가 거의 없을 정도로 명쾌했기 때문에 여기서 다시 당신의 주장을 반복해 이야기할 필요는 없을 것 같아요. 먼저 제가 이해한 바를 간단하게 정리해볼게요."

베티가 말을 끝냈다. 이건 섀넌이 예상한 대답이 아니었다.

베티는 섀넌의 논문이 통신을 이해하는 데 있어 첫 단계는 모든 것이 1과 0이라는 이진수로 인코딩될 수 있다는 점을 알려준다고 말했다. 예를 들어 알파벳의 첫 네 글자를 인코딩하려면 A는 00, B는 01, C는 10, D는 11로 할 수 있다. 여기서 비트란 1 또는 0을 뜻하며, 이진법에서 이 숫자들은 0부터 9 사이의 숫자들이 하는 역할과 같다. 우리는 10진수로도 이와 동일한 작업을 할 수 있다. 예를 들어 0은 A, 1은 B, 2는 C, 그리고 Z는 25로 표기할 수 있다(Z가 26이 아니라 25인 이유는 0이 A로 표기됐기 때문이다). 하지만 이렇게 십진수가 아니라 이진수를 사용하는 이유는 케이블을 통해 두 가지 다른 전압 형태로 데이터를 전달하기 때문이다. 이 방식에서 한 전압은 1을, 다른 전압은 0을 나타낸다.

두 개의 비트로 구성되는 이진 문자열을 사용하여 우리는 네 개의 문자를 이진수로 인코딩할 수 있다. 여덟 개의 문자를 인코딩하려면 세 개의 비트가 필요하다(A는 000, B는 001, C는 010, D는 011, E는 100, F는 101, G는 110, H는 111). 16개의 문자를 인코딩하려면 4개의 비트가 필요하며, 이런 식으로 계속된다. 일반적으로 비트가 하나씩 추가될 때마다 인코딩할 수 있는 문자의 수가 두 배로 늘어난다. (오늘날 ASCII 코드는 8비트, 즉 1바이트byte를 사용해 $2^8 = 256$개의 서로 다른 문자와 부호를 인코딩한다.)

베티는 "우리가 A, B, C, D라는 네 개의 문자로만 구성된 메시지를 무작위로 선택해 전송한다고 가정해볼게요"라고 말하면서 앞으로 몸을 기울여 냅킨 위에 다음과 같이 적었다.

BACDABACDDADBCCB

이 문자열의 각 문자는 동일한 빈도로 등장한다. 즉, A가 네 번, B가 네 번, C가 네 번, D가 네 번 나온다. 그런 다음 그녀는 A를 00, B를 01, C를 10, D를 11로 대체해 문자열을 이진수로 변환했다. 이렇게 해서 글자들의 문자열은 아래와 같이 1과 0으로 구성된 이진 문자열로 바뀌었다.

<u>01</u><u>00</u><u>10</u><u>11</u><u>00</u><u>01</u><u>00</u><u>10</u><u>11</u><u>11</u><u>00</u><u>11</u><u>01</u><u>10</u><u>01</u>
B A C D A B A C D D A D B C C B

이는 16개의 문자로 구성된 문자열을 $16 \times 2 = 32$개 비트로 표시한 것이었다. 베티가 클로드를 바라보며 물었다.

"맞죠? 당신이 쓴 논문에도 비슷한 예시가 있던데요?"

그는 고개만 끄덕이며 그녀의 다음 말을 기다렸다. 이윽고 베티가 말했다.

"이제 당신이 사용했던 예와 비슷한 예를 하나 더 들어볼게요. A

가 메시지에서 가장 자주 등장한다고 가정해볼게요. 예를 들어 A는 2분의 1 확률로, B는 4분의 1 확률로, C와 D는 각각 8분의 1 확률로 등장한다고 생각해볼게요."

그러면서 그녀는 냅킨에 새로운 문자열을 썼다.

ACAABBABDABAACDA

이 문자열에서 A는 여덟 번, B는 네 번, C와 D는 각각 두 번 등장한다. 위와 같은 방식으로 A를 00, B를 01, C를 10, D를 11로 인코딩한다고 가정하면, 이 문자열은 다음과 같이 나타낼 수 있다.

$$\underset{A\ C\ A\ A\ B\ B\ A\ B\ D\ A\ B\ A\ A\ C\ D\ A}{00100000010100011100010000101100}$$

이 경우에도 모두 16×2=32개 비트가 사용된다.

"하지만 당신은 간결하고 효율적인 것을 좋아하잖아요. 그래서 이 문자열을 더 짧게 만들고 싶었던 거죠."

그녀가 말했다. 이것이 바로 클로드가 다루고자 했던 문제였다. 위 인코딩 방식은 비효율적이었다. 특히 이 문자열에서 A는 지나치게 많은 0으로 문자열을 채웠다. 위 문자열의 32비트 중 22비트가 0이고, 10비트만이 1이었다. 불필요한 0을 줄이는 방법은 없을까?

베티는 가장 자주 등장하는 문자를 더 짧은 코드로 나타내는 것이 효율성의 핵심이라고 말했다. 예를 들어 A를 0, B를 10, C를 110, D를 111로 나타낸다면, 이진 인코딩은 다음과 같이 된다.

0110000101001011101000110110
A C AA B BA B D ABAA C D A

이 코드는 총 28비트(0이 14개, 1이 14개)만으로도 모든 정보를 담아낼 수 있다. 이진 코드의 규칙을 알고 있다면, 언제든지 원래 문자열을 복원할 수 있다.

"이것이 바로 당신이 엔트로피에 도달한 방식이죠?"

베티가 물었다. 엔트로피는 단일 문자를 전송하는 데 필요한 평균 비트 수를 의미한다고 그녀는 설명했다. 첫 번째 문자열의 경우 총 32비트가 필요하며, 이는 문자당 2비트에 해당한다(문자열의 문자 수가 16이므로 32/16=2). 반면, 두 번째 문자열은 28비트만 필요하며, 이는 문자당 28/16=7/4비트에 해당한다. 첫 번째 메시지의 엔트로피는 두 번째 메시지의 엔트로피보다 크다(2>7/4). 모든 문자가 동일한 빈도로 등장하는 메시지는 하나의 문자가 반복적으로 많이 나타나는 메시지보다 더 많은 정보를 포함한다. 전자의 경우 더 짧은 인코딩 방식을 찾을 수 없기 때문이다. 베티가 처음에 적은 문자열은 두 번째 문자열보다 더 많은 정보를 포함한다. 따라서 엔트로피는 문자열에 포함된 정보의 양을 측정하는 척도라고 할 수 있다.

베티는 의자에 몸을 기대며 클로드를 바라보았다. 그녀가 미소를 지으며 말했다.

"지금까지 저는 당신이 벨 연구소의 모든 사람에게 이미 전했던 메시지를 반복한 셈이네요. 기분 상하지 않으셨죠?"

기분이 상할 리가 없었다. 그녀는 그보다 훨씬 더 간결하게 그의 이론을 설명해냈기 때문이다.

이 대화는 그가 그때까지 해온 의사소통 중 가장 멋진 것이었다.

무작위성이 곧 정보다

화요일 오후, 나는 좀 더 엔트로피를 알아보기 위해 산타페 연구소 도서관으로 갔고, 그곳에서 클로드 섀넌의『수학적 커뮤니케이션 이론』을 발견했다. 1948년에 쓰인 이 책은 시대를 훨씬 앞선 작품이었다. 책의 핵심은 우리가 작성하는 텍스트, 디지털카메라로 찍은 사진, CD의 디지털 음악 파일, DVD 영화, 녹음된 대화까지 모든 데이터 소스를 동일하게 볼 수 있다는 것, 즉 그것들은 모두 1과 0으로 이루어진 흐름으로 대체할 수 있다는 것이다. 이 책에 따르면 데이터 소스에 포함된 정보는 그 정보를 이진수로 코딩하는 데 필요한 비트의 수, 즉 엔트로피와 같다.

나는 문자를 이진수로 코딩한 것이 곧 정보라는 사실은 이해했지만, 그것이 무작위성과 어떤 관련이 있는지는 이해할 수 없었다.

시간이 지나면서 도서관에는 소수의 학생만 남았다. 그중에는 도서관 반대편에 앉아 연구에 몰두한 에스테르가 있었다. 에스테르와 나는 그 전주 금요일의 실험실 이후로 대화를 나누지 않았다. 마지막으로 그녀를 본 것은 그 주 토요일 저녁 엘 파롤 바에서였다. 그때 나는 바에 그녀를 남겨두고 알렉스, 마리아, 릴리로즈와 함께 자리를 떴다.

얼마 지나지 않아 다른 사람들은 모두 나가고 도서관에는 우리 둘만 남았다. 나는 망설이다가 그녀가 작업 중인 책상 앞으로 다가가 앉았다. 그녀는 내가 온 것을 그리 반기지 않는 듯 보였다. 그녀가 나를 위아래로 훑어보며 말했다.

"여기서 보게 되다니, 의외로군요. 저녁이면 항상 현지인들과 어울리는 줄 알았어요. 지난 토요일처럼 말이에요. 산타페에는 당신의 연구를 방해하는 것들이 많을 텐데, 크리스가 낸 과제를 당신이 해냈다니 대단해요."

그녀는 가볍게 나를 놀리듯이 말했지만, 나는 어쩐지 토요일 저녁에 있었던 일을 모두 털어놓지 않을 수 없었다. 릴리로즈가 혼돈, 별, 우리의 뇌, 깜빡임 등에 대해 했던 이야기까지 전부 말이다.

"세상에, 공부하러 산타페에 와서는 히피 여자애랑 담배나 피우고 삶의 의미에 대한 허술한 이론이나 듣고 있다니."

그녀가 말하자 나는 "좀 혼란스럽긴 해요"라고 인정했다.

"무작위성이 무엇인지 정확히 알고 싶어요. 상황이 언제 무작위적으로 변하면서 통제 불능이 되는지는 알겠는데, 문제는 무작위성의 정도를 어떻게 측정할 수 있는지 모르겠어요. 그게 가능하기는 할까요?"

"현실에서의 무작위성을 말하는 거예요? 아니면 당신이 연구하고 있는 셀룰러 오토마타 시뮬레이션의 무작위성을 말하는 거예요?"

에스테르가 미소를 띤 채 내게 물었다. 그녀는 내 대답을 기다리지 않고 이어 말했다.

"당신이 새로 사귄 친구 릴리로즈라면 카오스를 우리가 신비주의에 굴복해야 한다는 뜻으로 생각할 거예요. 하지만 꼭 그렇다고 볼 수는 없어요."

"당신이 놓친 건 무작위성이 정보라는 거예요"라며 그녀가 의자를 돌려 나를 바라보면서 말했다. 그녀의 무릎이 내 무릎에 거의 닿을 뻔했다.

"크리스도 그 얘기를 했어요! 아니, 정확히는 엔트로피를 찾아보라고 했어요. 그래서 도서관에 와서 섀넌의 책을 읽어본 겁니다."

내가 말하자마자 에스테르가 물었다.

"그래서 뭘 알아냈어요?"

나는 엔트로피가 텍스트 문자열을 전송하는 데 필요한 평균 비트 수라는 개념을 이해했다고 설명했다. 하지만 여전히 내 셀룰러 오토마타에서 무작위성을 측정하는 것과 엔트로피가 어떤 연관이 있는지 이해하지 못했다고 털어놓았다. 나는 엔트로피가 릴리로즈가 언급한 삶의 무작위성과는 어떻게 연결되는지도 알 수 없었다. 무작위성과 정보의 관계는 대체 뭘까?

에스테르는 의자 방향을 다시 책상으로 돌리고 종이 한 장을 꺼내더니 두 개의 문자열을 적었다. (베티가 냅킨에 적었던 것과 똑같은 문자열들이었다.)

BACDABACDDADBCCB

ACAABBABDABAACDA

"이 둘 중 어떤 게 더 예측 가능하다고 생각해요?"라고 그녀가 물었다.

나는 잠시 생각한 뒤, 두 번째 문자열이 첫 번째보다 더 예측 가능하다는 것을 깨달았다. 두 번째 문자열에 A가 더 많이 포함되어 있었기 때문이다. 만약 누군가가 문자열에서 다음 문자를 맞혀보라고 한다면, 두 번째 문자열에서는 A를 선택했을 때 50%의 확률로 맞힐 수 있지만, 첫 번째 문자열에서는 25%의 확률밖에 되지 않을 것이다.

"맞아요."

에스테르가 말했다. 그녀는 베티가 보여준 예시처럼, 첫 번째 문자열을 이진법으로 인코딩하는 데는 32비트가 필요하지만, 두 번째 문자열은 28비트만 필요하다는 점을 다시 상기시켰다. 일반적으로 문자열이 예측 불가능할수록 이를 표현하는 데 더 긴 이진 문자열이 필요하다. 이런 의미에서 무작위성은 곧 정보다. 무작위적인 문자열일수록 담고 있는 정보가 많아 더 길게 인코딩해야 하기 때문이다.

왜 그런지 이해하기 위해, 문자열의 각 문자를 인코딩하는 평균 길이를 생각해보자. 첫 번째 문자열에서는 각 문자가 4분의 1의 확률로 등장하고, 인코딩에는 각각 2비트가 필요하다. 따라서 평균 인코딩 길이는 다음과 같다.

$$\frac{1}{4} \times 2 + \frac{1}{4} \times 2 + \frac{1}{4} \times 2 + \frac{1}{4} \times 2 = \frac{8}{4} = 2\text{비트}$$

반면 두 번째 예시에서는 A를 인코딩하는 데 1비트만 필요하고, A는 절반의 확률로 등장한다. B는 2비트가 필요하며, 4분의 1의 확률로 등장한다. C와 D는 각각 3비트가 필요하며, 8분의 1의 확률로 등장한다. 따라서 평균 인코딩 길이는 다음과 같다.

$$\frac{1}{2} \times 1 + \frac{1}{4} \times 2 + \frac{1}{8} \times 3 + \frac{1}{8} \times 3 = \frac{7}{4}\text{비트}$$

에스테르는 첫 번째 문자열이 마치 4면체 주사위(네 개의 삼각형 면으로 이뤄진 피라미드 모양의 주사위)를 던져 생성된 것처럼 생각할 수 있다고 설명했다. 주사위가 완전히 무작위적이라면 모든 면이 동일한 확률, 즉 4분의 1의 확률을 가진다. 이는 첫 번째 문자열과 같다. 반면, 특정 면이 더 자주 나오도록 가중치가 부여된 주사위는 덜 무작위적이고, 더 예측 가능하다. 두 번째 문자열은 특정 면이 더 자주 나오는 주사위와 비슷하다. 예측 가능한 문자열은 더 적은 정보를 담고 있다.

에스테르는 엔트로피와 정보의 관계가 이 예시에서뿐만 아니라 일반적으로도 성립한다고 설명했다. 극단적인 예로, 항상 같은 면에 멈추는 주사위를 생각해보자. 이 경우 주사위를 던져도 새로운 정보는 전혀 얻을 수 없다. 우리는 결과를 미리 알고 있기 때문이다. 마찬가지로, 'AAAAAAAAAAAAAAAA' 같은 문자열은 새로운 정보를 전혀 담고 있지 않다. 그것은 완전히 예측 가능하며, 엔트로피는 0이다.

"엔트로피 개념에 기초하면, 당신이 가진 두 가지 질문에 모두 답할 수 있어요. 셀룰러 오토마타 시뮬레이션에 관한 질문과 혼돈과 무작위적인 세상에서 삶의 의미를 찾는 방법에 관한 질문 말이에요."

그녀가 미소를 지으며 말했다. 에스테르는 내게 셀룰러 오토마타 출력물의 중간 열을 적어보라고 말했다(이 과정은 그림 15 참조). 나는 검은색 셀과 흰색 셀에 각각 1과 0을 부여해 다음과 같은 이진 문자열을 적었다.

$$010000110 \cdots 101$$

그녀는 이 중간 열을 만들어내는 과정이 결정론적임에도 불구하고(내 셀룰러 오토마타에서 생성된 것이기 때문이다), 이전 비트만 보고

그림 15 무작위성 찾기

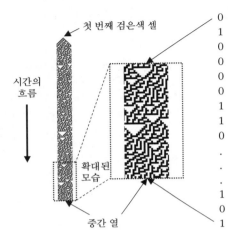

첫 번째 검은색 셀

시간의
흐름

확대된
모습

중간 열

0
1
0
0
0
0
1
1
0
.
.
.
.
1
0
1

1과 0으로 이루어진
문자열은 그림 14의 셀룰러
오토마타에서 중간 열을
순차적으로 확대하면서
검은 셀이 있을 때는 1을,
흰 셀이 있을 때는 0을
기록해 만들어진다.

그림 14의 셀룰러 오토마타에서 무작위성을 찾기 위해 첫 번째 검은색 셀이 포함된 중간 열을 확대해서 살펴보자. 이 열은 1(검은색)과 0(흰색)으로 이루어진 무작위적인 문자열을 포함하고 있다.

다음 비트가 0일지 1일지 추측할 방법이 없다고 설명했다. 이는 이 이진 문자열의 엔트로피가 최대라는 것, 즉 중간 열에 어떤 비트가 등장할지 전혀 예측할 수 없다는 뜻이다.

  그녀의 설명을 들었지만, 나는 그때쯤 셀룰러 오토마타에 대한 흥미를 점점 잃어가고 있었다. 나는 두 번째, 더 중요한 질문에 대한 답을 기다렸다. 엔트로피가 어떻게 현실 세계에 통찰을 줄 수 있을까?

  그녀는 셀룰러 오토마타에 관한 이야기를 마친 뒤 나를 똑바로 쳐다봤다. 긴 침묵이 이어졌고 기대감이 점점 커졌다.

  "우리 삶의 카오스와 무작위성을 다루는 방법은……."

  그녀가 의자를 내 쪽으로 더 가까이 붙이면서 말했다.

"스무고개 게임이에요."

그 말을 남긴 채 내가 더 묻거나 그녀의 말을 제대로 이해하기도 전에, 에스테르는 의자를 뒤로 빼내며 일어섰다.

"……그리고 데이비드, 질문은 여기까지만 받겠어요."

그렇게 말하고 그녀는 나가버렸다.

스무고개 게임

에스테르가 무슨 뜻으로 스무고개 게임을 언급했는지 생각해보자. 스무고개 게임은 내가 어떤 사물을 생각하고, 상대가 '예' 또는 '아니오'로 답할 수 있는 스무 가지 질문을 통해 그 사물이 무엇인지 알아내는 게임이다.

우선 워밍업으로 숫자를 맞히는 스무고개 게임을 한다고 생각해보자. 내가 1부터 20 사이의 숫자 중 하나를 생각하고, 상대방은 '예' 또는 '아니오'로 대답할 수 있는 질문을 통해 그 숫자를 맞혀야 한다. 여기서 숫자는 반드시 정수여야 하며, 1과 20도 포함된다고 가정한다. 따라서 선택지는 총 20개다. 내가 생각한 숫자를 상대방이 가능한 한 빠르게 알아내는 가장 좋은 방법은 무엇일까?

단순히 숫자를 찍어보는 방법도 있다. 예를 들어 상대방은 내게 "그 숫자가 15인가?"라고 물어볼 수 있다. 하지만 높은 확률(정확히 말하면 20번 중 19번)로 15는 내가 생각한 숫자와 다를 것이다. 내가 "아니, 그 숫자가 아니야"라고 대답하면 여전히 19개의 가능성이 남는다. 최악의 경우, 20번의 질문을 모두 사용해야 답을 찾을 수 있다.

이보다 더 나은 전략은 "어떤 숫자보다 큰가 또는 작은가?"라는 질문을 활용하는 것이다. 예를 들어 상대방은 내게 "그 숫자가 15보다 큰가?"라고 물어볼 수 있다. 내가 "예"라고 대답한다면, 한 번의 질문으로 15개의 대안을 제거할 수 있다. 괜찮은 성과다. 하지만 내가 "아니요"라고 대답하면 제거되는 대안은 5개에 불과하다.

내가 숫자를 완전히 무작위로 선택했다고 가정하면, 내가 "예"라고 대답했을 때 15개의 숫자가 제거될 확률은 20분의 5이다. 반면, 내가 "아니요"라고 대답했을 때 5개의 숫자가 제거될 확률은 20분의 15이다. 이 두 결과를 종합하면, 제거되는 질문의 평균 개수는 다음과 같이 계산할 수 있다.

$$\frac{5}{20} \times 15 + \frac{5}{20} \times 5 = \frac{150}{20} = 7.5$$

평균적으로 "그 숫자가 15보다 큰가?"라는 질문은 7.5개의 숫자를 제거한다.

질문이 제거할 수 있는 숫자의 평균 개수를 고려하면, 더 나은 전략을 세울 수 있다. 이를 이렇게 생각해보자. "그 숫자가 x보다 큰가?"라는 질문을 할 때, 어떤 x값을 선택해야 평균적으로 가장 많은 숫자를 제거할 수 있을까?

답은 $x = 10$이다. 이 경우 평균적으로 10개의 숫자를 제거할 수 있다.

$$\frac{10}{20} \times 10 + \frac{10}{20} \times 10 = \frac{200}{20} = 10$$

그보다 더 나은 질문을 만들기는 불가능하다(직접 시도해봐도 좋다). 가능한 선택지를 같은 크기의 그룹으로 나누는 질문이라면 어떤 질문이든 이와 같은 효과를 낼 수 있다. 예를 들어 "그 숫자가 홀수인가?" 또는 "숫자의 마지막 자리가 3에서 7 사이(3과 7 포함)인가?"라는 질문도 같은 결과를 얻을 수 있다. 그러나 "그 숫자가 10보다 큰가?"라는 질문은 자연스러운 후속 질문을 가능하게 한다는 장점이 있다. 예를 들어 첫 번째 질문에 "예"라고 대답했다면 "그 숫자가 15보다 큰가?"라고 묻고, "아니요"라고 대답했다면 "그 숫자가 5보다 큰가?"라고 물을 수 있다. 가능한 한 빠르게 정답을 찾는 비결은 매 단계에서 숫자를 같은 크기의 그룹으로 나누는 것이다.

1부터 20 사이의 숫자를 찾는 과정은 최대 5단계가 소요된다. 첫 번째 단계에서 10개의 숫자를 제거하고, 두 번째 단계에서 5개를 제거하며, 세 번째 단계에서 2개(또는 3개)를 제거하고, 네 번째나 다섯 번째 단계에서 답을 얻는다. 그림 16은 이 과정을 보여준다. 숫자 맞히기의 요령은 항상 문제를 두 가지 동등한 가능성으로 나누어 생각하는 데 있다.

이 방식을 적용하면 문제를 매우 빠르게 분해할 수 있다. 예를 들어 숫자가 1부터 40 사이에 있다면, "그 숫자가 20보다 큰가?"라는 질문

그림 16 최대 다섯 번의 질문으로 1부터 20 사이의 숫자를 알아내는 방법

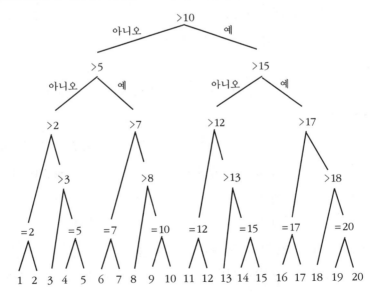

하나만으로 가능한 선택지를 두 그룹(20개씩)으로 나눌 수 있다. 일반적으로 다음과 같은 패턴이 나타난다. 1부터 2 사이 숫자를 맞히려면 질문 한 번, 1부터 4 사이 숫자는 질문 두 번, 1부터 8 사이 숫자는 질문 세 번, 1부터 16 사이 숫자는 질문 네 번이 필요하다. 예를 들어 1부터 16 사이 숫자를 찾기 위해 네 번의 질문을 하면, $2 \times 2 \times 2 \times 2 = 16$개의 선택지를 모두 확인할 수 있다. 트리의 가지 수는 매번 두 배로 늘어난다. 20개의 질문으로 트리를 계속 확장하면, $2 \times 2 \times 2 \times 2 \times 2 \times 2 \times 2 \times 2 \times 2 \times 2 \times 2 \times 2 \times 2 \times 2 \times 2 \times 2 \times 2 \times 2 \times 2 \times 2 = 1{,}048{,}576$개의 선택지를 모두 확인할 수 있다.

스무고개 게임을 할 때, 적절한 질문을 잘 선택하면 원칙적으로 100만 개 이상의 가능한 대상 중 하나를 식별할 수 있다. 이 게임을 잘하는 비결은 두 가지 선택지를 동등한 크기의 그룹으로 나눌 수 있는 질문을 찾아내는 것이다. 예를 들어 동물을 추측한다고 할 때 "그것은 포유류인가?"라고 묻는 것은 좋은 질문이다. 반면 "그것은 오리너구리인가?"라고 묻는 것은 좋은 질문이 아니다. 그림 16에 나오는 분기 트리는 스무고개 게임과 엔트로피, 그리고 정보 간의 연결성을 보여준다. 이 연관성을 이해하기 위해, 특정 숫자를 알아내는 데 필요한 질문 수를 좀 더 자세히 살펴보자. 12개의 숫자는 네 번의 질문으로, 나머지 8개는 다섯 번의 질문으로 알아낼 수 있다. 따라서 평균적으로 필요한 질문 수는 $(12 \times 4 + 8 \times 5)/20 = 88/20 = 4.4$개다. 그림 16의 위에서 아래로 질문의 흐름을 따라가면 이 사실을 확인할 수 있다. 예를 들어 숫자가 1, 2, 3일 경우 네 번의 질문으로 충분하고, 4나 5일 경우 다섯 번이 필요하다.

이제 효율적인 이진수 인코딩 방법을 찾기 위한 섀넌의 접근 방식으로 돌아가 보자. 모든 글자가 같은 확률로 등장하는 경우, 예를 들어 다음과 같은 문자열을 생각해보자.

BACDABACDDADBCCB

베티 섀넌*은 이 문자열에서 A를 11, B를 10, C를 01, D를 00으로 인코딩할 것을 제안했다. 이를 추측 게임으로 생각해보자. 클로드가 네 개의 알파벳 중 하나를 무작위로 선택했다면, 베티가 던질 첫 번째 질문은 "그것이 알파벳의 처음 두 글자 중 하나인가?"일 것이다. 만약 대답이 '예'라면 1을 기록하고, 두 번째 질문으로 "그것이 첫 번째 글자인가?"라고 묻는다. 대답이 '아니오'라면 0을 기록한다. 이로써 '예'와 '아니오'의 순서는 10이 되며, 이는 B의 이진 인코딩이다. 이런 방식으로 질문을 던지면 '예/아니오' 답변과 이진법으로 글자를 인코딩하는 방식이 일치하게 된다.

1부터 20까지의 숫자도 그림 16의 트리에서 왼쪽(아니오) 혹은 오른쪽(예) 가지를 따라가며 비슷한 방식으로 인코딩할 수 있다. 예를 들어 숫자 17은 '예, 예, 아니오, 예'이며, 이진 문자열로 표현하면 1101이다. 각 '예'는 1이고, 각 '아니오'는 0이다. 비슷하게 숫자 5는 '아니오, 아니오, 예, 예, 예'로, 이진 문자열은 00111이 된다. 따라서 숫자를 맞히기 위해 필요한 질문 수는 해당 숫자의 이진 인코딩 길이와 동일하며, 이는 엔트로피로 표현될 수 있다. 즉, '1부터 20까지 숫자 맞히기' 게임의 엔트로피는 4.4이며, 이는 앞서 계산한 값과 일

---

*클로드와 베티는 1949년에 결혼했다.

치한다.

위의 두 예시(네 개의 글자 또는 스무 개의 숫자)에서는 모든 결과가 같은 확률로 발생했다. 하지만 늘 그런 것은 아니다. 예를 들어 베티 섀넌의 두 번째 예시에서는 A가 절반의 확률로 등장하고, B는 4분의 1, C와 D는 각각 8분의 1의 확률로 등장했다. 여기서 클로드가 베티에게 한 번에 한 글자씩 메시지를 보내고, 베티는 각각의 글자에 대해 '예' 또는 '아니오'로만 대답할 수 있는 질문만을 할 수 있다고 가정해보자. 베티의 첫 번째 질문은 "그것이 A인가?"일 것이다. 대답이 '예'라면 질문은 한 번으로 끝난다. 대답이 '아니오'라면 베티는 두 번째 질문으로 "그것이 B인가?"라고 물을 것이다. 대답이 다시 '아니오'라면, 베티는 "그것이 C인가?"라고 물을 것이다. 여기서 '예'를 1로, '아니오'를 0으로 코딩하면 A는 1(예), B는 01(아니오, 예), C는 001(아니오, 아니오, 예), D는 000(아니오, 아니오, 아니오)으로 인코딩된다. 이 코딩은 베티가 저녁 식사 자리에서 제안한 방식과 정확히 일치하며, 평균적으로 7/4(엔트로피)번의 질문이 필요하다. 이처럼 코딩과 질문은 직접적인 연관성을 가진다. 확률이 높은 글자일수록 그것을 알아내는 데 필요한 질문 수가 줄어든다.

숫자가 아닌 사물을 맞히려는 스무고개 게임에서도 같은 방식으로 접근할 수 있다. 나는 이 게임의 전문가라고 할 수는 없지만, 몇몇 웹사이트에는 예/아니오 결과를 가능한 한 균등하게 나누는 질문이 제시돼 있다. 예를 들어 "그것은 사람이 만든 물건인가?", (첫 번째 질문에 "예"라고 답한 경우) "아마존닷컴에서 구매할 수 있는가?", "그것은 책보다 큰가?"와 같은 순서의 질문들은 매우 효과적이다.

스무고개 전략의 함의는 단순한 게임의 차원을 훨씬 넘어선다. 앞서 몇몇 장에서 우리는 엔트로피가 세 가지를 측정한다는 사실을 확인했다. 첫째, 결과를 확정하는 데 필요한 질문의 수, 둘째, 그 결과에 대한 메시지를 인코딩하는 데 필요한 비트의 수(섀넌의 정보 이론), 셋째, 그 결과의 무작위성(에스테르의 설명)이다. 이 관계는 상황이 불확실하거나 예측 불가능할수록 결론에 도달하기 위해 더 많은 질문이 필요하다는 것을 보여준다.

잘 듣는 사람은 늘 질문한다

앞서 정리한 마지막 요점을 좀 더 구체적으로 이해하기 위해 서로에게 어떻게 질문해야 하는지 자세히 살펴보자.

베키의 친구들은 문제가 생기면 그녀에게 의지하곤 한다. 그들은 베키를 잘 듣는 사람, 섣불리 판단하지 않고 그들의 관점을 이해하려는 사람으로 생각한다. 베키는 다른 사람들의 삶에 대해 듣는 것을 즐기고, 그들이 겪는 문제의 핵심을 파악해나가는 과정에 흥미를 느낀다. 어느 정도는 친구들의 말이 옳다. 그녀는 시간을 들여 상대의 이야기를 듣는다. 하지만 베키에게는 누구에게도 말하지 않는 비밀이 있다. 그녀가 인기 많은 상담자인 이유는 단순히 잘 듣기만 해서가 아니라, 그녀가 던지는 질문의 방식에 있다.

친구가 어떤 문제나 속상한 일을 가지고 찾아오면, 베키는 그 문제의 근본적인 원인이 수백만 가지일 수 있다고 생각한다. 그녀의 역할은 그중 어떤 이유에 해당하는지 알아내는 것이다.

예를 들어 제니퍼가 직장에서 동료와 다툰 적이 있다. 제니퍼가 베키를 찾아와 도움을 요청했을 때, 한 가지 전략은 문제의 핵심을 빠르게 파악하는 것이었다. 예를 들어 베키는 "네 동료가 멍청해서 그래?", "너 또 지각해서 다툰 거야?", "두통이 있어서 그랬던 거야?", "무심코 무례한 말을 해서 그런 거야?", "동료가 네 생일을 깜박한 거야?" 같은 질문을 던질 수 있다. 하지만 베키는 이런 질문들이 좋은 시작점이 아니라는 것을 안다. 평균적으로 볼 때, 이런 질문들에 대한 답은 거의 정보를 제공하지 않는다. 이는 숫자 맞히기 게임에서 "그 숫자가 15인가?"라고 묻는 것과 같다. 제니퍼가 직장 동료와 다툴 거리는 무수히 많고, 베키는 그 이유를 알지 못하므로 가장 도움이 안 되는 행위가 무작정 추측부터 하는 것이다. 이는 정답이 아닐 가능성이 클뿐더러 긴장을 초래할 수도 있다.

베키는 특정 가능성을 곧바로 겨냥해 틀릴 위험을 감수하는 대신, 중간 지점에서 시작한다. 베키는 "그 숫자가 10보다 큰가?" 같은 질문을 찾으려 한다. 이를 위해 "무슨 일 있었어?"처럼 간단하고 중립적이며 비난하지 않는 질문을 던진다. 대답을 들으면서 상황이 어떻게 전개되었는지 감을 잡는다. 그런 다음 조심스럽게 "네 동료는 이 상황을 어떻게 느끼는 것 같아?"라고 질문을 던져 상황의 다른 측면도 이해하려고 한다. 거기서부터 베키는 대화의 새로운 균형점을 찾아간다. 제니퍼가 어느 순간에 자신에게 생각한 것보다 더 많은 책임이 있다는 점을 깨닫는 순간이 올 수도 있다. 그때 베키는 대화를 다시 조정해 제니퍼가 약간 더 책임을 느끼게 만든다. 이제 문제는 동료가 사과를 받아들이지 않는 것일 수도 있고, 표면적으로 드러난 것보다 더 깊은 문제가 있을 수도 있다. 베키는 이전에 찰리와 아이샤의 경우에서 보았듯이, 갈등은 누가 먼저 시작했는지가 아니라 상호작용의 방식 때문에 발생한다는 것을 잘 이해하고 있다. 베키는 "그 숫자가 15보다 큰가?"와 같은 질문을 통해 새로운 정보를 얻어 양측의 균형을 중간 지점으로 되돌릴 수 있다. 베키의 질문 하나하나와 그녀의 자세는 새로운 중간 지점을 찾는 데 목적이 있다. 그녀는 제니퍼를 지지하면서도 문제 해결에 점점 더 가까워진다.

베키의 접근법에서 핵심은 사람들의 문제가 덜 전형적일수록 더 많은 질문이 필요하다는 점이다. 이는 베티 섀넌의 두 번째 예시에서 볼 수 있다. A는 절반의 확률로 나타나기 때문에 단 한 번의 질문으로 식별할 수 있다. 하지만 C나 D는 세 번의 질문이 필요하다. 더 놀라운 이야기를 가진 사람을 이해하려면, 예측 가능한 이야기를 가진 사람보다 더 많은 질문과 정보가 필요하다. 베키는 사람들과 이야기할 때 이를 염두에 둔다.

내가 지금 근무하는 대학에서 강의할 때면 종종 몇몇 학생들이 더 많은 도움이 필요하다며 내 연구실로 찾아와 개인적인 사정을 자세히 설명하곤 한다. 때때로 나는 일부 학생들이 다른 학생들보다 내 시간을 더 많이 요구하는 것이 불공평하다고 생각한다.

하지만 그럴 때마다 엔트로피를 떠올린다. 대학의 강의는 일반적인 학생들을 위해 설계된 것이다. 그런데 통계적으로 다른 학생들과 비교해 배경이 매우 다른 학생들, 즉 비전형적인 학생들일수록 더 많은 정보를 담고 있는 존재이기도 하다. 바로 그들이 전형적이지 않기 때문에, 그들의 이야기를 더 주의 깊게 들어야 한다. 사람이 독특할수록 그들을 제대로 이해하기 위해서는 더 많이 신경 써야 한다.

공정함이란 모든 학생에게 똑같은 시간을 배분하는 것을 뜻하지 않는다. 같은 절차를 통해 각 상황을 평가하고, 가장 흔한 어려움부터 제거하는 것을 의미한다. 비전형적인 상황은 필연적으로 더 큰 노력이 필요하다. 친구들을 도울 때 베키는 더 복잡한 문제에 더 많은 시간을 할애한다. 정보를 공정하게 사용하고 싶다면, 우리는 일반적인 틀에 맞지 않는 사람들을 돕고 그들과 함께하는 데 더 많은 시간을 써야 한다.

엔트로피는 절대 줄어들지 않는다

물리학의 맥락에서 '엔트로피'라는 단어를 접했다면, 엔트로피는 절대로 감소하지 않는다는 말, 즉 엔트로피는 항상 증가하거나 일정하게 유지된다는 말을 들어본 적이 있을 것이다. 예를 들어 물병 속의 물 분자(H_2O)는 이리저리 움직이기 때문에 특정한 물 분자의 위치를 파악하기가 어렵다. 일단 물 분자가 자유롭게 움직이면, 모든 분자가 물병 속 어디든 존재할 확률이 같아진다. 이 현상은 귀리 우유를 커피에 부었을 때도 관찰할 수 있다. 처음에는 우유를 부은 위치를 알 수 있지만, 시간이 지나 우유가 퍼지면 특정 우유 분자의 위치를 예측하기가 점점 어려워진다.

엔트로피의 증가는 우리 삶의 거의 모든 측면에서 찾아볼 수 있다. 예를 들어 어제 나는 팬케이크를 만들기로 했다. 나는 적당한 양의 밀가루, 우유, 달걀을 정확히 계량해 그릇에 넣고 섞어 반죽을 만든 다음, 가족들에게 아침 식사를 제공했다. 그런데 문득 주방을 보니…… 엉망진창 무질서 그 자체였다! 조리 도구가 여기저기 흩어져 있고, 밀가루가 작업대에 쏟아져 있으며, 바닥에는 물이 고여 있었다. 아무것도 제자리에 있지 않았다. 이것이 바로 엔트로피 증가다.

엔트로피가 증가하는 방식을 이해하기 위해, 앞에서 살펴본 숫자 규칙을 다시 생각해보자. 숫자를 하나 선택하고, 그 숫자가 50보다 작으면 두 배로 만들고, 50보다 크면 100에서 뺀 뒤 두 배로 만드는 방식이었다. 이 과정을 반복하면 혼란스러운 숫자 배열이 생성된다. 이제 내가 숫자를 하나 선택하고 그 숫자가 14.0001에서 14.9999 사이에 있다고 당신에게 알려준다고 가정해보자. 여기서는 소수점 이하 숫자를 허용하므로 초기 숫자는 14.8538일 수도 있고, 14.1883일 수도 있으며, 14.0016일 수도 있다. 하지만 정확한 값은 알 수 없다.

이제 '예' 또는 '아니오'로 대답할 수 있는 일련의 질문을 통해, 한 번의 두 배 규칙 적용 후 올림한 결괏값(가장 가까운 정수)을 찾아내보자. 첫 번째 질문은 "그 숫자가 스물아홉인가요?"여야 한다. 이는 초기 선택이 14.001에서 14.500 사이일 경우 두 배로 만들고 올림하면 29가 되기 때문이다(예: 14.191×2=28.382 → 올림하면 29). 반면 14.500에서 14.999 사이일 경우 두 배로 만들고 올림하면 30이 된다(예: 14.624×2=29.248 → 올림하면 30). 만약 첫 질문에 대한 답이 '아니오'라면 그 숫자는 30임이 확실하다. 따라서 이 경우 단 한 번의 질문으로 숫자를 맞힐 수 있으며, 이를 두 배 규칙을 한 번 적용한 후 엔트로피가 1이 된다고 표현할 수 있다.

이제 두 배 규칙을 두 번 적용해보자. 올림 후 결괏값은 57에서 60 사이가 된다. 이를 알아내기 위해서는 두 개의 질문이 필요하다. 첫 번째로 "그 숫자가 59보다 작나요?"라고 묻고, 아니라고 하면 "그 숫자가 59인가요?"라고 묻는 식으로 답을 찾는다. 세 번 적용하면 81에서 88 사이 숫자가 되고, 세 번의 질문이 필요하다. 네 번 적용하면 25에서 40 사이 숫자가 되어 네 번의 질문이 필요하다.

규칙을 적용할 때마다 필요한 질문의 수가 하나씩 증가한다. 이것은 엔트로피 증가를 의미한다. 시간이 흐르면서 불확실성을 제거하는 데 필요한 질문의 수가 늘어난다. 이는 숫자 게임뿐만 아니라 엘 바롤 바에 가는 횟수, 리처드의 초콜릿케이크 섭취량, 날씨 등과도 관련이 있다. 그리고 이는 결혼식 날 아무리 완벽하게 삶을 계획했을지라도 시간이 지나면 변화하는 결혼 생활과도 관련이 있다. 이 법칙은 내가 주방에서 음식을 만들 때도 적용된다. 관찰 사이의 시간이 길어질수록 현재 상태를 파악하기 위해 더 큰 노력이 필요하다.

하지만 시간이 지나면서 놀라운 일이 발생한다. 엔트로피는 결국 증가를 멈추고 상한선에 도달한다. 예를 들어 위에서 설명한 두 배 규칙을 초기 숫자에 대해 서른 번 적용했다고 가정해보자. 이제 당신은 숫자가 무엇인지 전혀 알 수 없게 된다. 이는 서른 번의 반복 후, 처음에 14와 15 사이였던 숫자가 1에서 100 사이의 거의 모든 값이 될 수 있기 때문이다.

여기서 우리는 엔트로피, 즉 숫자를 찾는 데 필요한 질문의 수가 30개라고 생각할 수도 있을 것이다. 결국 두 배 규칙을 적용할 때마다 엔트로피가 1씩 증가한다고 보면 그렇게 생각할 수 있다. 한 단계 후에는 평균적으로 한 번의 질문이 필요하고, 두 단계 후에는 두 번의 질문, 세 단계 후에는 세 번의 질문이 필요하며, 이런 식으로 이어진다. 그렇다면 30단계를 거친 후에는 엔트로피가 30이어야 하지 않을까?

그렇지 않다. 전혀 그렇지 않다. 이전 장에서 본 것처럼, 여기서 가장 좋은 방법은 1부터 100 사이의 숫자를 추측하기 위해 '예' 또는 '아니오'로 대답할 수 있는 질문을 시작하는 것이다. 먼저 "이 숫자가 50보다 큰가요?"라고 묻고, 1부터 20 사이의 숫자를 추측하기 위해 이전 장에서 제안한 것과 똑같은 단계를 적용하면 된다. 이러한 추측의 트리를 그려보면, 1부터 100 사이의 숫자를 알아내는 데 평균적으로 필요한 질문의 수는 6.72라는 것을 알 수 있다.

이제 더 이상 우리가 몇 번 두 배 규칙을 적용했는지 추적하는 것은 무의미하다. 엔트로피는 30번 적용했을 때나 31번, 혹은 100번, 131번 적용했을 때나 똑같다. 시간이 얼마나 지났는지와 관계없이 접근 방식은 동일하다. 내가 두 배 규칙을 몇 번 적용하든 엔트로피는 여전히 6.72로 유지되며, 질문하는 전략 역시 달라지지 않는다.

이 숫자 예시는 다소 인위적이지만, 이 원리는 물리학자들이 입자 간 상호작용을 모델링할 때 사용하는 접근 방식의 기초를 이룬다. 예를 들어 당구에서 큐로 흰 공을 쳤을 때 초기 속도와 방향을 측정할 수 있다면, 첫 번째 충돌 후 공의 위치를 비교적 정확히 예측할 수 있다. 하지만 측정에 약간의 오차가 있다면, 그 오차는 공이 충돌할 때마다 증폭된다. 예를 들어 당구대의 구멍을 막고 30라운드의 게임을 진행한다고 상상해보자. 우리가 얼마나 정확히 공을 쳤는지와 다른 공들의 초기 위치를 알고 있다 하더라도, 30라운드 후 흰 공이 어디에 있을지 예측하기는 매우 어렵다. 이는 충돌이 거듭될수록 위치 오차가 증폭되기 때문이다.

엔지니어들, 예컨대 마거릿 해밀턴 같은 사람들은 이러한 문제를 해결하기 위해 더 많은 소수점 자리까지 시스템을 측정하여 개별 공의 위치를 놓치지 않도록 더 정밀하게 제어하는 방식을 사용할 수 있다. 그들은 통제를 강화함으로써 혼돈을 방지한다.

카오스를 다루는 또 다른 방법은 마음을 내려놓는 것이다. 두 배 규칙을 30번 적용했든, 당구대의 구멍을 막고 30라운드를 진행했든, 세부 사항은 더 이상 중요하지 않다. 카오스란 초기 조건을 알아내려고 하거나 역학을 단계별로 추적하려고 하거나 몇 단계를 거쳤는지 아는 것이 더는 의미가 없다는 것을 뜻한다. 이 시점에서는 아무

것도 모른다고 가정하고 단순하게 질문을 시작해야 한다. "공이 당구대의 왼쪽에 있나요?" 또는 "공이 당구대의 윗부분에 있나요?" 같은 식으로 말이다.

　이런 원리는 우리의 삶에도 그대로 적용된다. 지하철에서 우리가 통과하는 자동문 하나, 새로운 사람과의 만남, 비가 와서 밖에 나가지 않고 커피를 마시기로 한 결정, 말을 하며 약간 더듬는 단어 하나가 모두 우리 삶에 미세한 차이를 만든다. 시간이 지날수록 엔트로피는 증가한다. 오늘의 우리 자신을 아무리 잘 알고 있다고 해도, 미래에 우리에게 무슨 일이 일어날지는 알 수 없다.

분포 속에 사는 우리

우리는 항상 미션 컨트롤*에 앉아 있는 것처럼 살 수는 없다. 때로는 마음을 내려놓을 줄도 알아야 한다. 그리고 우리가 내려놓는 순간 엔트로피는 증가한다.

하지만 마음을 내려놓는 것은 새로운 가능성을 만들어낸다. 이는 세상을 확실성의 관점이 아닌, 흐릿하지만 다양한 결과가 가능한 분포로 바라볼 수 있게 해주기 때문이다.

이런 생각을 더 구체적으로 설명하기 위해 내가 대학교에서 1학년 통계학 강의 때 진행하는 실험을 소개하고자 한다. 이 강의는 필연적으로 많은 이론적 공부와, 통계 모델을 맞추고 데이터를 그래프로 그리는 컴퓨터 실습 시간을 요구한다. 하지만 나는 학생들 자신이 무작위적인 세상의 일부라는 점을 스스로 이해해야 한다고 믿는다. 그래서 그들이 자신의 존재를 숫자로 정의할 준비가 되었다고 느껴지면, 펜을 내려놓고 코트를 입으라고 한 뒤 그들과 같이 밖으로 나간다(이 실험을 할 때는 보통 스웨덴의 추운 11월이다).

나는 그들을 강의실 밖에 있는 넓은 광장으로 데려간다. 그들이 광장으로 나가기 전에 나는 미리 약 1.5미터 간격으로 11개의 평행선을 그려, 10개의 레인(육상 경기 트랙처럼)을 만들고, 각각의 레인 앞에 '1-3', '4-6', '7-9'와 같이 태어난 날짜에 따라 구간을 나눈 라벨을 붙인다. 그리고 학생들에게 각자의 생일에 해당하는 레인에

---

*미션 컨트롤은 우주선의 비행을 모니터링하고 관리하는 곳으로, 모든 것이 철저히 계획되고 통제되는 환경을 의미한다.

서라고 요청한다.

학생들이 만들어낸 히스토그램은 그림 17a에 표시된 균등 분포 uniform distribution를 나타낸다. 즉, 이는 각 레인에 동일한 수의 학생들이 서 있다는 뜻이다. 약간의 변동은 있다. 모든 레인에 정확히 같은 수의 학생들이 서 있지는 않으며, '28~31' 레인은 31일이 있는 달을 위한 '추가 반나절'이 포함되기 때문에 약간 다르다. 하지만 대체로 학생들의 생일은 균등하게 분포된다.

어떤 의미에서 매년 학생들이 비슷한 인간 히스토그램을 형성하는 것은 놀랍지 않다. 우리는 누군가의 생일이 무작위라는 것을 알고 있다. 하지만 놀라운 점은 그 히스토그램이 **무작위라는 것을 알기 때문에 미리 예측할 수 있다**는 사실이다. 각각의 내 학생들을 탄생에 이르게 한 모든 요인을 생각해보라. 예를 들어 어느 날 저녁, 바에서 이루어진 부모님의 우연한 만남, 오랜 친구 사이에서 싹튼 사랑, 결혼 생활을 시작할 시기를 두고 벌어진 긴 논의나 예상치 못했지만 기쁨으로 가득한 열정의 밤 등이 그 요인이 될 수 있다. 생일 패턴은 예측 가능하지만, 동시에 개개인의 생일은 전혀 예측할 수 없다. 만약 내 반의 모든 학생이 자기가 각 달의 14일에 태어났다고 주장한다면, 이는 놀라운 일이겠지만 무작위적이라고 평가할 수는 없을 것이다. 아마도 나는 그들이 농담한다고 결론 내릴 것이다. 추운 11월 아침에 그들을 광장으로 데려간 내게 복수하려는 의도로 말이다.

진정으로 무작위적인 상황에서야 비로소 새로운 이해의 가능성이 열린다.

사람의 다양한 특성은 서로 다른 빈도 분포를 보인다. 이를 설명하기 위해, 나는 학생들에게 자신의 키에 해당하는 레인에 서도록

그림 17 일반적인 분포

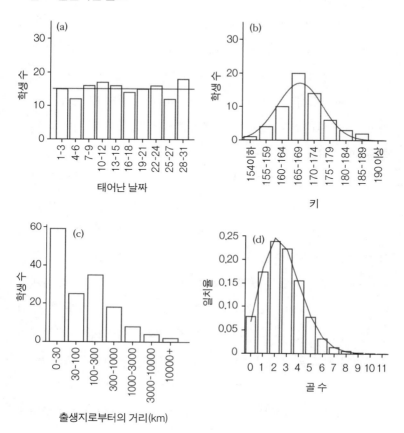

(a) 생일의 균등 분포. 28~31일을 제외하고 각 날짜가 나타날 확률은 동일하다. (b) 키(이 경우 여학생들의 키)는 정규 분포, 즉 종 모양의 분포를 따른다. (c) 학생들의 출생지로부터의 거리는 긴 꼬리를 가진 분포를 보인다. 대부분 학생들은 출생지에서 300km 이내의 거리에서 공부하지만, 소수는 3000km 이상, 심지어 10000km 이상 떨어진 곳에서 공부한다. (d) 축구 경기에서의 골 수는 푸아송 분포Poisson distribution를 따른다. 막대는 데이터로 측정된 분포를 나타내며, 실선은 이론적 분포를 나타낸다. 즉 (a)는 균등 분포, (b)는 정규 분포, (d)는 푸아송 분포를 의미한다.

요청한다. 첫 번째 레인에는 '150cm 미만', 두 번째는 '150~154cm' 와 같은 식으로 표시되어 있으며, 마지막은 '185~190cm'와 '190cm 초과'로 나뉜다. 학생들은 자신의 키에 맞는 레인을 찾아 좌우로 움직인다. 그러다 보면 천천히 하나의 패턴이 나타난다. 맨 앞 레인에서 있는 열 사람의 머리 높이는 가장 작은 사람부터 가장 큰 사람까지 점진적으로 증가하는 선을 형성한다. 하지만 내가 높은 위치에서 학생들을 내려다보며 관찰할 때 또는 이후에 학생들에게 보여주는 사진에서 가장 명확히 드러나는 것은 각 레인의 길이다. '150cm 미만' 레인에는 몇몇 여학생만 서 있고, '190cm 초과' 레인에는 몇몇 남학생만 서 있다. 반면 그 중간 레인들에는 학생 수가 증가하며, 여학생의 경우 '165~170cm'에서, 남학생의 경우 '180~185cm'에서 정점에 도달한다. 이러한 곡선의 전형적인 형태는 정규 분포로 나타나며, 이는 그림 17b에 표시되어 있다. 정규 분포는 두 가지 값으로 특징지어진다. 하나는 학생들의 평균 키(이 책의 첫 부분에서 다룬 평균 개념)이고, 다른 하나는 표준편차인데, 이는 분포의 폭이나 종 모양의 넓이를 나타낸다. 학생들의 키가 다양하다면 종 모양이 넓게 나타나고, 키의 차이가 적다면 종 모양이 좁아진다.

다음으로 나는 학생들에게 출생지로부터 떨어진 거리(km)에 따라 줄을 서라고 요청한다. 이 경우 레인은 0~10km, 10~30km, 30~100km, 100~300km, 300~1000km, 1000~3000km, 3000~10000km, 10000km 이상으로 나뉜다. 대부분 학생은 내가 가르치는 스웨덴의 웁살라에서 300km 이내 지역 출신이지만, 다른 지역에서 태어난 학생들도 있고 훨씬 먼 곳에서 태어난 학생들도 있다. 이 거리 히스토그램은 그림 17c와 비슷하게 보인다. 대부분

학생은 분포의 중위값(중간 지점)인 약 100km 주변에 모이지만, 약 5000km 떨어진 곳에서 온 몇몇 학생들이 꼬리 부분에 위치한다. 이러한 분포는 긴 꼬리 분포long-tailed distribution로 알려져 있다. 종 모양의 정규 분포와 달리, 이 분포에서는 긴 꼬리 오른쪽에 소수가 위치한다. 이는 키 분포와는 매우 다르다. 여학생의 키 중위값은 1.67m이지만, 평균의 50배에 달하는 키를 가진 학생, 즉 키가 83.5미터인 거인을 본 적은 없다!

여기에서 마지막으로 설명할 분포가 하나 더 있지만, 나는 아직 이것을 인간 히스토그램으로 구현할 방법을 찾지 못했다. 19세기 초, 시몽 푸아송Simon Poisson은 사건이 시간적으로 무작위로 발생하며 서로 독립적일 경우, 특정한 확률 분포를 따르게 된다는 사실을 증명했다. 이를 푸아송 분포라고 한다(그림 17d). 예를 들어 축구 경기에서의 골은 경기 중 드물게 발생하며, 17분에 득점했다고 해서 65분(또는 다른 시간)에 득점할 확률에 영향을 미치지 않는다. 골은 드물고 무작위적이며, 따라서 푸아송 분포를 따른다. 푸아송 분포는 또한 직장에서의 사고 발생 건수나 하루 동안 받는 전화 통화 수와 같은 현상을 설명하기도 한다.

학생들이 인간 히스토그램 실험에 참여한 후, 나는 그들에게 자신의 삶에서 특정한 주제를 정해 분포를 직접 그려보라고 요청한다. 그들이 진행한 연구와 발견한 분포는 다음과 같다. 도시 교외 아파트 가격(정규 분포), 화학 전공 학생들의 나이(긴 꼬리 분포), 농구 경기 점수(정규 분포), 학생단체 회원 수(긴 꼬리 분포), 북부 스웨덴에서 연간 알코올 소비로 인한 사망자 수(정규 분포), 다양한 언어에서의 단어 길이(푸아송 분포), 점심시간에 음식을 데우기 위해 전자레인지 앞에서 대기하는 시간(푸아송 분포), 교과서 제목의 단어 수(푸아송 분포), 첫 수업에 도착하는 학생들의 도착 시간(정규분포), 스웨덴의 연간 자살 건수(정규 분포), 동전 던지기로 얻은 앞면의 수(정규 분포), 「왕좌의 게임」 에피소드 평가 점수(정규 분포), 100미터 자유형 수영의 시즌 최고 기록(정규 분포), 대학까지의 버스 이동 시간(정규 분포), TV 시리즈 「걸스Girls」의 한 에피소드에서 등장인물이 전화 통화를 하는 횟수(푸아송 분포) 등이다. 이 목록은 계속 이어진다. 데이터가 분포에 완벽히 일치하지는 않지만, 우리 삶의 다양한 측면이 이 네 가지 분포에 놀라울 정도로 잘 반영된다는 점은 주목할 만하다.

이 분포들이 다양한 응용 분야에서 중요한 역할을 하지만, 나는 이들의 속성을 자세히 다루지는 않을 것이다. 여기서 이 분포들을 언급한 이유는 더 넓은 관점을 설명하기 위함이다. 이 네 가지 분포는 우리에게 너무나 익숙해서 누군가의 키가 175cm라든지, 출생지가 1750km 떨어진 곳이라든지, 생일이 어느 달의 22일이라고 들어도 놀랍지 않다. 그러나 우리는 이러한 요소들이 카오스에서 비롯되었다는 사실을 잊을 때가 많다. 앞에서 언급했듯이, 우리는 모든 것을 통제할 수 없다. 왜냐하면 모든 것을 알 수 없기 때문이다. 모든 나비의 날갯짓을 측정할 수는 없다. 하지만 이러한 한계를 이해하고 마음을 내려놓으면 놀라운 일이 일어난다. 모든 무작위성은 신뢰할 수 있는 결과 분포를 만들어낸다. 그 결과, 예측 가능성이 또 다른 형태로 돌아온다. 분포는 무작위적인 것과 전형적인 것을 모두 설명한다.

무작위성은 전혀 예측할 수 없는 것이 아니다. 오히려 그 반대다. 무작위성은 예측 가능한 방식으로 분포되며, 세상을 관찰하고 설명하는 데 유용한 모델을 제공한다.

단어 게임이 알려준 사실

클로드 섀넌과 베티 무어는 매일 저녁 식사를 함께한 뒤 그의 아파트로 향하곤 했다. 저녁 시간 동안 클로드는 항상 어떤 형태로든 지적이거나 문화적인 활동에 몰두해야 했다. 처음에는 카드나 보드게임을 함께 즐겼고, 나중에는 베티는 피아노를, 클로드는 클라리넷을 연주했다.

하지만 베티는 곧 이런 일들로는 클로드가 만족하지 못한다는 것을 깨달았다. 그는 일터뿐만 아니라 집에서도 창의적인 활동을 원했다.

그래서 그들은 자신들만의 단어 퀴즈를 만들기 시작했다. 베티가 책에서 한 문장을 반쯤 읽으면 클로드가 그 문장을 완성하는 방식이었다. 이런 게임은 단어를 숫자로 바꾸는 형태로 발전할 때가 많았다. 클로드는 베티에게 특정 페이지에서 'the'라는 단어가 몇 번 나오는지 추측해보라고 요청했다. 베티도 클로드처럼 수학자였고, 패턴 찾기를 즐겼기 때문에 이 게임을 무척 재미있어했다.

베티는 클로드와 처음 함께한 저녁을 떠올렸다. 그날 그들은 이진법으로 문자를 인코딩하는 법과 그의 엔트로피에 관한 과학 논문에 대해 이야기했다. 하지만 지금 그들의 단어 게임이 어떻게 발전해가고 있는지는 한동안 눈치채지 못했다. 그러던 어느 날 저녁, 그녀는 그가 미리 게임을 준비해놓은 사실을 알게 됐다. 모든 것이 명확해진 순간이었다. 그는 종이 한 장에 문단 하나를 써놓았으며, 그녀가 알파벳을 하나씩 추측하며 그가 준비한 문장을 알아맞히게 할 계획이라고 말했다. 그는 그녀가 문장의 각 글자를 알아맞히는 데 몇 번의 추측이 필요한지를 기록할 예정이었다. 이건 게임이 아니라 사고 실험이라고 베티는 생각했다.

"T'." 그녀는 문장이 'The'로 시작할 것이라고 생각하며 말했다. 그녀의 추측은 맞았다. 클로드는 눈앞의 종이에 숫자 '1'을 적었다. "H'." 그녀가 이어서 말했다. 다시 "E.'" 이번에도 둘 다 맞았다. 클로드는 두 경우 모두 숫자 '1'을 적어 넣었다.

"이제 빈칸이겠네요."

베티가 자신감 있게 말했다.

"아니야!"

클로드가 웃으며 말했다. 그는 자신이 처음 선택한 단어로 그녀를 속였다는 사실에 기뻐했다. "다시 시도해봐."

"Y, 그러니까 THEY인가요?"

베티가 말했다. 또 틀렸다. 결국 그녀는 다섯 번 만에 정답을 맞혔다. 그것은 R이었다. 클로드는 종이에 숫자 '5'를 기록했다. 다음 글자는 더 쉬웠다. 그것은 반드시 E여야 했고, 첫 단어는 'THERE'였다. 첫 단어를 맞히고 나니 다음 두 단어는 각 글자당 한두 번의 추측만으로 쉽게 맞혔다.

THERE IS NO……

이제 베티는 막혔다. 네 번째 단어는 무엇이든 될 수 있었다. 그녀는 네 번째 단어의 첫 글자인 'R'을 맞히는 데 15번의 추측을 했다. 두 번째 글자인 'E'는 한 번 만에 맞혔다. ("가장 흔한 글자니까요." 그녀가 클로드에게 상기시켰다.) 하지만 그다음 글자인 'V'를 맞히는 데는 17번의 추측이 필요했다.

THERE IS NO REV……

그 뒤로는 더 수월해졌고, 몇 분 후 클로드는 첫 번째 문장을 완성해 종이에 써 내려갔다.

THERE IS NO REVERSE ON A MOTORCYCLE
(오토바이는 후진 기어가 없다.)

두 문장을 모두 완성하고 나자 클로드는 그녀에게 종이를 보여주었다. 그는 각 글자를 순서대로 적고, 그 아래에 그녀가 각 글자를 맞히는 데 걸린 추측 횟수를 적어두었다.

THERE IS NO REVERSE ON A MOTORCYCLE
1 1 1 5 1 1 2 1 1 2 1 1 1 5 1 1 7 1 1 1 2 1 3 2 1 2 2 7 1 1 1 1 4 1 1 1 1
A F R I E N D OF MI NE FOUND THIS OUT
3 1 8 6 1 3 1 1 1 1 1 1 1 1 1 1 1 6 2 1 1 1 1 1 1 2 1 1 1 1 1 1
R A T H E R DRAMATI CALLY THE OTHER DAY
4 1 1 1 1 1 1 1 1 15 1 1 1 1 1 1 1 1 1 1 1 6 1 1 1 1 1 1 1 1 1 1 1 1 1

"잘 맞혔어요." 클로드가 말했다. 101개의 기호(글자와 띄어쓰기) 중 베티는 78번이나 첫 번째 시도에 정답을 맞혔다. 가장 어려운 선택은 대개 각 단어의 첫 글자였다.

"당신이 왜 이걸 시키는지 알 것 같아요."

베티가 말했다. 그는 그녀의 글자 맞히기 능력을 테스트하려는 것이 아니라, 영어가 얼마나 예측 가능한 언어인지를 측정하고자 했다. 만약 영어가 완전히 무작위적이라면, 그녀가 "이 글자는 알파벳에서 N보다 앞에 오나요?" 같은 방식으로 질문한다고 가정할 때, 각 글자를 맞히는 데 평균적으로 네다섯 번의 시도가 필요했을 것이다. 베티는 이렇게 설명했다. 첫 번째 질문은 알파벳에서 N 앞에 있는 13개의 글자와 뒤에 있는 13개의 글자 중 하나로 범위를 좁혀줄 것이다(띄어쓰기를 27번째 글자로 포함한다면). 두 번째 질문은 범위를 6~7개의 글자로, 세 번째 질문은 3~4개로, 네 번째 질문은 1~2개의 글자로 좁혀줄 것이다. 다섯 번째 질문은 확실한 답을 보장할 것이다(우리가 이전에 보았던 숫자 맞히기 전략과 유사하게).

클로드는 그녀의 추측을 확인해주었다. 그는 영어의 엔트로피를 측정하는 방법을 고민하고 있었다. 우리의 의사소통에 얼마나 많은 중복redundancy이 있는지 이해하기 위해서였다. 이 실험은 만약 그가 위의 텍스트를 베티에게 메시지로 보냈다면, 모든 글자를 보낼 필요가 없다는 사실을 입증해주었다. 그녀는 그중 많은 글자를 스스로 추측해낼 수 있었기 때문이다. 통신 엔지니어에게 이런 정보는 매우 귀중했다. 더 짧고 간결한 메시지로 전보를 보낼 수 있다는 뜻이었기 때문이다.

"우리가 저녁 시간을 이렇게 보낼 거라면, 제대로 실험해야겠어요."

베티가 말했다. 그러면서 그녀는 클로드의 책장으로 가서 듀머스 멀론Dumas Malone이 쓴 토머스 제퍼슨 전기 『버지니아인 제퍼슨Jefferson the Virginian』 여섯 권 중 한 권을 꺼냈다.

"이 책 읽어봤어요?" 그녀가 물었다.

클로드는 읽어보지 않았다고 고백했다. 베티가 말했다.

"잘 됐어요. 이 책을 사용해보죠."

그 후 몇 주 동안 매일 저녁, 베티와 클로드는 번갈아가며 『버지니아인 제퍼슨』에서 무작위로 101글자 길이의 문장을 선택해 각 글자를 추측하는 데 몇 번의 시도가 필요한지 실험했다. 이들은 심지어 거꾸로, 즉 마지막 글자부터 추측하고 그 이전 글자들을 맞히는 방식으로도 실험했다. 둘 다 거꾸로 하는 것이 더 어렵게 느껴졌지만, 결과적으로 거꾸로 추측했을 때와 순서대로 추측했을 때 필요한 시도의 횟수에는 큰 차이가 없었다.

그들은 평균적으로, 앞선 8글자를 알고 있을 경우 각 다음 글자를 추측하는 데 두 번의 질문이 필요하다는 것을 계산해냈다. "이 글자는 알파벳에서 N보다 앞에 오나요?"라는 질문 방식(모든 글자가 똑같이 나올 확률을 가정함)을 사용하면 각 글자를 인코딩하는 데 네다섯 번의 질문(또는 비트)이 필요했다. 하지만 베티는 자신의 언어 경험을 바탕으로 한 방법을 사용했을 때 글자를 추측하는 데 단 두 번의 질문만 필요했다. 클로드가 말했다.

"이 말은 우리가 쓰는 내용 중 약 절반은 예측할 수 있고 중복되며, 나머지 절반은 여전히 예측 불가능하고 무작위적이라는 뜻이에요. 정보는 바로 그 무작위성 속에 존재한다는 뜻이지요."[1]

더 나은 선택을 하는 법

존, 리처드, 베키, 소피는 주말에 코츠월드로 여행을 가기로 했다. 운전을 맡은 존은 구글 지도를 확인한 뒤 가장 빠른 길인 M4 고속도로를 따라가기로 한다. 그는 GPS를 켜고 출발한다.

하지만 리처드의 생각은 달랐다. 그는 회사 동료가 금요일 오후의 교통 체증을 피해 옥스퍼드셔를 지나가는 시골길을 추천했다고 말한다. 출발할 때 그는 존에게 이런 자신의 생각을 말했지만 존은 이미 마음을 정했다. 그는 GPS를 따라가는 것이 간단하고 더 빠르다고 말한다.

문제는 스윈던에 가까워지면서 발생했다. 출발한 지 얼마 지나지 않아 화물차 한 대가 고장 나면서 고속도로 차선 하나가 막히고 만다. 교통 체증이 생겼고, 최소 한 시간은 지체될 것 같았다. 리처드가 목소리를 높이며 말한다.

"내가 뭐랬어? 시골길로 가야 한다고 했잖아."

"지금 그런 말이 무슨 소용이 있어? 나는 우리가 가진 최선의 정보를 따랐을 뿐이야! 구글 지도도 화물차가 고장 날 줄은 몰랐겠지."

존이 반박한다.

"그러니까 내가 말했잖아. 앱을 믿으면 안 된다고."

리처드가 다시 반박한다. 뒷좌석에서 즐겁게 대화를 나누던 베키와 소피가 말을 멈춘다. 차 안의 분위기가 무거워진다.

어떤 일이 잘못되었을 때, "내가 뭐랬어?"라는 말과 "그때는 그게 최선이었어"라는 주장은 갈등을 일으킬 때가 많다. 이는 단순히 어떤 길을 선택할지, 직장에 우산을 가져갈지 같은 사소한 문제에서만이 아니라, 새로운 도시로 이사하거나 새로운 직장을 선택하는 것 같은 더 큰 결정에서도 마찬가지다. 일이 계획대로 풀리지 않을 때 우리는 함께 결정을 내린 가까운 사람들을 탓하기 쉽다.

카오스적 사고는 우리에게 세상에는 언제나 예측할 수 없고, 통제할 수 없는 무작위적인 요소들이 존재한다는 사실을 가르쳐준다. 엔트로피는 바로 이런 예측 불가능한 부분을 측정하는 개념이다. 엔트로피는 M4 고속도로에서 고장 난 화물차, 철로 위의 낙엽, 아이 생일파티에서 축구를 하다가 허리를 다친 아버지, 잊어버린 도시락통, 시험장으로 가는 길에 빠져버린 자전거 체인, 직장에서 무산된 큰 계약, 혹은 (예기치 못했지만) 환영받는 새 가족의 탄생을 측정한다.

엔트로피는 항상 우리 곁에 있으며, 카오스 속에서 만들어진다. 우리는 엔트로피를 예측할 수도, 막을 수도 없다.

사람들은 자신이 내린 선택에 자존심을 걸 때 감정이 격해지곤 한다. 이는 아무도 미래에 무슨 일이 일어날지 알 수 없다는 사실을 간과하기 때문이다. 일이 잘못되었을 때, 과거에 했던 선택을 비난하는 행위는 애초에 그 선택 행위만큼이나 불확실한 행위다. "알았어야 했다"라는 말이 유효한 주장인 경우는 거의 없다. 대부분의 경우 우리는 그저 알 수 없었을 뿐이다. 또한 "당시에는 그게 최선이었어"라고 주장하는 것도 적절하지 않다. 그 당시에도 동등하게 불확실한 다른 선택들이 있었을 가능성이 크기 때문이다.

우리는 과거에도 몰랐고, 지금도 잘 모르고 있다.

따라서 선택을 내릴 때 우리는 그 행동이 최선으로 이어질지 확신할 수 없다는 사실을 인정해야 한다. 이러한 인정은 약점을 드러내는 행동이 아니다. 또한 이런 인정은 우리가 충분히 고민하지 않았다는 뜻도 아니다. 오히려 이는 우리가 카오스와 불확실성을 이해했음을 보여준다. 이런 인정은 삶의 많은 부분이 그저 우리의 통제를 벗어난다는 사실을 아는 것이다. 우리는 계속해서 추측 게임을 하며, 이길지 질지 알 수 없는 상황에 놓여 있다.

존은 한동안 침묵하다가 리처드를 향해 말한다.

"네 말이 맞았어. 네가 말한 길이 더 나았어. 미안해."

리처드가 대답한다.

"괜찮아. 알 수 없는 일이었잖아. 내가 추천한 시골길에도 소 한 마리가 도로를 막고 있었을 수도 있어."

분위기가 한결 밝아졌고, 몇 분 후에는 교통 정체가 풀리기 시작했다. 친구들의 주말여행은 (아마도) 매우 성공적인 여행이 될 것이다.

지금까지 우리는 일상의 많은 문제를 해결할 수 있는 네 가지 사고방식 중 세 가지를 배웠다. 첫 번째는 통계적 사고다. 이를 위해서는 숫자를 파악해야 한다. 화장실 사용 후 손을 씻는 비율(전 세계적으로 20%)[1]부터 우주여행을 하고 싶지 않은 사람의 비율(영국인의 49%는 아무런 위험이 없다고 해도 가지 않겠다고 응답했다)[2]까지, 우리가 생각할 수 있는 모든 사실은 몇 번의 클릭으로 알 수 있다. 하지만 숫자는 우리가 어떻게 행동해야 하는지, 다른 사람들과 어떻게 상호작용해야 하는지는 거의 알려주지 않는다.

여기서 상호작용적 사고가 등장한다. 자신의 행동이 다른 사람에게 어떤 영향을 미치고, 다른 사람의 행동이 자신에게 어떤 영향을 미치는지 생각해봐야 한다. 자신이 원하지 않는 일을 반복하게 되는 이유나 쓸데없는 논쟁에 빠지는 이유를 자신과 주변 사람들의 행동 규칙을 면밀히 관찰함으로써 이해할 수 있다. 그런 다음, 카오스적 사고가 들어선다. 삶의 어떤 부분을 엄격히 통제할 것인지, 어떤 부분을 내려놓을 것인지를 결정해야 한다. 우리는 삶의 모든 측면을 통제할 수 없다. 사실 그중 극히 일부조차도 통제가 불가능하다. 그 대신 우리는 무작위성에 대비해야 한다.

마음을 내려놓기로 했다면 겸손해야 한다. 주변에서 무슨 일이 일어나고 있는지 알 수 없다면 **질문하라.** 이해하기 어려운 사람들에게 인내심을 잃지 말아야 한다. 상황이 복잡할수록 배워야 할 것도 많아진다. 엔트로피는 절대 줄어들지 않는다. 시간이 지날수록 아는 것이 줄어든다. 이미 내려놓기로 한 이상, 모르는 것을 아는 척한다고 해서 자존심을 세울 수 없다는 사실을 기억해라. 때로는 당신이 혼란 속에서 길을 찾을 것이고, 또 다른 때는 친구나 동료가 돌파구를 찾을 것이다. 행운이 당신에게 왔을 때 공로를 독차지하지 말고, 다른 이들에게 기회가 왔을 때 질투하지 마라.

돌이켜보면, 일이 잘 풀리지 않았을 때 "그 조언만 따랐더라면" 혹은 "내 직감을 믿었더라면"이라고 생각하기 쉽다. 돈과 관련해 잘못된 결정을 내렸거나, 인간관계가 잘 풀리지 않았거나, 직장에서 잘못된 선택을 했을 때, 우리는 자신이나 다른 사람을 탓하는 함정에 빠지기 쉽다. 물론 무엇이 잘못되었는지 알아내고 실수로부터 배우는 것은 중요하다. 하지만 미래에 무슨 일이 일어날지 결코 알 수 없었다는 점도 기억해야 한다. 자신을 탓하지 말고, 절대 줄어들지 않는 엔트로피를 탓하라.

단어들의 바다

금요일, 산타페 연구소에서 강의가 끝났을 때였다. 에스테르가 테라스에 혼자 앉아 풍경을 바라보고 있었다. 연구소는 마을 외곽의 언덕 위에 있었고, 그녀 앞에는 사막에 가까운 풍경이 펼쳐져 있었다.

나는 테라스로 나가 그녀 옆에 앉았다. 우리는 그 주 초, 도서관에서의 저녁 이후로 단둘이 있던 적이 없었다.

"무슨 뜻으로 스무고개를 당신이 이야기했는지 알 것 같아요"라고 내가 말했다.

에스테르는 바깥쪽을 응시한 채 살짝 고개를 끄덕였다. 나는 말을 이어갔다.

"우리는 루퍼트처럼 모든 사람이 평균이라고 가정해서도 안 되고, 파커처럼 상호작용이 결정론적이고 예측 가능하다고 주장해서도 안 돼요. 카오스는 필연적으로 모든 것을 뒤덮고, 결국 우리는 결과의 분포만을 마주하게 되지요. 우리가 질문을 던져야 하는 대상은 바로 이 분포예요. 우리는 사람들을 키, 몸무게, 선호, 아이디어 등 서로 다른 다양한 특성으로 바라봐야 해요. 모든 사람은 다르지만, 충분히 많은 질문을 한다면 누구나 이해할 수 있어요. 그리고 사람들의 집단은 그들이 만들어내는 분포를 통해 이해할 수 있어요."

또한 나는 이렇게 말했다.

"베티 섀넌의 예시에서 네 개의 문자를 인코딩하려면 두 개의 질문이 필요해요. 스무 가지 질문을 하면 100만 개가 넘는 경우의 수가 생기지요($2^{20} = 1048576$). 서른 가지 질문이면 10억 개의 경우의 수를 설명할 수 있고, 마흔 가지 질문이면 1조 개가 조금 넘는 경우의 수를 다룰 수 있어요. 질문을 던지고 분포를 그려보면, 인류 전체의 윤곽을 볼 수 있어요"

에스테르는 한동안 가만히 앉아 있다가 마침내 고개를 끄덕이며 말했다.

"꽤 괜찮은 설명이네요."

이번에는 내가 조용히 앉아 있을 차례였다. 뭔가가 여전히 마음에 걸렸다. 나는 이런 접근 방식이 우리를 단순히 1과 0, 즉 '예' 또는 '아니오'로 환원시키는 것 같아 마음에 들지 않았다. 우리가 단지 분포 곡선 위의 점들에 불과하다면, 그 모든 것이 무슨 의미가 있을까?

"릴리로즈가 말한 삶의 의미에 대해 다시 생각하고 있나요?"

그녀가 미소 지으며 말했다.

"당신은 삶의 의미에 관심이 없어요?"

"나는 스웨덴 사람이에요. 당연히 관심이 있지요. 삶의 의미는 고등학교에서 배워요. 우리는 세계의 각 종교를 하나씩 배운 다음, 어느 것도 진정한 답을 제공하지 못한다는 설명을 들어요. 결론은 우리 각자가 자신의 신념을 선택해야 한다는 거예요. 학교를 졸업하고 어른이 되면 더는 그런 것들을 깊이 생각할 필요가 없어져요."

나는 무슨 말을 해야 할지 몰랐다. 이것이 스칸디나비아식 유머인지, 아니면 진지한 의견인지 확신할 수 없었다. 그녀가 말을 이어갔다.

"사실 나는 그런 생각을 이미 열다섯 살 때 끝냈어요."

그녀는 정확하게 그 순간을 기억했다. 당시 그녀는 지금처럼 앉아서 다른 풍경을 보고 있었다고 했다. 그녀는 여름 별장의 해변에서 바다를 바라보고 있었다. 여름이 끝나갈 무렵이었고, 그녀는 방학 내내 독서에 몰두했으며, 무더위 속에서 실내에 머물렀다. 부모님이 그녀를 데리고 소풍을 가려고 했지만 소용없었다.

그녀는 작은 동네 도서관의 고전 문학 코너에 있는 책들을 알파벳 역순으로 읽어 내려가겠다고 결심했다. 이미 그녀는 제인 오스틴을 읽고 사랑하게 되었고, 오스틴이 최고일지 모른다고 생각했다. 그 래서 그녀는 다른 책들이 실망스러울까 봐, A부터 Z가 아니라 Z부 터 A 순서로 읽기 시작했다. 버지니아 울프, 톨스토이, 토마스 만, 하 퍼 리, 헤밍웨이, 토마스 하디, 그리고 스콧 피츠제럴드의 책을 읽다 보니 여름이 순식간에 지나갔다. 하지만 'D'에 이르러 그녀는 도스 토옙스키를 만났다. 여덟 권 혹은 아홉 권의 두꺼운 책들이었다.『죄 와 벌』같은 비교적 짧은 책에서 마지막에는 방대한『카라마조프 형 제들』에 이르렀다. 그 마지막 책은 거의 그녀를 무너뜨릴 뻔했다. 그 책은 더 깊은 의미를 전달하려는 듯했고, 도스토옙스키의 초기 작품 들을 한데 모으려는 시도로 느껴졌다. 도스토옙스키는 그 누구보다 도 더 많은 것을 말하려는 결의로 그 책을 쓴 것 같았다.

마침내 그 책을 다 읽고 난 뒤, 그녀는 머리를 식히기 위해 바다를 보러 걸어 내려갔다.

바다를 바라보다가 문득 그녀는 도스토옙스키의 책 속 단어들이 물결치는 바다 위의 파도와 같다는 생각이 들었다. 파도를 바라볼수 록 바람에 의해 생겨난 작은 변화와 세부적인 움직임이 더 많이 보 였다. 하지만 동시에 바다는 늘 같은 모습이기도 했다. 바다는 그저 앞뒤로 끊임없이 움직일 뿐이었다. 그녀는 파도들이 어디서 시작되 어 어디로 가는지 모두 이해할 수는 없었지만, 바다 자체는 이해할 수 있었다. 그것은 단지 바다일 뿐이었다. 어쩌면 그녀와 도스토옙스키의 관계도 비슷한 것 같았다. 그의 말들은 그녀를 향해 다양하고 풍부하게 밀려왔다가 다시 물러갔다. 하지만 결국 책에 담긴 모든 것은 같았다. 그녀가 여름 내내 한 일은 단지 단어들을 읽은 것뿐이었다. 그 이상도 이하도 아니었다.

그녀는 바다를 구성하는 모든 물 분자들의 배열을 떠올렸다. 그러다 문득 자신이 읽은 단어들과 읽지 않은 단어들의 모든 가능한 배열을 생각했다. 그러고는 더 이상 책을 읽을 필요가 없다고 느꼈다. 같은 것이 반복될 뿐이니까. 결국 그것은 전형적인 위대한 작가가 전형적인 위대한 책에 쓰는 전형적인 단어들에 불과했다. 이제 그녀는 마치 바다를 느끼는 것처럼 문학도 느끼면 된다고 생각했다. 그 순간부터 그녀는 바다가 언제나 그 자리에 있음을 아는 마음으로, 그저 오스틴의 작품을 다시 읽으며 즐길 수 있었다.

몇 년 뒤, 그녀는 컴퓨터 공학을 공부하기 위해 대학에 갔고, 그곳에서 데이터를 이진법으로 표현하는 방법을 배웠다. 교수들은 그녀에게 바다와 빛 속의 파동, 그리고 글과 말 등 모든 것이 정보의 비트로 이루어져 있다고 가르쳤다. 교수들은 단어들을 어떻게 가장 효율적으로 인코딩해 비트로 변환할 수 있는지를 보여주었다. 이렇게 변환된 정보는 작은 빛의 패킷(데이터의 묶음)으로 전 세계로 전송될 수 있었다. 마치 해류가 물을 운반하듯이 말이다. 그날 바다의 파도를 바라보며 느꼈던 것처럼 모든 것은 비트였다. 1과 0. 그 이상도 그 이하도 아니었다.

그녀는 엔트로피와 무작위성에 대해 배웠다. 균등 분포, 정규 분포, 긴 꼬리를 가진 분포, 푸아송 분포, 그리고 그 외의 여러 통계적 기법들을 연구했다.

그녀가 깨달은 것은, 그리고 지도교수인 파커마저 완전히 이해하지 못한 것처럼 느꼈던 것은, 이 분포들이 정말 많은 복잡한 문제들을 해결한다는 사실이었다. 그녀가 말했다.

"루퍼트가 몇 가지 기술은 더 익힐 필요가 있다고 생각해요. 하지만 파커 교수님의 접근 방식에 대한 그의 비판은 일리가 있어요."

그녀는 파커 교수가 포식자-피식자 모델, 카오스 그리고 동역학을 설명하는 방식이 못마땅했다고 내게 말했다. 파커 교수는 마치 실제보다 더 대단한 뭔가가 있는 것처럼 포장하는 것 같았다는 것이다. 그녀는 그렇게 신비로운 무언가가 있는 것처럼 이야기하는 파커의 태도가 불편했지만, 수학과 통계에만 집중할 때 비로소 이 모든 것을 가장 잘 이해할 수 있었다고 말했다. 그녀는 파커 교수가 도스토옙스키와 똑같다며, 너무나도 불필요한 단어들이 많다고 했다.

이어서 그녀는 이렇게 말했다.

"아이러니하게도 파커 교수님은 엔트로피의 핵심 메시지를 이해하지 못하는 것 같아요. 메시지에서 정보를 찾아내고 잡음을 제거해야 한다는 건데, 파커는 오히려 자기만의 쓸데없는 내용으로 메시지를 부풀리곤 해요."

그녀는 대안적인 접근법이 있다는 것을 알게 됐다. 그 깨달음의 순간은 그녀가 클로드 섀넌의 논문을 공부하기 시작했을 때 왔다. 그녀는 특히 섀넌이 그의 아내 베티와 함께 언어의 엔트로피를 측정한 연구에 매료되었다. 이 연구는 앞선 단어와 문자를 사용해 다음 단어나 문자를 예측하는 방법을 제안했다. 그녀는 도스토옙스키의 작품들이 온라인에 막 공개되었을 때, 바로 이 이론을 적용해보았다. 섀넌의 이론을 이용하면 이전의 단어들을 기반으로 도스토옙스키의 다음 단어를 예측할 수 있었다. 물론 100%의 확률은 아니었지만, 그의 산문에는 분명한 기저 구조가 있었다. 심지어 가장 복잡한 텍스트들조차 예측할 수 있는 분포 안에 들어왔다.

데이터에 집중하는 아이디어는 우리가 들었던 스탠퍼드대학교의 한 논의와도 깊이 연결되어 있었다. 바로 데이터 마이닝에 관한 새로운 아이디어였다. 두 명의 박사 후 연구원이 그 접근법을 연구 중이었는데, 그들의 이름은 세르게이 브린Sergey Brin과 래리 페이지Larry page였다.[1] 그들은 가을 학기에 이 접근법에 관한 강의를 개설할 계획이라고 했다. 그녀는 파커 교수의 지도로 석사 과정을 마쳤고, 파커가 박사 과정을 제안했음에도 불구하고 캘리포니아로 가서 브린과 페이지에게 배우기로 결심했다. 그녀가 말했다.

"월드 와이드 웹을 생각해봐요. 모질라를 열면 검색할 수 있는 모든 것들을 떠올려봐요. 하지만 페이지에 실제로 쓰여 있는 내용에 집중하지 말고, 사이트 간의 링크를 생각해보세요. 어떤 페이지가 어떤 페이지와 연결되어 있는지, 어떤 사이트가 가장 인기 있는지를. 특정 웹사이트에 무엇이 쓰여 있는지는 중요하지 않아요. 중요한 건 어떤 페이지들이 다른 페이지들보다 더 많이 연결되어 있다는 점이에요. 만약 우리가 모든 사이트의 인기 분포를 찾아낼 수 있다면, 사람들에게 필요한 정보를 찾도록 도울 수 있을 거예요."

미래에는 사람들이 온라인에서 읽는 것, 시청하는 TV 프로그램, 슈퍼마켓에서 산 물건, 그리고 그들의 친구 관계 등 모든 것에 대한 방대한 양의 개인 정보가 생길 것이라고 에스테르는 말했다. 이어 그녀는 이렇게 말했다.

"인터넷에서 사람들이 내리는 결정들은 1과 0의 흐름으로 볼 수 있어요. 한 번의 마우스 클릭은 사람들이 원하는 것과 원하지 않는 것을 결정하는 행동이에요. 이러한 클릭들을 예측할 수 있게 되면 사람들이 원하는 정보를 자동으로 식별하고, 그들이 구매할 가능성이 있는 상품을 추천하는 알고리즘을 설계할 수 있게 될 거예요."

"그게 다일까요? 우리가 사람들을 단지 그들이 얼마나 자주 인터넷 사이트를 방문하는지로만 봐야 한다는 건가요? 도스토옙스키의 작품을 단어들의 바다로만 보아서는 안 될 것 같아요. 그는 의미 있는 무언가를 전달하려고 했을 겁니다."

"그럴 수도 있고 아닐 수도 있어요. 하지만 그건 내가 말하고자 하는 요점이 아니에요."

그녀는 측정할 수 있고 예측 가능한 것들에만 관심을 둔다며 이렇게 덧붙였다.

"우리는 과학자예요. 우리는 사물을 측정하지요. 우리는 바다의 압력과 온도, 파도의 크기를 측정해요. 나는 도스토옙스키의 글에서 단어들의 빈도가 긴 꼬리 분포를 따른다는 것을 발견했어요. 그 분포는 웹페이지 간의 연결 수 분포와 비슷했어요. 인터넷의 구조는 분포와 엔트로피의 관점에서 이해할 수 있어요. 물론, 당신의 친구 릴리로즈는 별이나 마음 같은 이야기를 자유롭게 할 수 있지요. 하지만 파커 교수님은 그럴 수 없어요. 적어도 여기서는, 그리고 일터에서는 말이에요."

이어서 그녀는 "우리가 무언가를 측정할 수 있다면, 그래야만 해요. 세상 모든 것에는 패턴이 있어요. 우리가 그 패턴을 발견하면, 그것에 대해 이야기할 수 있고, 그것을 이용해 다른 사람들이 원하는 정보를 찾도록 도울 수 있어요. 하지만 패턴이 없다면, 우리는 할 말이 없어요. 그땐 침묵해야 해요"라며 말을 끝냈다.

우리는 말없이 풍경을 바라보았다. 언덕에는 일정한 간격으로 찍은 점처럼 관목들이 심어져 있었다. 그것은 낮은 엔트로피 상태의 식물 배치였다.

모든 것이 정지된 것처럼 보였고, 그 순간 나는 에스테르가 바다에 대해 말할 때 무엇을 전하고자 했는지 정확히 이해한 것 같았다. 세상을 단순히 1과 0으로 인코딩된 것으로 보는 데는 어떤 고요함이 있었다. 세상을 분포, 엔트로피, 그리고 가능성으로 설명하는 데서 느껴지는 평온함이 있었다.

정말 이 너머에 또 다른 세계가 있을까? 아니면 내 여정은 여기서 끝난 걸까?

4장

복잡계적 사고

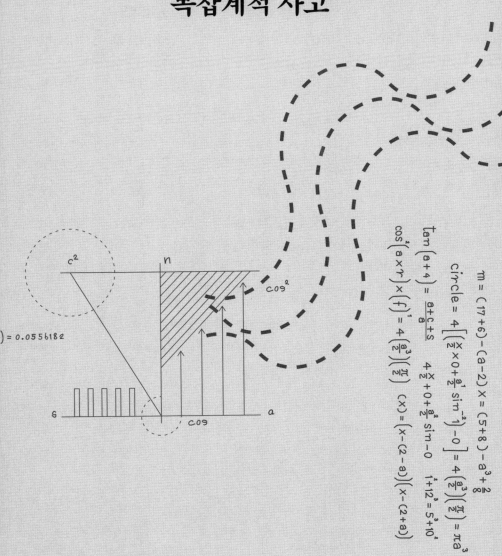

세계 수학자 대회

안드레이 니콜라예비치 콜모고로프Andrey Nikolaevich Kolmogorov는 칠판 앞
에 서서 기다리고 있었다. 익숙하지 않은 긴장감이 그를 엄습했다.
그는 자신의 여름 별장에서 주말 동안 집중적으로 진행하던 박사 과
정 학생들을 위한 소규모 강의나 자신이 방문한 학교에서 학생들과
교사들 앞에서 하는 강의에서는 모든 것을 완벽히 통제한다고 느꼈
다. 소련에서 콜모고로프는 모든 이의 존경을 한 몸에 받았다. 정치
적 연줄은 거의 없었지만, 학계에서 꾸준히 성공을 거두었고, 1970년
프랑스 니스로의 이 여행 역시 대부분의 동료들에게는 허가조차 어
려웠던 반면 그에게는 즉시 승인이 내려졌다. 그의 지성과 업적은 그
를 누구도 함부로 건드릴 수 없는 존재로 만들었다.

하지만 이번 무대는 달랐다. 이 자리는 4년마다 열리는 국제수학
연맹 총회로, 전 세계 최고의 수학자들이 모이고, 권위 있는 필즈 메
달이 수여되는 행사였다. 그는 청중 가운데 '부르바키Bourbaki' 그룹의
구성원이 다수 있다는 것을 알고 있었다. 주로 파리를 기반으로 활
동하는 이 수학자들은 학문의 순수성을 고수하는 이들이었다. 니콜
라 부르바키Nicolas Bourbaki라는 필명으로 이들은 『요소Elements』라는 교과
서 시리즈를 집필하기도 했다. 이 프로젝트는 가능한 한 최고의 엄
밀함을 바탕으로 수학적 접근 방식을 확립하는 것을 목표로 했다.
그들은 이런 접근 방식이 모든 연구의 기초가 되어야 하며, 학교 교
육에서도 초등 단계부터 수학을 이렇게 가르쳐야 한다고 믿었다.

콜모고로프를 안전지대comfort zone에서 벗어나게 한 것은 바로 이

그룹의 두드러진 존재감이었다. 당시 부르바키 그룹의 시선은 온전히 그에게만 집중되어 있었다. 그들은 그가 지금 말하려는 모든 것이, 자신들이 집단적으로 세운 엄격성에 부합하기를 요구하는 것처럼 보였다. "이건 거의 정치국보다 더 심하군" 하고 그는 생각했다. 하지만 이성적으로 생각해보면 크게 걱정할 필요가 없다는 것을 그도 알고 있었다. 어쨌든 40년 전, 젊은 시절 그는 확률 이론을 위한 최초의 체계를 제시했고, 이 체계는 부르바키 그룹의 『요소』 프로젝트에서 핵심이 되었다. 그 후로 그는 수많은 중요한 수학 문제를 해결했으며, 한때 프랑스 수학계에서 안드레이 콜모고로프는 니콜라 부르바키처럼 러시아 수학자들의 집단적 필명일지도 모른다는 소문이 퍼지기도 했다. 그러나 이 무대에서 그는 매우 긴장한 한 명의 학자일 뿐이었다.

그는 부르바키 그룹에게 자신이 학생, 학교 선생님, 그리고 그가 가르치며 만났던 반짝이는 눈빛의 열두 살짜리 아이들에게 했던 것과 같은 이야기를 하고 싶었다. 그는 사소함과 불가능의 경계에 있는 작은 문제들에 대해 말하고 싶었다. 초등학생도 풀 수 있을 것처럼 보이지만 동시에 가장 노련한 교수조차 난관에 부딪히게 하는 그런 도전 과제 말이다. 그리고 왜 그들의 『요소』 교과서 같은 거대한 프로젝트, 즉 수학 전체를 통합하려는 시도가 늘 실패할 수밖에 없는지 이야기하고 싶었다.

마침내 그는 발표를 시작했다.

"제 강연의 주제를 넘어서는 몇 가지 논의로 시작하고 싶습니다."

그는 앞으로 말할 내용을 이렇게 예고했다. 그리고 그 말을 내뱉는 순간 되돌아갈 길은 없다는 것을 깨달았다. 끝까지 밀고 나가야 했다. 자신이 보는 그대로 정확히 말해야 했다.

"순수수학은 무한의 과학입니다"라며 그는 점점 더 단호해진 목소리로 선언했다.

"그리고 철저하게 형식화한 수학을 창시한 힐베르트는 단지 수학자들이 천국에 남아 있을 권리를 확보하기 위해 그의 거대한 작업을 시작했던 것입니다."

청중석에서 놀라움의 탄식 소리가 흘러나왔다. 다비트 힐베르트David Hibert의 '거대한' 프로젝트는 1900년 세계 수학자 대회에서 발표된 23개의 수학 문제로 이루어져 있었다. 힐베르트는 이 문제들이 해결되면 수학이 엄밀한 추론을 위한 유일한 방법으로 자리 잡을 것이라고 기대했다. 힐베르트는 수학이 무한을 다루는 과학, 모든 것을 포괄하고 설명하는 학문이 되기를 원했다. 하지만 이 힐베르트 프로젝트의 기초를 구축하는 데 중요한 역할을 했던 콜모고로프는 이 자리에서 이 거대한 수학의 배가 결국 침몰할 운명에 처해 있다고 암시했다.

콜모고로프는 힐베르트 프로젝트가 직면한 어려움의 예시로 부르바키 그룹이 『요소』 교과서에서 숫자 1을 정의한 방식을 들었다. 콜모고로프 그리고 모든 초등학생에게 숫자 1은 그저 숫자 1이었다. 거기에 복잡한 점은 없었다. 하지만 부르바키 그룹은 숫자 1을 정의하기 위해 벤 다이어그램Venn diagram*에 기반한 사고방식을 먼저 정의했다. 이 다이어그램은 객체 집합 간의 관계를 시각적으로 표현했다. 그들은 객체 집합을 정의하기 위해 수많은 페이지에 걸쳐 상징

---

*서로 다른 집합들 사이의 관계를 표현하는 다이어그램.

적 조작을 거쳤고, 그런 후에야 숫자 1을 정의할 수 있었다.

콜모고로프에게 이 방식은 잘못된 접근이었다. 그는 부르바키 그룹이 제시한 복잡한 계산들이 초등학생이 수학을 배우는 방식, 즉 직관에 의존하는 방식을 방해한다고 지적했다. 부르바키 그룹의 접근법에 따르면 초등학생이 숫자 1이라는 개념을 이해하려면 벤 다이어그램의 형식적 세계를 이해해야 한다. 한 사람, 한 마리의 소, 또는 1달러가 존재할 수 있다는 단순한 사실을 이해하기 전에 말이다! 숫자 1에 대한 정의는 당연히 간단해야 한다. 복잡한 정의는 틀린 정의일 수밖에 없었다.

콜모고로프는 부르바키 수학이 가장 기본적인 수준에서 실패했다고 주장했다. 단순한 것을 오히려 복잡하게 만들었고, 진정한 복잡성을 다루지 못했다는 것이다. 그는 힐베르트의 '거대한 배'를 침몰시킨 빙산이 컴퓨터의 형태로 나타났다고 말했다. 앞으로 물리학과 기타 과학에서 제기되는 문제는 집합론과 벤 다이어그램이 제공하는 무한 수학으로 형식화되지 않을 것이며, 대신 컴퓨터 시뮬레이션의 형태로 직접적으로 코드화될 것이라고 설명했다. 당시 소련과 미국 모두에서 엔지니어들은 우주선 비행부터 경제까지 모든 것을 시뮬레이션하고 있었다. 이 강연에서 그는 인류가 알고리즘의 시대로 나아가고 있다고 선언했다. 그에게 알고리즘은 학생들에게 올바른 답을 찾는 방법을 알려주는 일련의 지침이자, 우리의 지시를 충실하게 실행하는 컴퓨터 코드였다.

콜모고로프는 일반적인 것들에 대해서는 충분히 이야기했다고 생각했다. 그는 결국 수학자들이 이곳에 모인 것은 수학에 대해 논의하기 위해서가 아니라 수학을 하기 위해서라고 생각했다. 침몰한 배, 무한한 천국, 힐베르트의 천국에 도달하는 방법 같은 은유적인 표현은 이 자리에 어울리지 않았다. 그러다 그는 자신이 왜 강연 시작 전에 그렇게 긴장했는지 불현듯 깨달았다. 이러한 강의 도입부를 이어가기 위해서는 청중이 이전에 한 번도 들어본 적 없는 참신한 수학적 결과를 제시해야만 했다. 그 순간, 그는 손에 든 노트를 내려다보며 자신이 바로 그런 결과를 가졌다고 확신했다.

그는 불안감에서 벗어나, 고개를 들어 청중을 바라보며 힘차게 선언했다.

"알고리즘의 관점에서 사고함으로써, 저는 이제 근본적인 수학적 문제에 새로운 빛을 비추려 합니다. '복잡하다'라는 말의 진정한 의미는 무엇인가요?"

부르바키 그룹의 구성원들이 일제히 몸을 앞으로 기울이며 집중했다. 그들은 소련의 컴퓨터 기술이 자신들의 무한한 수학적 천국에 대한 신념을 대체할 것이라는 이미지에는 설득당하지 않을 것이었다. 하지만 논리적인 논증이라면 설득될 가능성이 있었다. 이제 그들이 해야 할 일은 귀를 기울이고, 숙고하는 것뿐이었다……

매트릭스의 본질

"에스테르는 '매트릭스'에 대해 말하고 있는 겁니다."

토요일 저녁 식사 자리에서 내가 맥스에게 전날 연구소에서 에스테르와 나눈 대화를 이야기하자 그가 한 말이었다.

맥스는 근본적으로 에스테르가 많은 컴퓨터 과학자들처럼 우주를 1과 0으로 구성되는 방대한 배열로 본다고 설명했다. 그는 바로 이런 관점을 매트릭스라고 부른다고 말했다.

매트릭스라는 말은 원래 숫자 배열을 뜻하는 수학 용어였지만, 현대 사회에서는 방대한 데이터를 상징적으로 담아내는 절묘한 표현이기도 했다.

에스테르는 매트릭스를 보며 그 안에서 무엇을 예측할 수 있는지를 묻는다. 그녀는 무작위성이 존재한다는 것을 알지만, 그 무작위성을 자신이 이해할 수 있는 수준으로 축소하려 한다. 그녀는 패턴을 찾는다.

"난 확신합니다. 에스테르 같은 사람들이 앞으로 몇십 년 동안 점점 더 강력해질 겁니다"라고 맥스가 말했다.

그는 우리가 처음 만나서 갔던 스포츠 바에서의 저녁을 떠올리게 했다. 스포츠 채널의 소음이 가득했던 자리였다. 그는 세계가 점점 더 그런 종류의 소음으로 가득 찰 것이라고 말했다. 단지 미국의 바에서만이 아니라 전 세계적으로 말이다. 그러면서 그는 이렇게 말했다.

"컴퓨터 게임 「둠Doom」과 같은 인공적인 버전의 스포츠인 온라인 게임이 점점 더 현실적이고 몰입하는 쪽으로 변할 겁니다. 우리는 가상현실 헤드셋에 정신이 잠식될 것이고, 그 어느 때보다 서로 밀접하게 연결되기 시작할 겁니다. 앞으로는 학자나 괴짜들만이 월드 와이드 웹을 사용하는 것이 아니라, 전 세계 모든 사람이 월드 와이드 웹을 통해 끊임없이 대화하고, 토론하며, 사진과 소리를 공유할 겁니다. 우리의 집중력은 떨어지고, 중요한 것과 사소한 것을 구별하지 못한 채 하나의 활동에서 다른 활동으로 끊임없이 전환하게 될 겁니다. 뉴스, 스포츠, 정치, 게임, 의견, 사실과 허구가 모두 하나로 뒤섞이며 거의 무한한 엔트로피의 원천이 될 겁니다."

이어서 그는 "정보를 분류하고 정리할 수 있는 사람들이 돈을 벌고 성공할 겁니다"라며, 에스테르와 그녀의 동료들이 스탠퍼드에서 매트릭스를 분석해 대중이 가장 흥미롭게 느끼는 것을 찾아낼 거라고 했다. 또한 그는 이렇게 말했다.

"그들의 알고리즘은 텍스트, 음악, 그림의 인공적 버전을 대량으로 생산하며 매트릭스를 기하급수적으로 확장할 겁니다. 반면, 단순히 정보를 바라보기만 하는 사람들, 이를테면 릴리로즈처럼 밤하늘을 바라보며 우주에 대해 경외감을 느끼지만, 현실과 환상의 차이를 인식하지 못하는 사람들은 뒤처질 겁니다."

또한 맥스는 "매트릭스에서 정보를 추출할 수 있는 능력을 지닌 사람들조차도 진실을 보는 능력을 잃게 될 겁니다. 하지만 상관없어요. 현실 그 자체가 형태를 바꿀 테니까"라고 덧붙였다.

"그럼 에스테르가 옳은 건가요? 모든 게 단지 정보와 확률 분포일 뿐인가요?"

내가 물었다. 맥스가 나를 쳐다봤다. 그는 보통 내 오른쪽 어깨 아래쪽을 보면서 독백하곤 했지만, 이번에는 그의 시선이 나의 눈을 똑바로 겨냥했다. 나는 눈을 돌리고 싶은 충동을 느꼈다.

"섀넌의 논문을 제대로 읽긴 한 겁니까?"

그가 날카롭게 물었다. 나는 모든 내용을 꼼꼼하게 읽을 시간이 없었다고 인정할 수밖에 없었다. 그러자 그는 이렇게 말했다.

"우리가 여기 있는 이유, 적어도 내가 여기 있는 이유는 에스테르가 보는 방식을 거부하기 때문입니다. 에스테르의 생각은 틀렸습니다. 당신과 나, 즉 우리는 무작위성의 관점만으로 세상을 보지는 않습니다. 또한 우리는 세상이 완전히 선형적이거나 안정적이라고 보지도 않습니다."

내가 섀넌의 엔트로피 논문을 맥스의 방식으로 읽었더라면, 섀넌의 논문이 진정한 복잡성과는 전혀 관계가 없다는 점을 그가 명확하게 밝혔다는 것을 알았을 터이다. 논문의 서론에서 섀넌은 담담하게 이렇게 썼기 때문이다.

대부분의 경우 메시지에는 의미가 담겨 있다. 즉, 메시지는 특정한 물리적 또는 개념적 실체와 관련되거나 그것들을 지칭하는 어떤 체계에 따라 서로 연결돼 있다.

맥스는 섀넌의 이 말이 지나치게 축약된 표현이라며 이렇게 말했다.

"섀넌은 자신의 이론이 우리가 중요하다고 여기는 거의 모든 것, 예를 들어 물리적 세계를 둘러싼 것들이나 개념과 아이디어의 세계와는 무관하다고 말합니다. 따라서 그의 이론은 진정한 복잡성과는 아무 관련이 없습니다."

섀넌은 그의 논문에서 "소통의 의미론적 측면은 공학적 문제와 무관하다"라고 말했다. 이 말은 메시지의 의미가 중요하지 않다는 것이 아니라, 오히려 그의 접근 방식이 **가장 중요한 것**들을 다루지 않는다는 점을 강조하려는 것이었다. 그의 엔트로피는 단지 정보의 저장과 전송을 위한 기술적 해결책일 뿐이었으며, 그는 우리가 메시지를 통해 받은 정보가 우리에게 어떤 의미를 갖는지는 설명하지 못했다.

맥스는 음악을 예로 들었다.[1] 1949년, 베티 섀넌은 음악 악보를 자동으로 생성하는 알고리즘에 관해 연구했다. 그녀는 벨 연구소에서 동료였던 존 피어스John Pierce와 함께 주사위를 굴린 뒤 수학적 단계에 따라 화음 진행을 만들어내는 시스템을 고안했다. 모차르트와 바흐 역시 그 시대에 무작위성을 활용해 음악을 작곡했지만, 섀넌과 피어스의 작업은 이 과정을 수식으로 체계화하고 화음을 구성하는 방식도 개선했다. 그 결과는 한편으로 긍정적이었지만, 다른 한편으로 부정적이었다. 이 알고리즘을 만든 섀넌과 피어스는 일부 곡은 "꽤 음악적으로" 들렸지만, 화음 간의 연결이 부족하고 곡이 끊기거나 불안정한 느낌을 줘서 완전히 만족스럽지는 않았다고 인정했다.

"컴퓨터가 만든 음악의 문제가 바로 그겁니다."

맥스가 말했다.

"항상 뭔가 부족해요. 깊이, 감정, 의미 같은 것들 말입니다."

베티와 클로드 섀넌은 결혼해 가정을 꾸리고 보스턴으로 이사했으며, 클로드는 MIT 교수로 임명되었다. 그들은 계속해서 기술 기반 프로젝트에 몰두했다. 클로드는 미로를 탈출하는 로봇 쥐를 설계했고, 베티는 그 배선을 완성했다. 그들은 함께 주식 시장 투자 방식을 고안해 급성장 중인 초기 실리콘밸리 기업에 투자하여 성공을 거두기도 했다. 하지만 둘 중 누구도 엔트로피나 정보의 추상적 측정에 깊은 관심을 두지 않았다. 대신, 그들은 개인적으로 의미 있는 실질적인 활동에 집중했다.

맥스는 이것이 에스테르가 간과한 점이라고 말했다. 그녀는 모든 것을 확률 분포로 축소한다고 했다. 하지만 그것은 베티 섀넌의 초기 알고리즘 음악처럼 분리된 화음, 이리저리 튀는 아이디어, 제대로 작동하지 않는 곡과 같은 접근법을 남길 뿐이다. 이런 방식으로는 인간의 본질을 파악할 수 없으며, 인류가 가진 복잡성의 핵심에 도달할 수 없다.

"그렇다면 당신은 릴리로즈의 생각에 동의하는 건가요?"

내가 물었다.

"절대로 그렇지 않습니다. 그런 천문학적 헛소리를 우리가 받아들일 리 없잖아요?"

맥스가 말했다. 그는 릴리로즈 같은 사람들은 매트릭스의 광대함에 직면했을 때 초점을 잃고 신비적인 것만 본다고 말했다.

"현대에 사는 우리는 더 비판적이어야 합니다. 덜 비판적이어서는 안 돼요"라고 그가 말했다.

맥스는 우리, 즉 자기 자신과 크리스 그리고 (아마도) 내가 찾고 있는 것이 진정한 복잡성의 이론이라고 말했다. 그러면서 그는 그 이론은 완벽한 무작위성과 혼돈, 그리고 질서와 안정성이라는 두 극단 사이 중간 어디쯤에 위치해야 한다고 했다. 또한 그는 그 이론은 상호작용을 고려하되, 포식자-피식자 주기나 감염-회복 모델 같은 단순한 사례를 넘어서는 것이어야 한다고 말했다.

맥스는 이제 그런 이론에는 관점의 전환이 필요하다고 말했다. 그는 우리가 1조兆 차원의 세계에 살고 있음을 인정하고, 그 안에서 새로운 길을 찾으려는 결단력 있는 노력이 필요하다고도 덧붙였다.

그러더니 그는 자신감이 조금 떨어진 목소리로 이렇게 말했다.

"그게 우리가 여기 있는 이유 아니겠어요? 우리가 알아내려고 하는 게 바로 그거잖아요. 매트릭스의 진정한 본질을 아는 것. 그게 가장 중요한 질문 아닐까요? 그 방대한 1과 0의 배열 속에 무엇이 있을까요? 그 모든 데이터 속에서 우리는 개인으로서 어디에 있는 걸까요? 섀넌의 말처럼, 물리적이고 개념적인 실체들에 대해 우리가 진정으로 이해하고 있는 것은 무엇일까요?"

"그렇다면, 그런 것들을 알려줄 수 있는 이론이 있을까요?"

내가 물었다. 그러자 맥스는 이렇게 말했다.

"글쎄요, 아마도 이번 마지막 주에 크리스가 우리에게 그 이론에 대해 말해줄 겁니다. 그가 복잡성의 비밀을 알려줄 거예요……. 적어도 여기서 일하는 뛰어난 두뇌들이 그것을 찾는 과정에서 지금 어디에 도달했는지 정도는 말해줄 겁니다."

이전에 맥스는 내가 던진 모든 질문에 답할 수 있는 것처럼 보였지만, 그때 나는 이 질문을 더 이상 밀고 나갈 수 없다는 것을 깨달았다. 그는 이런 종류의 복잡성에 대한 비밀을 알지 못했다. 이제 우리 둘 다 그 비밀이 무엇인지 궁금해졌다.

한 차에 탄 네 사람

우리는 이 여정을 시작하며 통계적 방법, 즉 평균, 중위값, 최대가능도, 데이터 속 직선 관계가 사회의 패턴을 살펴보는 데는 유용하지만 개인적으로 중요한 것들을 포착하기에는 부족하다는 사실을 알게 되었다. 그로 인해 우리는 대화와 논쟁을 뒷받침하는 규칙, 사회적 전염 현상, 삶의 전환점 같은 상호작용의 본질을 더 깊이 들여다보게 되었다. 이후 우리는 카오스를 발견했다. 무작위성은 피할 수 없으며, 그것은 종종 삶의 균형을 되찾기 위해 극단적인 방법을 사용할 때 발생한다. 급격한 다이어트나 급작스러운 결심이 그 예다. 이 시점에서 우리는 숫자를 다시 살펴보며, 평균이 아니라 결과의 분포, 즉 키, 부富, 그리고 개인적 역사에 주목하게 된다. 카오스적 사고는 마음을 내려놓는 법을 가르쳐주는 동시에 타인의 본질을 알아내기 위해 신중하게 질문을 던지는 법도 알려주었다.

이 세 가지 사고방식의 성공은 개별 문제를 세분화해 바라보는 데 있다. 교통 체증이 왜 우리의 통제를 벗어나는지 이해하는 것, 시간을 절약하는 것이 우리를 더 행복하게 만들 수 있는 상황을 파악하는 것, 타인에게 어떻게 반응하는지 자세히 살펴보는 것, 그리고 우리 삶의 어떤 부분을 통제하고 어떤 부분을 내려놓아야 할지 고민하는 것 등이 그런 세분화의 예다.

하지만 인생의 더 복잡한 상황들에는 단순화하거나 분해할 수 없는 또 다른 차원, 다른 수준의 무언가가 존재한다. 예를 들어 존, 리처드, 베키, 소피가 함께 차에 타고 코츠월드로 향하고 있다고 생각해보자. 우리는 존과 리처드가 지도 읽기 능력을 두고 서로 우위를 다투는 것을 멈추도록 도울 수는 있겠지만, 그들의 마음속 더 깊은 문제를 다루지는 못했다. 어쩌면 리처드는 직장 문제로 불안해서 짜증을 내는 건지도 모른다. 어쩌면 존은 주말 동안 소피에게 좋은 인상을 남기고 싶을지도 모른다. 어쩌면 베키는 존이 소피를 좋아한다는 이유만으로 같이 여행을 왔다고 생각해 소피에게 짜증이 나 있을지도 모른다. 그리고 어쩌면 소피는 존에게 전혀 관심이 없고, 대신 시골에서 장시간 러닝을 할 생각에 빠져 있을지도 모른다.

친구 넷이 차에 탔을 때 그들은 각자의 과거, 관계, 그리고 가장 내밀한 생각들을 함께 가져왔다. 이 상황을 몇 가지 잘 정의된 관계로 축소할 수는 없다.

간단히 말하면 그들의 삶, 아니 **우리 모두의 삶은 복잡하다.**

우리가 항상 이 복잡성을 분석하거나 단순화할 수 있는 것은 아니다. 바로 그 점이, 상황이 복잡해지는 이유이기도 하다.

하지만 우리가 할 수 있는 일이 있다. 안드레이 콜모고로프에 따르면, 우리는 정의를 내릴 수 있다. 우리는 어떤 것이 얼마나 복잡한지 측정하는 방법을 찾을 수 있다.

가장 간단히 표현할 수 있는 설명의 길이만큼 복잡한

콜모고로프는 복잡성을 정의하기 어려운 이유가, 어떤 사물이 다른 사물보다 더 복잡한 이유를 정확히 설명하는 데 있다는 사실을 깨달았다. 산악 지역에서 흘러나오는 강의 지류망이 시골을 가로지르는 직선 운하보다 더 복잡할까? 비행기 날개 끝에서 생기는 난기류가 천천히 물 위를 지나가는 배가 만들어내는 잔물결보다 더 복잡할까? 동전 던지기가 나무에서 떨어지는 사과보다 더 복잡할까?

이런 질문들은 때로는 선문답 같은 수수께끼처럼 느껴지기도 한다. 예를 들어 구글 어스의 시각으로 보면 산악 지역의 지류망은 시골 운하보다 더 복잡해 보인다. 하지만 그 운하는 인간의 창의성과 정교한 사고, 복잡한 관계들의 결과물이며, 이 관계들은 산악 지형보다 훨씬 더 복잡한 것일지도 모른다.

콜모고로프는 1970년 니스에서 한 강연에서 복잡성 문제에 대한 답을 다음과 같이 한 문장으로 제시했다.

"패턴의 복잡성은 그것을 생성하는 데 사용될 수 있는 가장 짧은 설명의 길이에 달려 있다."

'A 지점과 B 지점 사이에 직선으로 땅을 파 만든 것'으로 설명할 수 있는 운하는 산비탈의 지형을 설명해야 하는 산악 지역의 지류망보다 복잡성이 낮다고 할 수 있다. 하지만 콜모고로프의 정의에 따르면 작업자의 조율, 복잡한 도구의 제조, 공학적 원리, 노동 분업 등의 운하를 계획하고 건설하는 과정은 물이 땅과 돌, 모래를 천천히 뚫고 지나가며 지류망을 형성하는 과정보다 더 복잡하다고 할 수 있다.

콜모고로프의 답변은 무언가를 간결하게 설명할 수 있는 능력과 복잡성을 연결한다. 동전 던지기는 카오스적이지만, 그것의 수학적 궤적 설명은 나무에서 떨어지는 사과의 궤적 설명과 비슷하다. 사과의 궤적 설명에 동전의 회전을 설명하는 방정식 하나만 추가하면 된다. 따라서 콜모고로프의 정의에 따르면, 동전 던지기는 사과가 땅에 떨어지는 것보다 약간 더 복잡할 뿐이다. 마찬가지로 앞에서 설명한 두 배 규칙으로 생성된 겉보기에 무작위한 수열도 복잡하지 않다. 하나의 방정식으로 이를 포착할 수 있기 때문이다. 공기나 물의 난류 역시 복잡하지 않은데, 이는 물체가 유체를 통과하며 생성하는 간단한 과정에서 비롯되기 때문이다.

콜모고로프의 천재성은 복잡성이란 결국 우리가 그것을 얼마나 잘 설명할 수 있는지에 달려 있다는 사실을 깨달은 데 있다. 나는 그의 복잡성에 대한 정의가 20세기에 가장 중요하면서도 과소평가된 발견 중 하나라고 생각한다. 뉴턴이 중력 이론을 제안하기 전, 다른 이론들은 각각의 객체에 고유한 위치를 부여하려 했을 것이다. 예를 들어 사과는 10월에 땅으로 떨어져야 하고, 달은 지구 주위를 돌며, 인간은 땅 위에 있어야 하고, 새는 하늘에 있어야 한다는 식이다. 뉴턴은 중력 이론이라는 설명을 통해 이러한 복잡한 설명을 대체하고, 물체의 운동을 설명할 수 있는 간결한 수학 방정식 몇 가지로 이를 대체했다. 이 방정식들은 미래의 광범위한 관찰을 정확히 설명할 수 있었다.

설명하려는 사람이 없다면, 어떤 것도 복잡하거나 단순하지 않다.

과학을 설명하는 한 가지 방법은 우리 주변의 현상에 대해 점점 더 짧은 설명을 찾아내는 과정이라는 것이다. 과학자들이 이러한 설명을 찾으면, 복잡해 보이던 것들이 갑자기 단순해진다. 설명하기 어려운 것이 곧 복잡한 것이다.

이는 당대의 다른 수학자들이 가진 관점과는 매우 달랐다. 20세기 초, 다비트 힐베르트가 수학에서 제기한 핵심 문제 중 하나는 확률 이론의 공리公理를 정의하는 것이었다. 공리는 누구도 합리적 제기할 수 없는 자명한 명제를 뜻한다. 1933년 콜모고로프는 확률에 대한 다음의 세 가지 공리를 제안했다.

(1) 사건의 확률은 음수일 수 없다.

(2) 최소한 하나의 사건은 100% 확률을 가져야 한다.

(3) 두 개 이상의 사건이 상호 배타적일 경우(둘 다 동시에 발생할 수 없다면), 적어도 한 사건이 발생할 확률은 각각의 사건이 발생할 확률의 합이다.

이를 더 구체적으로 이해하기 위해 육면체 주사위를 예로 들어보자. 공리 (1)은 6이 나올 확률이 0보다 작을 수 없다는 것을 말한다. 공리 (2)는 주사위를 던졌을 때 1에서 6 사이의 숫자가 나올 확률이 100%라는 것을 말한다(주사위가 여섯 면을 가지고 있고, 모서리로 멈출 수 없다는 가정하에). 공리 (3)은 5나 6이 나올 확률이 6분의 2라는 것을 말하며, 이는 5가 나올 확률(6분의 1)과 6이 나올 확률(6분의 1)의 합이다.

이 공리들은 누구도 의심할 수 없을 정도로 자명하다. 콜모고로프는 힐베르트의 문제를 해결하기 위해, 확률에 대한 모든 다른 합리적인 명제가 이 세 가지 공리에서만 도출될 수 있음을 보여주었다.

예를 들어 이 공리들은 주사위를 두 번 던져 연속으로 6이 나올 확률, 또는 주사위를 열 번 던졌을 때 6이 한 번도 나오지 않을 확률을 계산하는 데 사용할 수 있다. 주사위에 관한 모든 것(그리고 일반적으로 확률에 관한 모든 것)은 이 세 가지 공리에서 도출된다.

콜모고로프가 1930년대에 발견한 공리는 힐베르트와 부르바키 그룹 같은 순수수학자들에게 미학적으로 만족스러웠고, 동료들 사이에서 널리 찬사를 받았다. 하지만 1970년 콜모고로프는 자신의 공리가 지나치게 추상적이라는 생각이 들었다. 우리가 아이에게 주사위를 설명할 때, "주사위의 특정 면이 나올 확률은 음수일 수 없다"는 공리 (1)의 내용을 먼저 설명하지는 않을 것이다. 왜냐하면 이 정보는 너무 당연해서 설명의 일부로 말해줘도 아무런 쓸모가 없기 때문이다. 그 대신 주사위가 많이 튀며 구르기 때문에 어떤 면이 나올지 예측하기 어렵다는 점을 이야기할 것이다. 이러한 설명이 바로 1970년에 콜모고로프가 새롭게 제시한 알고리즘적 접근법의 기초다.

이 접근법은 그가 니스에서 발표한 내용에서 부르바키 그룹 스타일의 수학 전반에 대해 회의적인 태도를 드러낸 배경이기도 하다. 그는 당시 이렇게 말했다.

"부르바키 수학에서는 '숫자 1'의 의미를 정의하는 데 수만 개의 기호를 사용합니다. 하지만 그렇다고 해서 우리가 '숫자 1'이라는 개념을 직관적으로 이해하지 못하는 것은 아닙니다."

수만 개의 기호로 숫자 1을 정의하는 것은, 공리라는 가장 단순한 수학적 형태를 사용하고자 하는 집착이 어떻게 현실 세계를 지나치게 복잡하게 설명하는 결과를 낳는지를 보여주는 예 중 하나였다. 이는 콜모고로프가 공리에 기반한 접근법을 포기하고, 정보와 컴퓨터 코드라는 관점에서 사고하기 시작한 이유였다. 이러한 것들은 우리가 현실 세계의 현상을 유한한finite 방식으로 표현할 수 있게 해 준다.

이미 3부와 맥스의 매트릭스 이미지에서 보았듯이, 데이터는 이진 문자열로 작성될 수 있다. 예를 들어 모든 단어나 텍스트는 ASCII 코드(현대 컴퓨터에서 사용하는 8비트 문자 코드)나 예/아니오로 대답할 수 있는 질문의 형태로 1과 0으로 인코딩할 수 있다. 스마트폰 화면의 이미지는 픽셀 단위로 인코딩되며, 각 픽셀은 화면의 모든 점에서 빨강, 파랑, 초록의 강도를 설명하는 이진 문자열로 표현된다.

계산을 수행하는 알고리즘도 이진 코드로 작성될 수 있다. 프로그래밍 언어는 다양하다. 파이썬, C, 자바스크립트 등이 있지만, 이들 모두 컴퓨터의 프로세서 안에서 이진 코드로 변환된다. 우리가 작성하는 모든 컴퓨터 코드는 1과 0의 문자열로 표현될 수 있다.

콜모고로프는 패턴의 복잡성을 그 패턴을 생성하는 데 사용할 수 있는 가장 짧은 알고리즘의 길이로 정의했다. 예를 들어 컴퓨터 화면을 완전히 하얗게 칠하는 프로그램은 간단하다. 모든 픽셀을 순환하며 값을 0(0이 흰색이라고 가정하면)으로 설정하면 된다. 직선을 그리는 프로그램도 짧다. 선의 시작점과 끝점의 좌표를 지정하면 된다. 원이나 사각형을 그리는 프로그램도 마찬가지다. 따라서 콜모고로프의 정의에 따르면 하얀 화면, 직선, 원, 사각형은 모두 단순한 것으로 간주된다.

더 복잡한 패턴, 예를 들어 컴퓨터 게임의 그래픽 같은 것은 더 긴 코드가 필요하므로 더 복잡하다. 「테트리스」나 「워들」처럼 시각적으로 단순한 게임은 적은 양의 코드로 작성할 수 있다. 반면, 「포트

나이트」나 「그랜드 테프트 오토 V」처럼 그래픽이 더 복잡한 게임은 실행하기 위해 훨씬 더 긴 프로그램이 필요하다.

컴퓨터 게임이 등장하기 훨씬 전에 콜모고로프가 깨달은 점은, 복잡성이 출력 자체의 속성이 아니라는 것이다. 복잡성이란 출력을 생성하거나 설명하는 프로그램의 길이다.

숫자만으로는 충분하지 않다

우리는 이진 규칙, 컴퓨터 프로그램 또는 알고리즘을 사용해 다른 사람과 소통하지는 않지만, 타인을 설명하는 방법은 콜모고로프로부터 배울 점이 있다.

이해를 돕기 위해, 런던의 노숙자를 도와주는 자선단체에서 일하는 아이샤의 사례를 살펴보자. 통계는 충격적이다. 런던 거주자 52명 중 1명, 즉 17만 명 이상이 노숙자다. 하지만 아이샤는 이 숫자를 다른 사람들, 심지어 가까운 친구들에게 말해도 문제의 심각성을 제대로 전달하지 못한다고 느낀다. 또한 정부 관계자나 자선 기부자들조차 통계를 제시하면 흥미를 잃고 귀 기울이지 않는 것 같았다.

아이샤는 이 문제의 다양한 차원을 사람들이 이해하지 못한다고 생각한다. 이건 단순히 도심의 가게 입구에 누워 있는 불쌍한 사람들만의 문제가 아니다. 노숙 문제의 실제 규모는 훨씬 더 크다. 많은 노숙자가 쉼터에 머물거나, 집과 집 사이를 전전하거나, 불법으로 건물에 들어가 살고 있다. 그들이 겪는 문제도 다양하다. 매일 어디서 잠을 자야 할지 알 수 없는 상황에 부닥친 사람이 직장을 유지하거나, 안정적인 관계를 구축하거나, 자녀를 양육하거나, 정신 건강을 유지하는 일이 얼마나 어려운지 아이샤는 잘 알고 있다. 그녀는 매일 일하며 이 비극을 목격하고, 그들의 삶을 경험하며, 그들이 직면한 어려움을 이해한다.

콜모고로프의 복잡성 관점에서 보면, 런던에 17만 명의 노숙자가 있다는 말만으로는 충분하지 않다. 이 설명은 간결하지만 지나치게 간단하다. 통계는 가치가 있지만, 숫자 하나에 이 모든 사람이 안고 있는 삶의 복잡성을 담아낼 수는 없다. 아이샤는 정책 결정자와 잠재적 기부자들에게 문제의 심각성을 설득할 때 숫자에 초점을 맞추는 전략이 성공적이지 않다는 것을 깨달았다.

숫자를 사용해 설득하는 데 실패한 아이샤는 다른 접근 방식을 시도했다. 다음 프레젠테이션에서 그녀는 자신이 도움을 주었던 여성 중 한 명인 재키를 초대해 그녀의 이야기를 들려달라고 했다.

재키의 어려움은 갑작스럽게 찾아왔다. 그녀는 좋은 직업과 안정적인 수입이 있었고, 인생을 즐기며 세계를 여행했다. 하지만 직장을 잃으면서 임대료를 감당할 수 없게 되었고, 큰 빚을 지게 되었다. 아파트에서 쫓겨난 후 그녀는 차에 모든 짐을 싣고 친구와 지인에게 의지하며 이곳저곳을 전전했다. 그녀는 우울증에 빠졌고, 항우울제를 처방받았지만, 직장을 잃은 지 6개월 만에 약물 과다 복용으로 생을 마감하려 했다. 거의 목숨을 잃을 뻔한 후에야 그녀는 삶의 긍정적인 면에 초점을 맞추기로 결심했다. 새해에는 다를 것이라고 스스로 다짐했다. 아이샤의 단체로부터 도움을 받은 후 재키는 머물 곳을 찾았고 임시직을 얻었다. 그녀의 짐은 여전히 보관 중이고 빚도 남아 있지만, 이제는 어려움을 극복할 길이 보인다고 했다. 그녀는 앞날이 밝다고 말했다.

재키의 이야기가 끝난 뒤, 청중은 다른 사람들도 재키처럼 상황을 개선하고, 변화를 이루고, 다음 단계를 밟을 수 있도록 돕는 방법에 관해 묻는다. 아이샤는 노숙 경험이 각자 다르며, 개인적인 의지만으로는 충분하지 않은 경우가 많다고 설명하려 애쓴다. 외부의 도움, 조언, 돌봄이 큰 역할을 하는 경우가 많다고 대답한다. 재키의 경우에는 약물 과다 복용 후 받은 도움으로 상황이 바뀌었다. 다른 사람들에게는 다른 도움이 필요하다. 예를 들어 냉담한 집주인과 협상해 연체료를 조정하거나, 알코올 중독 문제를 해결하거나, 일자리를 제공하거나, 항우울제를 처방받게 하거나, 상담사를 만나는 기회를 주는 것이 그들을 변화시킬 수 있다.

아이샤는 사람들이 우울증에 빠져 집을 잃고, 더 깊은 우울증에 빠져 헤어 나오기 어려워지는 악순환을 이야기한다. 집이 없거나 거처를 구하기 위해 다른 곳으로 이동해야 할 때 사람들은 점점 더 고립된다. 또한 이주민들은 도움받을 방법을 알려주는 사람이 없어서 서비스에 접근하기 어려운 경우가 많다. 그러나 이제 정책 결정자들은 재키를 만났기 때문에 그녀에게 집중한다. 그들은 다른 사람들도 재키처럼 변화할 수 있도록 돕는 방법을 묻는다.

아이샤는 답답함을 느낀다. 재키가 자신의 이야기를 훌륭히 전달했지만, 그녀의 이야기는 17만 명 중 단 한 사람의 이야기일 뿐이다. 재키의 발표 후 잠재적 기부자들은 노숙 문제가 단지 동기부여로 해결될 수 있다고 생각하는 것 같다. 하지만 이것은 아이샤가 의도했던 바가 전혀 아니다. 아이샤와 동료들이 제공하는 서비스가 런던 주민 52명 중 1명에게 왜 그렇게 중요한지를 효과적으로 설명하는 전반적인 사례를 구축하는 데 단 한 명의 이야기로는 부족했다.

각각의 사람은 자신만의 어려움을 가지고 있으며, 15분짜리 발표로 모든 이야기를 전달하는 것은 불가능하다. 그녀는 문제의 규모, 다양한 사람들에게 이 문제가 영향을 미치고 있다는 점, 그리고 각 개인이 서로 다른 방식으로 도움이 필요하다는 점을 전달하고 싶었다.

그 순간 깨달음이 찾아왔다. 그녀의 역할은 청중의 마음속에 다양한 노숙자 이야기를 씨앗처럼 심는 것이다. 그러면 청중이 재키의 이야기를 들었을 때처럼 그들의 마음속에서 이 복잡성이 자라날 것이다.

아이샤는 자신이 만났던 노숙자들의 다양한 삶에서 씨앗이 될 이야기를 선택한다. 직업을 잃고 알코올 중독에 빠진 사람, 관계가 파탄 난 사람, 여행이나 군 복무를 마치고 돌아왔을 때 더 이상 이전의 삶이 존재하지 않았던 사람들의 이야기가 그것이다. 그녀는 각각의 이야기를 어떻게 전달해야 사람들이 문제의 전반적인 그림을 정확하면서도 간결하게 이해할지 고민한다.

아이샤는 추가로 세 가지 이야기를 선택한다. 여자친구와의 이별 후 알코올에 의지하게 된 보험 중개인, 아무런 연고도 도움도 없이 시리아에서 온 난민, 그리고 20년 동안 거리에서 생활하며 희망을 잃은 남성의 이야기다. 이 네 개의 이야기는 각각 노숙이라는 경험의 한 단면을 담아낸다. 아이샤는 소규모 TV 제작사와 함께 이들의 삶을 담은 영상을 제작한다. 카메라는 한 사람에게 너무 오래 머무르지 않고 네 사람의 삶을 오가며 문제의 규모를 강조하기 위해 때때로 도시 전체를 비춘다. 이 영상은 개인적인 요소와 전체적인 패턴을 함께 전달한다.

아이샤의 새로운 접근법은 콜모고로프가 이야기한 복잡성의 본질이다. 청중이 한 사람의 이야기를 더 많이 들을수록 그 이야기에 깊이 빠져든다. 하지만 단순히 숫자만 제공받으면 청중이 스스로 내적 경험을 만들어낼 수 없다는 점이 중요하다. 복잡성을 포착하는 비결은 개인적이면서도 다양성을 담은 공감 가능한 이야기를 찾아내어, 그 이야기들이 청중의 마음속에서 자라게 하는 것이다. 모든 세부 사항을 전달할 필요는 없다.

네 번째 범주의 사고법

여름학교 마지막 주 월요일 아침, 파커 교수는 칠판에 굵직하게 로마 숫자 세 개, 'I, II, III'을 적더니, 옆에 서 있던 크리스를 보며 미소를 지었다. 크리스는 'IV'를 적어 그 순서를 완성했다.

우리 모두 뭔가 특별한 일이 일어날 것임을 직감했다. 파커 교수는 크리스에게 강의를 넘겼고, 크리스는 맥스가 언급한 복잡성의 비밀을 알려줄 것처럼 보였다. 평소 파커 교수의 강의를 거의 듣지 않았던 알렉스조차(그는 "더 흥미로운 일을 해야 했다"라고 했었다) 이번 강의에는 제시간에 참석했다. 그 옆에는 맥스가 한껏 기대하는 표정으로 앉아 있었다. 그리고 그들의 뒤쪽 줄에는 루퍼트가 흥분을 숨기려 애쓰면서 앉아 있었다. 지난 며칠 사이 떼려야 뗄 수 없는 사이가된 매들린과 안토니우는 바로 뒷줄에 앉아 있었다.

나는 강의실 한가운데 에스테르와 함께 앉았다. 자미야는 우리로부터 두 자리 떨어진 곳에 있었다. 그녀는 모든 강의에서 조용히 노트를 정리하며 색색의 펜으로 주석을 달곤 했다. 그날도 예외가 아니었다. 그녀의 노트 상단에는 I, II, III, IV가 적혀 있었다.

크리스는 로마 숫자가 스티븐 울프럼이 제안한 네 가지 범주를 나타낸다고 설명했다. 울프럼은 우리가 컴퓨터 실습실에서 다루었던 기본 셀룰러 오토마타 모델을 처음으로 철저하게 연구한 사람이다.[1] 울프럼은 기본 셀룰러 오토마타가 네 가지 서로 다른 행동 유형을 생성할 수 있다고 가정했다. (I)안정적인 행동, (II)주기적인 행동, (III)카오스적인 행동 그리고 (IV)복합적 행동이다.

우리는 이미 앞에서 I, II, III 범주의 수많은 사례를 살펴보았다. 크리스는 몇 주 전 컴퓨터 실습실에서 보여줬던 예들을 상기시켰다. 왼쪽에서 오른쪽으로 이동하며 0을 1로 바꾸는 도미노 행렬의 움직임과, 민주당(0)과 공화당(1)이 각 해안에 그룹을 형성하는 모습은 I 범주의 패턴이었다. 이는 안정적이고 변화가 없는 모습이었다. 에스테르가 만든 1과 0의 체커보드 패턴(그림 9)은 주기적인 II 범주였으며, 내가 컴퓨터 실습실에서 만든 프랙탈 모양(그림 13)도 마찬가지였다. 나머지 셀룰러 오토마타가 생성한 패턴은 무작위적이었고 (그림 14), 이 패턴은 에스테르에 의해 예측 불가능한 모양을 만들어낸다는 사실이 밝혀졌기 때문에 III 범주로 분류되었다. 파커 교수는 우리가 I과 II 범주 시스템의 수많은 예를 보았다는 점을 상기시켰다. 예를 들어 포식자-피식자 순환, 임계점, 그리고 사회적 전염병의 결과 등이 이에 해당했다. 그는 또한 우리에게 III 범주인 카오스 시스템을 소개했으며, 로렌츠 시스템을 통해 이를 설명했다.

크리스는 이제 특정한 기본 셀룰러 오토마타를 보여주겠다고 말했다. 이 오토마타의 규칙은 다음과 같이 쓸 수 있었다.

111	110	101	100	011	010	001	000
0	1	1	0	1	1	1	0

이 규칙은 윗줄에서 가장 가까운 세 개의 셀이 아랫줄의 셀을 결정하는 방식을 보여준다. 컴퓨터 실습실에서 내가 연구했던 방식과 같았다.

"이 규칙은 다른 것들과 비슷해 보입니다. 하지만 지금부터 우리는 이 규칙이 매우 특별하다는 사실을 발견하게 될 겁니다."

크리스가 말했다. 그는 애니메이션을 보여주었다. 화면 상단에서 단 하나의 검은색(1) 셀로 시작해 나머지는 흰색(0)이었는데, 줄이 점차 화면을 채워나갔다. 우리가 컴퓨터 실습실에서 봤던 셀룰러 오토마타와는 달리, 이 패턴은 왼쪽으로만 퍼져 나갔다. 작은 삼각형 무리가 바깥으로 퍼져 나가며 더 규칙적인 파형 같은 패턴을 남겼고, 그 패턴은 또 다른 작은 삼각형 무리로 다시 깨어졌다(그림 18a).

크리스는 우리를 셀룰러 오토마타의 동물원 같은 세계로 안내했다. 초기 설정 방식에 따라, 이 패턴은 수직선, 서로 다른 속도로 움직이는 혼란스러운 삼각형 구조, 한쪽에서 다른 쪽으로 이동하는 견고한 선, 그리고 크고 작은 삼각형의 바다 위에서 상호작용하는 여러 기묘하고 놀라운 형태를 만들어냈다(이 중 일부는 그림 18b에 나와 있다). 두 구조가 만나면 또 다른 구조로 변형되었고, 이는 바다를 가로질러 또 다른 구조를 만나 다시 변형되었다. 크리스는 슬라이드에 나온 결과물들이 무한한 조합의 동물계를 보여주는 한 예시에 불과하다고 설명했다.

크리스가 이번에 보여준 규칙은 규칙적이지도, 주기적이지도, 무작위적이지도 않았다. 그것은 복잡했다. 바로 IV 범주였다.

크리스는 그 선들과 꼬불꼬불한 구조들을 **창발적**emergent 패턴이라고 부른다고 설명했다. 세 개의 인접한 셀이 다음 줄의 셀이 검은색이 될지 흰색이 될지를 결정하는 상호작용 규칙 자체는 단순했지만, 이 꼬불꼬불한 구조들은 마치 독자적인 생명력을 지닌 것처럼 보였으며, 원래의 규칙과는 무관해 보였다. 크리스는 이런 복잡한 구조가 단순하고 국지적인 상호작용 규칙에서 창발된다고 설명했다.

그림 18 셀룰러 오토마타의 생성 패턴

(a)

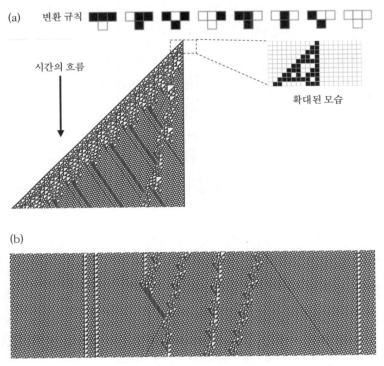

(a) 복잡한 패턴을 생성하는 기본 셀룰러 오토마타. (b) 기본 셀룰러 오토마타에서 관찰된 몇 가지 구조.

크리스의 설명에 따르면, 울프럼은 생물학적 과정이든 물리적 과정이든, 개인적 과정이든 사회적 과정이든, 자연적인 과정이든 인공적인 과정이든, 모든 과정이 기본 셀룰러 오토마타에 대한 컴퓨터 시뮬레이션에서 자신이 관찰한 네 가지 범주 중 하나에 속한다고 가정했다. 울프럼은 마지막 IV 범주가 가장 중요하다고 믿었다.

기본 셀룰러 오토마타에서 창발 현상을 발견하고 설명하는 과정이 복잡성을 이해하는 데 있어 아직 드러나지 않은 연결고리라고 크리스는 주장했다. 콜모고로프는 시스템의 복잡성은 그 시스템을 만들어내는 규칙이 얼마나 복잡한지에 달려 있다고 주장했지만, 당시 그는 규칙과 패턴 간의 관계를 조사할 수 있을 만큼 강력한 컴퓨터를 갖고 있지 않았다. 그 결과 겉보기에 복잡해 보이지만 실제로는 (그의 정의에 따르면) 단순한 현상이 있다는 것을 알지 못했다. 이런 예를 발견해낸 사람이 바로 울프럼이었다. 그는 서로 다른 규칙 집합이 어떻게 서로 다른 패턴을 생성하는지 탐구했고, 그 결과로 셀룰러 오토마타가 만들어낼 수 있는 다양하고 풍부한 동물학적 세계 zoology를 기술했다.

크리스의 설명에 따르면, 울프럼은 생명 자체도 셀룰러 오토마타와 유사한 규칙의 결과일 수 있다고 가정했다. 울프럼은 생물학적 생명체의 모든 꼬임과 역동적인 구조들조차 단순하지만, 아직 우리가 발견하지 못한 업데이트 규칙의 결과일 수 있다고 생각했다. 울프럼은 우리의 정신과 의식조차도 이런 단순한 규칙에 따라 형성됐을 가능성이 있다고 봤다.

"그 말을 믿는 겁니까? 열대우림이 단순한 컴퓨터 규칙 중 하나의 결과라는 거예요?"

안토니우가 흥분한 목소리로 외치자 크리스가 미소 지으며 말했다.

"나도 그 이론을 완전히 받아들이는 건 아닙니다."

그는 설명을 이어갔다. 기본 셀룰러 오토마타에서 나타나는 복잡한 패턴은 완전한 무작위성과 질서의 경계선에 존재한다고 말했다. 그는 며칠 전 실험실에서 데이비드(나)가 보여준 기본 셀룰러 오토마타의 두 가지 예시를 언급했다(3장의 그림 13과 14). 하나는 프랙탈처럼 분기하고, 다른 하나는 완전히 무작위적인 패턴을 생성했었다. 크리스는 복잡한 셀룰러 오토마타에서 우리가 보는 패턴들은 이 둘 사이의 경계에 있다고 말했다. 복잡성은 혼돈과 질서의 경계에서 만들어진다는 설명이었다.

안토니우는 이 생각을 무척 마음에 들어 했다. 그는 이 생각이 자신이 열대우림 속 깊숙한 곳에서 일할 때 느꼈던 생각과 일치한다고 말했다. 그는 브라질 전역의 분지들 사이로 갈라져 흐르는 아마존강 지류들이 주변의 생물체에 영양분을 공급하고, 그 생물체들이 다시 그 지류들에 영양분을 제공하는 모습을 떠올렸다. 그는 열대우림이야말로 서로 다른 층들이 뒤엉킨 거대한 카오스, 즉 식물이 식물 위에 자라고, 곤충이 먹이를 먹고, 진드기가 곤충에 기생하며, 미생물들이 모든 것을 휘저으며 움직이는 카오스라고 말했다. 그는 열대우림 깊은 곳에 있을 때 그 모든 것을 요약할 수 있는 본질, 일종의 단순함이 존재한다고 느꼈다고 말했다. 이런 생각이 그를 이론 생물학자가 되도록 이끌었다고 했다. 자신이 느꼈던 그 감정을 설명할 수 있는 공식을 찾고자 했던 것이다.

이번만큼은 매들린도 안토니우의 말을 막으려 하지 않았다. 크리스는 그의 말을 진지하게 들으며, 안토니우가 말하는 동안 셀룰러 오토마타 시뮬레이션을 다시 시작했다. 화면 상단부터 새로운 규칙으로 생성된 새로운 패턴들이 화면을 채우며 위쪽으로 스크롤되었다.

안토니우의 이야기가 끝나자 크리스는 강의 내용을 정리했다. 셀룰러 오토마타의 결과물이 안토니우가 묘사한 열대우림과 정확히 같지는 않지만, 일종의 정글이라 할 수 있다고 했다. 단순한 규칙에서 복잡한 패턴이 창발할 수 있다는 것이 그의 주장이었다.

생명의 모든 것

울프럼의 기본 규칙이 최초의 셀룰러 오토마타는 아니었다. 격자 형태의 셀을 설정한 뒤 이를 업데이트하는 아이디어는 1940년대 스타니스와프 울람Stanisław Ulam과 존 폰 노이만John von Neumann에 의해 처음 제안되었다. 하지만 셀룰러 오토마타 연구는 1970년대에 이르러, 케임브리지대학교 수학자인 존 콘웨이John Conway가 '생명의 게임Game of Life'이라는 셀룰러 오토마타를 제안하면서 본격적으로 활성화되었다고 할 수 있다(콘웨이의 셀룰러 오토마타는 울프럼의 1차원 셀 배열과 달리 2차원 격자에서 작동한다). 이 셀룰러 오토마타에서 모든 셀은 살아 있는 상태(검은색) 또는 죽은 상태(흰색) 중 하나이며, 매시간 단계마다 여덟 개의 이웃 셀 상태를 확인한 뒤 다음의 규칙에 따라 업데이트된다.

1. 살아 있는 셀이 이웃한 살아 있는 셀을 하나만 가질 경우 죽는다(검은색에서 흰색으로).
2. 살아 있는 셀이 이웃한 살아 있는 셀을 두 개나 세 개 가질 경우 살아 있는 상태를 유지한다(검은색에서 검은색으로).
3. 살아 있는 셀이 이웃한 살아 있는 셀을 네 개 이상 가지면 죽는다(검은색에서 흰색으로).
4. 죽은 셀은 이웃한 살아 있는 셀이 정확히 세 개일 경우 살아 있는 상태가 된다(흰색에서 검은색으로).
5. 죽은 셀은 이웃한 살아 있는 셀이 세 개가 아닌 경우, 죽은 상태

를 유지한다(흰색에서 흰색으로).

우리는 규칙 1을 고독사(이웃이 부족한 경우의 죽음)로, 규칙 3을 과밀사(이웃이 너무 많은 경우의 죽음)로, 규칙 4를 세 개의 주변 셀에 의한 번식으로 생각할 수 있다('생명의 게임'에서 자식 셀을 만들기 위해서는 세 개의 셀이 필요하다!). 나는 실제로 정확히 이 방식으로 번식하는 생물체는 없을 것이라고 확신하지만, 이 모델이 생명의 본질을 어느 정도 포착하고 있다고 본다. 이 모델은 고립, 과밀 그리고 번식이라는 생명의 본질적 측면을 담고 있기 때문이다.

이 규칙들을 6x6 셀 격자 네 개에 적용한 결과가 그림 19에 나와 있다. 첫 번째 예시(그림 19a)에서는 첫 단계에서 여섯 개의 건강해 보이는 셀 덩어리로 시작한다. 두 번째 단계에서는 중앙 두 개의 셀이 과밀(세 개 이상의 이웃)로 인해 죽고, 구조의 오른쪽 위에 새로운 셀 하나가 추가된다(이웃이 정확히 세 개이므로). 세 번째 단계에서는 하단의 두 셀이 충분한 이웃을 갖지 못해 생존하지 못하고(규칙 1, 고독사), 상단의 세 개의 셀이 어느 정도 형태를 바꾼다. 네 번째 단계에서는 또 하나의 셀이 사라지며, 다섯 번째 단계에서는 남아 있던 한 쌍의 셀마저 죽는다. 최종적으로 안정된 형태는 매우 비참하다. 모든 셀이 죽어버린 상태가 되기 때문이다.

그림 19b의 예시에서는 처음에 네 개의 셀만 있지만, 세 번째 단계에서 여섯 개의 단단한 블록으로 성장한 후, 셀룰러 오토마타 애호가들이 '벌집'이라고 부르는 상태로 안정된다. 이는 눌린 육각형 형태로 배열된 안정적인 구조다. 주기적이고 진동하는 패턴도 나타난다. 이는 그림 19c에서 볼 수 있다. 이 경우, 두 개의 셀 삼중체[triad]

그림 19 생명의 게임 예시

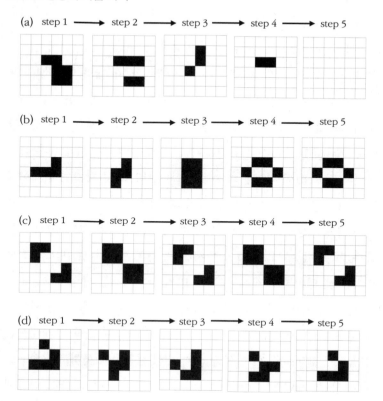

6×6 격자에서 (a) 소멸되거나 (b) '벌집' 형태로 안정 상태에 도달하거나 (c) 주기적으로 진동하거나 (d) '글라이더' 형태로 구조가 변화하는 모습.

각각이 한 번의 번식을 통해 새로운 셀을 생성하지만, 다음 세대에서는 과밀로 인해 죽고, 이후 단계에서 다시 새로운 셀을 생성한다. 이 사이클은 무한히 반복된다.

그림 19d에 나타난 구조는 생명의 게임에서 가장 중요한 구조 중하나다. 이 구조는 글라이더glider라고 불리는데, 4단계에 걸쳐 형태를

그림 20 생명의 게임 예시

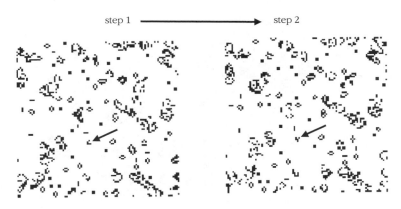

100×100 격자에서는 매우 다양한 패턴이 형성된다.

바꾸며 셀 배열에서 아래쪽 오른쪽으로 이동하기 때문이다. 이 글라이더는 다른 형태와 만나지 않는 한, 계속 같은 방향으로 이동한다.

그림 20은 100×100 셀 배열에서 생명의 게임이 두 단계 연속 진행된 모습을 보여준다. 이 경우 여러 개의 안정적인 벌집 구조가 형성되었으며, 이외에도 안정적이거나 불안정한 형태가 다양하게 나타나 있다. 이러한 풍부한 형태의 다양성 때문에 이 '게임'에 '생명'이라는 이름이 붙여졌다. 그림 20의 화살표는 이 풍경에서 천천히 왼쪽 아래로 이동 중인 글라이더를 가리키고 있다. 이 글라이더는 결국 배열의 오른쪽 아래 방향에 있는 안정적인 정사각형 블록과 충돌하게 된다.

생명의 게임에는 다양한 복잡한 구조들이 존재한다. 그림 21a 상단은 글라이더 건glider gun이라 불리는 구조의 예시를 보여준다. 이 글라이더 건은 앞뒤로 진동하며 30단계마다 새로운 글라이더를 만들

그림 21 생명의 게임에서 나타나는 더 복잡한 구조들

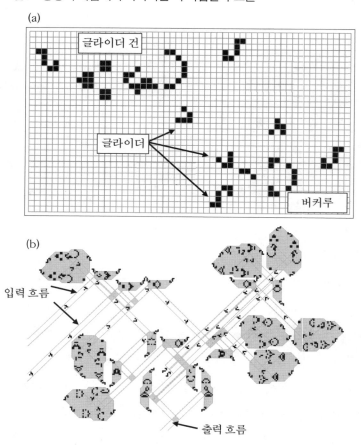

(a) 글라이더 건은 앞뒤로 진동하며 오른쪽 아래로 향하는 글라이더의 흐름을 만들어낸다. 이 흐름은 버커루에 의해 방향이 꺾여 왼쪽 아래로 보내진다. (b) 데이비드 버킹엄과 마크 니에미에츠의 덧셈 기계. 왼쪽에서 두 개의 입력 글라이더 흐름이 들어온다. 검은색과 흰색은 셀의 상태를 나타내며, 회색 음영 영역은 더 큰 구조의 형태를 보여준다. 이 셀룰러 오토마타는 입력값을 더해 하단 출력 흐름에서 합계를 출력한다. 이 도면들은 폴 렌델의 박사 학위 논문「생명의 게임의 튜링 기계 보편성Turing Machine Universality of the Game of Life」(웨스트오브잉글랜드대학교, 2014)에 실린 그림을 수정한 것이다.

어낸다. 이렇게 만들어진 글라이더는 계속 이동하며 다른 구조에 입력으로 사용될 수 있다. 예를 들어 그림 21a 하단에 있는 구조는 버커루Buckaroo라는 애칭으로 셀룰러 오토마타 전문가들 사이에서 불리는데, 이 구조는 글라이더를 받아들여 90도 각도로 반사시킨다.

생명의 게임은 원래 규칙보다 훨씬 더 큰 규모의 역동적인 창발적 패턴을 만들어낸다. 36픽셀 너비와 9픽셀 높이의 글라이더 건은 이미 셀 간의 국지적 상호작용(3x3 픽셀 격자)의 범위를 넘어선다. 글라이더 건과 버커루 그리고 셀룰러 오토마타 애호가들이 퀸 비Queen Bee, 팬아웃Fanout, 펜타데카슬론 리플렉터Pentadecathlon Reflector, 스플리터Splitter, 테이크아웃Takeout 같은 이름을 붙인 다른 형태들을 결합하면 훨씬 더 거대한 동적 구조를 만들어낼 수 있다.

셀룰러 오토마타 애호가들은 글라이더 건, 버커루 및 기타 형태들을 사용해 계산기와 컴퓨터를 만들어왔다. 1980년대에 데이비드 버킹엄David Buckingham과 마크 니에미에츠Marc Niemiec는 약 50개의 이러한 형태를 결합해 덧셈 장치를 만드는 방법을 보여주었다.[1] 이 장치는 두 개의 글라이더 흐름을 입력으로 받아 합계를 출력한다(그림 21b). 글라이더는 다양한 형태들 사이에서 정보를 앞뒤로 전달하는 데 사용된다. 또 다른 셀룰러 오토마타 연구자인 폴 렌델Paul Rendell은 셀룰러 오토마타만 사용해 완전한 형태의 컴퓨터를 만들기도 했다.[2]

생명의 게임은 두 가지 상태(삶과 죽음)만 표현할 수 있지만, 일반적으로 셀룰러 오토마타는 더 많은 상태를 가질 수 있다. 기본적인 프로그래밍 기술만 있으면 우리도 우리만의 셀룰러 오토마타를 만들 수 있다. 실제로, 복잡한 시스템 모델링을 다루는 내 강의에서 석사 과정 학생 미카엘 한손은 미로 공장Labyrinth Factory이라는 셀룰러 오

그림 22 미로 공장

본문에 설명된 규칙에 따라 세 가지 상태(흰색, 회색, 검은색)를 가진 셀룰러 오
토마타의 결과를 나타낸 스냅 사진.

토마타를 만들었다.

이 오토마타의 셀 규칙은 다음과 같다(나는 이 셀들에 뼈/흰색bone/
white, 점액/검은색goo/black, 유체/회색fluid/grey이라는 이름을 붙였다).

1. 뼈 셀은 이웃한 뼈 셀이 네 개 이상일 경우 뼈 셀로 유지된다(흰
   색에서 흰색). 그렇지 않으면 점액 셀로 변한다(흰색에서 검은색).
2. 점액 셀은 이웃한 뼈 셀이 세 개 이상일 경우 점액 셀로 유지된
   다(검은색에서 검은색). 그렇지 않으면 유체 셀로 변한다(검은색에
   서 회색).

3. 유체 셀은 이웃한 뼈 셀이 두 개 이상일 경우 뼈 셀로 변한다(회색에서 흰색). 그렇지 않으면 유체 셀로 유지된다(회색에서 회색).

이 오토마타가 3000단계를 거친 후 생성된 미로는 그림 22에 나와 있다. 두세 개 셀 두께의 흰색 뼈 벽이 형성되었고, 이들 각각은 한 겹의 검은색 점액층으로 둘러싸여 있다. 이 벽 안쪽에는 흰색, 회색, 검은색 셀들로 혼합된 상태가 존재한다. 이 혼합 상태에서는 뼈가 점액으로, 점액이 유체로, 유체가 다시 뼈로 바뀐다. 그 결과 역동적인 파동들이 연속적으로 생성되고, 이 파동들은 진동하고 상호작용하며, 카오스적이고 복잡한 패턴을 만들어낸다.

생명의 게임이나 미카엘의 미로 공장을 보고 난 뒤 창밖으로 나무들이 바람에 흔들리고 새들이 가지 사이를 날아다니는 모습을 보면서 시뮬레이션과 현실 사이에 어떤 연결고리가 있다는 느낌을 지울 수 없다. 컴퓨터와 자연은 모두 복잡한 움직임의 패턴을 드러낸다. 물론 자연은 미로보다 훨씬 더 깊다. 나무는 땅속 깊이 퍼져 있는 뿌리를 가지고 있으며, 그 구조 전체에 걸쳐 미세한 영양분을 운반하는 셀로 이루어져 있다. 새의 몸에는 생명 유지에 필수적인 복잡한 기관들이 들어 있고, 새의 뇌는 매 순간 다양한 정보의 원천들을 처리하면서 그것들에 반응한다. 하지만 셀룰러 오토마타는 우리가 자연 세계에서 보는 복잡성이 적어도 일부는 단순한 상호작용 규칙에 기인할 수 있음을 시사한다. 비슷한 비밀이 자연에도 존재할 수 있을까? 자연은 울프럼이 가설을 세운 대로 이런 종류의 단순성에 기반하고 있을까?

이 마지막 질문은 여전히 답을 얻지 못한 채 남아 있다. 많은 과학자는 이 질문이 진정한 과학적 탐구의 범주에 속하지 않는다고 주장할 것이다. 내가 미로를 바라보지 않거나 아름다운 여름날을 감상하지 않는 평소 대부분의 날에는, 나도 아마 그들의 생각에 동의할 것이다. 울프럼의 가설은 지나치게 모호하다. 하지만 바로 울프럼의 질문과 유사한 질문이 다재다능한 학자 폰 노이만을 셀룰러 오토마타의 세계로 처음 이끌었다.[3] 그는 자신의 호기심을 더 구체화하기 위해 도전 과제를 설정했다. 그 과제는 자가 복제 오토마타self-reproducing automata, 즉 자손을 만들어내고 그 자손이 다시 자신의 자손을 만드는 시스템을 찾아내는 것이었다. 폰 노이만은 자가 복제가 생물학적 생명의 특징이라고 믿었고, 컴퓨터 안에서 이를 발견하면 생물학적 조직화의 근원을 설명하는 데 도움이 될 것으로 생각했다.

산타페 연구소의 크리스 랭턴Chris Langton*은 자가 복제 루프self-reproducing loop라는 시스템을 만들어 폰 노이만의 문제를 부분적으로 해결했다.[4] 랭턴의 셀룰러 오토마타는 여덟 개의 상태를 가지며, 각 셀은 자신의 현재 상태와 네 개의 인접한 이웃(위, 아래, 왼쪽, 오른쪽)의 상태를 기반으로 업데이트된다. 이 셀룰러 오토마타에서는 총 219개의 규칙이 사용된다(생명의 게임에서는 다섯 개의 규칙만 사용된다). 랭턴의 루프 초기 형태는 그림 23(단계 0)에 나와 있다. 이를 일종의 '벌레'라고 생각해보자. 2는 1로 이루어진 '핵core'을 둘러싸고 있는 '피부skin'로 생각할 수 있다. 핵 셀 안에 배치된 7 0과 4 0 쌍은 일종의 유전 코드genetic code와 같다. 이 코드는 벌레 안을 따라 내려가며, 복제 과정에서 새 벌레를 형성하기 위해 어느 방향으로 꺾어야 할지를 지시한다.

＊1997년 산타페 여름학교에서 내가 만났다고 쓴 크리스는 부분적으로 이 크리스 랭턴을 모델로 한 것이다. - 글쓴이

그림 23 랭턴의 루프 셀룰러 오토마타

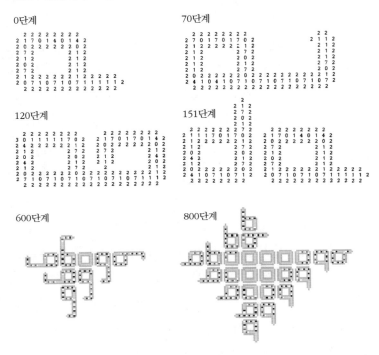

초기 루프는 0단계에 나타나 있다. (본문에 설명된 것처럼) 각 숫자는 셀룰러 오토마타의 상태를 나타낸다. 70단계, 120단계, 151단계에서는 상태가 숫자로 표시되어 있으며, 600단계와 800단계에서는 셀이 흰색(상태 0)에서 검은색(상태 7)까지 색으로 구분되어 있다.

　

　루프의 복제 과정은 그림 23에 나와 있다. 루프는 70단계에서 120단계 사이에서 점점 커지고, 151단계에서 첫 번째 루프가 자식 루프child-loop를 만들어낸다. 이 두 루프는 각각 또 다른 자식을 만들어낸다. 원래의 루프는 현재 위치 위쪽에 새로운 루프를 생성하고, 자식 루프는 오른쪽에 새로운 자식을 생성한다. 시간이 지나면서 루프의 개체 수는 점점 늘어나고, 이 셀룰러 오토마타가 실행되는 컴퓨터 화면은 루프의 나선형 구조로 가득 차게 된다(그림 23 하단).

랭턴은 컴퓨터 시뮬레이션 안에서 생물학적 생명의 다양한 측면을 재현하려는 연구를 설명하기 위해 '인공 생명Artificial Life'이라는 용어를 만들었다.[5] 인공 생명 연구에는 다양한 접근법이 존재한다. 예를 들어 작은 컴퓨터 프로그램들이 컴퓨터 메모리를 두고 경쟁하게 하거나, 숫자들이 서로 '반응해' 더 크고 복잡한 숫자를 생성하는 인공 화학 시스템을 구축하거나, 훨씬 더 발전된 랭턴 루프를 개발하는 것 등이 있다(일부 루프는 루프 성관계를 갖기도 한다). 지금도 인공 생명 연구는 풀리지 않은 질문들로 가득한 연구 분야로 남아 있다. 우리는 컴퓨터 시뮬레이션에서 복잡한 형태들이 나타나는 것을 관찰할 수 있고, 생물학 역시 복잡한 구조들로 가득하다는 사실도 알고 있다. 그러나 지금까지 과학자들은 이 두 관찰 결과 간의 확실한 연결고리를 찾아내는 데 성공하지 못했다. 우리는 여전히 컴퓨터 안에서 진정한 인공 생명을 창조하지 못하고 있다.

그럼에도 개별 상호작용에서 전역적 패턴global pattern이 발현되는 원리를 이해하는 것은 기술과 과학의 중요한 영역이 되었다. 영화 제작자들이 인공적인 풍경을 만들고자 할 때, 그것이 지구의 숲과 산이든, 과학 소설 속 행성의 외계 환경이든 3차원 프랙탈을 사용한다. 몇 줄의 컴퓨터 코드만으로도 자연(또는 초자연) 세계의 지형을 모방한 끝없이 다양한 패턴을 생성할 수 있다.

일부 아마추어 연구자들은 콜모고로프의 정신을 이어받아, 가능한 최소한의 코드로 가장 복잡한 풍경을 생성하는 경연에 참여한다. 그중 한 명인 트위터 사용자 zozuar는 280자라는 트위터 문자 제한

그림 24 트위터 사용자 @zozuar의 작품[6]

280자 미만의 코드로 생성할 수 있는 복잡한 패턴의 몇 가지 예시.

안에서 짧은 컴퓨터 코드를 작성해 실물 같은 영상을 만들어냈다. 그림 24는 그의 여러 작품 중 일부다. 나무, 산림, 구름, 파도, 고대와 현대 도시 등 모든 것이 280자 이하라는 콜모고로프적 복잡성의 제약 아래 만들어진 것이다.

국지적 상호작용 규칙을 설명함으로써 창발적 패턴을 이해하려는 접근 방식은 지난 25년 동안 과학 전반에서 중요한 방법론으로 자리 잡았다. 자가 추진 입자self-propelled particles로 알려진 개념을 통해 동물 집단의 움직임을 재현하는 방법을 보여준 내 연구도 이 접근 방식에 기초한 것이다. 이 연구에서 시뮬레이션된 동물(입자)은 단순한 규칙(끌림, 정렬, 반발)을 통해 인접한 입자들과 상호작용한다. 이 모델은 여름 저녁 하늘에서 찌르레기들이 선회하는 움직임, 들판

위에서 양 떼가 몰려다니는 모습, 상어의 공격에 반응해 학꽁치 떼가 한꺼번에 도망치는 순간, 그리고 사하라 사막에서 메뚜기 떼가 이동하는 모습을 재현할 수 있다. 이와 비슷한 접근법을 사용해 암 종양의 성장, 배아 발달, 식물 성장, 뉴런 발화 그리고 그 외 많은 생물학적 시스템을 설명하는 연구자들도 있다.

시스템의 구성 요소들이 상호작용해 전역적인 패턴을 형성하는 방식을 설명하는 모델을 찾는 것은 상향식bottom-up 접근법의 일부다. 우리는 이 접근법을 상호작용적 사고를 다룰 때 보았다. 토끼와 여우, 감염자와 감염 가능성이 있는 사람, 먹이가 있는 위치를 아는 개미와 모르는 개미, 서 있거나 넘어져 있는 도미노, 민주당원과 공화당원, 소리를 지르는 사람과 그렇지 않은 사람 등 두 가지 유형의 개체들이 있었다. 그리고 이 개체들은 비교적 단순한 방식으로 상호작용했다. 그들은 서로에게 영향을 미치고, 소문을 퍼뜨리며, 서로를 행복하게 혹은 슬프게 만들고, 운동하게 하거나 하지 않게 동기를 더 부여하거나 떨어뜨렸다.

이제 우리는 이러한 상향식 상호작용에서 훨씬 더 복잡한 패턴이 나타날 수 있음을 알게 되었다. 이런 접근법을 이용하면 새와 물고기, 나뭇가지, 셀 또는 시스템을 구성하는 다른 단위들의 상호작용을 설명할 수 있다. 전체적인 수준에서의 결과는 이러한 상호작용에서 창발된다. 개별 단위 간의 국지적 상호작용을 통해 시스템을 상향식 접근 방식으로 설명하면, 더 높은 수준에서의 복잡한 패턴을 이해할 수 있다. 개별 새들의 움직임에 대한 상향식 설명은 새 떼의 움직임에서 나타나는 겉보기에 복잡한 모습을 설명하는 데 도움을 준다. 암세포에 대한 상향식 설명은 종양의 성장을 설명하는 데 기여한다.[7]

사회 구조를 이해하는 새로운 렌즈

이 상향식 접근법은 생물학에서 널리 응용될 뿐만 아니라, 우리의 사회생활을 설명하는 데도 핵심적인 역할을 한다. 우리는 모두 상향식 시스템의 일부다. 각자는 자신의 개별적인 상호작용 규칙을 따르고, 그로부터 우리 사회의 복잡성이 창발되기 때문이다.

이러한 사회적 창발 현상을 탐구하기 위해 제니퍼를 따라 그녀가 다니는 대학교 중앙도서관으로 가보자. 올해 초 석사 과정에 등록한 그녀는 변화를 원했다. 더 많이 배우고, 삶에 대한 관점을 바꾸며, 궁극적으로 더 많은 돈을 벌고 싶었다. 하지만 그러기 위해서는 런던에 있는 친구들을 떠나 북쪽 도시로 이사해 아무도 모르는 곳에서 공부해야 했다.

지금 그녀가 공부 중인 도서관은 약 150년 전에 지어졌다. 이곳은 넓은 공간에 천장은 3층 높이로 높으며, 통로를 따라 천장까지 쌓인 책들에 접근할 수 있도록 설계되어 있다. 열람실에는 책상 7열이 있고, 각 열에는 책상이 13개씩 있다. 각 책상에는 의자가 하나씩 놓여 있어, 총 91명이 앉을 수 있다.

이 열람실의 규칙은 단 하나, 완전한 침묵이다. 높은 천장과 책상 및 통로의 딱딱한 나무 표면으로 인해 사소한 소리라도 방 안 전체에 울려 퍼진다. 문을 열고 들어와 빈 책상을 찾고, 의자를 빼내고, 앉아서 노트북과 책을 꺼내는 동안 제니퍼가 내는 이 모든 소리가 고요한 공간에서 날카롭게 울려 퍼진다. 그녀는 공부를 방해당했다고 생각하는 학생들의 불편한 시선을 온몸으로 느낀다.

그림 25 도서관 열람실에서 학생들이 앉아 있는 배열

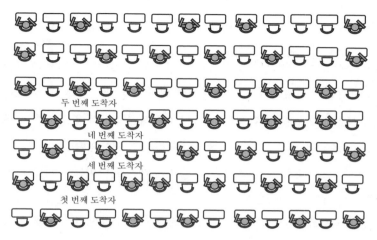

학생들이 서로 옆에 앉는 것을 피하면서 체커보드 형태가 형성된다.

　제니퍼에게 이 열람실에서 공부하는 장점은 스스로에 대한 약속
이 된다는 점이다. 이곳에 오면 앞으로 몇 시간 동안 이 자리에 앉아
있어야 한다는 걸 알고 있다. 왜냐하면 자리를 뜨거나 심지어 가방
에서 휴대전화를 꺼내는 것조차 너무 큰 소음이 될 것을 알기 때문
이다. 그녀는 다른 사람을 방해할지도 모른다는 두려움에 얼어붙은
상태다. 그리고 다른 사람들 역시 마찬가지다. 그 얼어붙은 상태에
서 그들이 할 수 있는 유일한 일은 공부밖에 없다.

　이 얼어붙은 상태는 매우 독특한 형태를 만든다. 제니퍼 양옆의
책상은 비어 있고, 더 멀리 떨어진 책상들은 사용 중이다. 그녀의 줄
에서는 여섯 명이 앉아 있으며, 각 사람 사이에는 최소 한 개의 책상
이 비어 있다. 그녀 뒤쪽의 책상은 비어 있지만, 그 옆 두 개의 책상
은 사용 중이다. 앞줄에서도 마찬가지로 제니퍼의 대각선 왼쪽과 오

른쪽에는 사람들이 앉아 있다. 위에서 내려다본다면, 책상 대부분이 비어 있고 학생들이 체커보드 형태로 앉아 있는 불완전한 체커보드 배열을 볼 수 있다(그림 25).

이제 이 불완전한 체커보드를 만들어낸 상향식 규칙, 즉 개별적인 규칙들을 살펴보자. 먼저 들어온 사람들은 어디에든 앉을 수 있다. 보통 방 뒤쪽이 앞쪽보다 약간 더 인기가 많아 뒷좌석부터 먼저 채워지는 경우가 많다. 그러나 이 초기 단계에서는 사람들이 열람실 안 아무 자리에나 앉는 경향이 있다. 이 초기 배치가 체커보드 배열의 불완전성을 유발한다. 예를 들어, 그림 25에서 두 번째 도착자는 첫 번째 도착자 바로 다음에 도착했다. 세 번째 도착차는 첫 번째 도착자의 대각선 앞쪽에 앉았다. 네 번째 도착자가 열람실에 들어왔을 때는 이미 열람실이 어느 정도 차 있었기 때문에 그는 두 번째 도착자 바로 뒤에 앉거나 세 번째 도착자 바로 앞에 앉아야 했다(결국 그는 세 번째 도착자 앞에 앉았다).

열람실의 자리 배치 패턴은 마치 사회적 거리 두기가 고착된 상태처럼 보인다. 이런 배열은 도서관에서만이 아니라 우리 모두에게 익숙한 광경이다. 예를 들어 거의 빈 버스에서 굳이 낯선 사람 옆에 앉는 사람은 드물다! 강의실, 카페 그리고 다른 공공장소에서도 마찬가지다. 이 패턴은 사회적 상호작용 규칙의 속성이 발현된 결과라고 할 수 있다. 우리는 낯선 사람 옆에 앉는 것을 피하지만, 그렇다고 해서 도서관 좌석을 약간 비뚤어진 체커보드 모양으로 선택해야 한다고 누군가 명시적으로 정해놓은 것은 아니다. 그런데도 이러한 상호작용 규칙을 통해 자연스럽게 이러한 패턴이 나타난다.

제니퍼는 주변 곳곳에서 이와 비슷한 창발 패턴을 점점 더 자주

그림 26 걸어가는 10대들의 창발 패턴

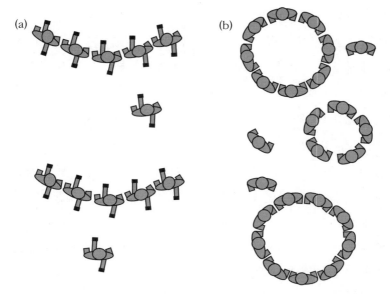

(a)는 길을 따라 집으로 걸어가는 학생들이고, (b)는 친구들로 이루어진 폐쇄된 집단이다.

발견한다. 예를 들어 그녀는 오후 4시에 학교에서 집으로 걸어가는 10대 무리가 V자 형태를 이루고 걷는 것을 관찰한다(그림 26A).[1] 다섯 명으로 이루어진 이 그룹에서는, 가운데 있는 아이가 이동 방향을 기준으로 가장 뒤쪽에 위치한다. 이러한 구조 덕분에 아이들은 서로 대화를 나눌 수 있다. 몸을 안쪽으로 약간 돌리면 그룹 내 모든 아이가 대화에 참여할 수 있기 때문이다. 세 명에서 다섯 명으로 이루어진 그룹은 비교적 안정적이지만, 일곱 명으로 이루어진 그룹의 경우 인도가 너무 좁아진다. 또한 큰 그룹의 바깥쪽에 있는 사람들은 서로 대화하기가 어렵다. 그 결과, 어떤 경우에는 한두 명이 그룹에서 떨어져 나와 혼자 걸어가는 모습을 보이기도 한다. 더 큰 그룹에서는 아이들이 가운데로 가기 위해 서로 밀치다가 결국 흩어지고, 곧이어 더 작은 그룹으로 재구성되어 앞뒤로 나란히 걷는 패턴을 형성한다.

V자 모양의 가장자리에서 걷게 된 아이는 다른 친구들의 말을 듣기 위해 가장 애써야 한다. 게다가 반대 방향에서 다가오는 노인 보행자와의 잠재적 충돌을 피해야 할 책임도 떠안게 된다. 그룹에서 소외감을 느낀 가장 바깥쪽에 있던 아이는 결국 그룹에서 떨어져 나와 혼자 걷기 시작한다. 그 아이는 그룹의 중심에 있는 아이를 바라본다. 모든 아이가 중심에 있는 아이의 이야기를 듣기 위해 몸을 그룹의 중심 쪽으로 기울이는 동안, 떨어져 걷는 아이는 더욱 깊은 외로움을 느낀다.

도서관 열람실에 들어갈 때 우리는 모두 그 공간이 평화롭게 공부할 수 있는 곳이라고 생각한다. 하지만 제니퍼는 강의 시간에도 자신이, 학교에서 집으로 걸어가던 아이들 중심 그룹에서 떨어져 나간 아이 같다는 느낌을 받았다. 강의실에서 제니퍼는 항상 자신과 다른 학생들 사이에 빈자리를 하나, 때로는 두 개까지 두고 앉는다. 다른 학생들도 마찬가지로 그녀와 거리를 두고 앉는다. 제니퍼는 다른 학생들과 더 가까이 앉고 싶지만, 그들이 앉아 있는 방식은 그녀와의 거리를 만들어내고, 그녀는 그 거리를 좁힐 방법을 찾지 못한다.

강의실 밖에서 쉬는 동안 제니퍼는 다른 학생들이 친구들로 이루어진 폐쇄된 원circle 안에 서 있는 것을 본다. 제니퍼는 홀로 서 있다(그림 26b). 그들은 친밀함의 원을 형성하며 서로 간의 거리를 최소화한다. 하지만 제니퍼는 그 원 바깥에 남겨진다.

집단이 만들어내는 이러한 패턴, 즉 강의실에 사람들이 좌석을 띄우고 앉는 모습, 친구들이 둥글게 모여 있는 모습, 학교에서 집으로 걸어가는 아이들의 V자 대형 같은 것들을 볼 때 이는 마치 개개인이 원하는 방식으로 세상이 구성된 것 같지만 실상은 그렇지 않다. 학교에서 집으로 걸어가던 무리에서 떨어져 나가는 것은 세상에서 가장 외로운 일처럼 느껴질 수 있다. 그러나 그것이 반드시 다른 아이들이 의도적으로 그를 밀어낸 결과는 아닐지도 모른다.

V자 대형 같은 구조는 10대들의 사회적 위계를 반영할 수도 있다. 가장 인기 있는 아이가 대형의 가운데에 있고, 두 번째와 세 번째로 인기 있는 아이들이 그녀의 왼쪽과 오른쪽에 위치하며, 그 뒤로 이어지는 식이다. 우리가 함께 걸을 때 나타나는 이런 구조가 그 위계를 과장하고 강화하는 것은 사실이다. 바깥쪽에 있는 사람들은 가운데에 있는 사람들보다 대화에 참여하기 위해 더 큰 노력을 기울여야 하고, 가장자리로 밀려날 가능성도 가장 크다. V자 구조는 가장자리에 있는 사람들의 불안감을 증폭시킨다.

우리가 종종 편의나 효율성을 위해 만드는 이런 물리적 구조는 의도했던 것 이상으로 견고하게 느껴지는 사회적 경계를 형성하곤 한다.

크리스마스에 제니퍼는 런던으로 돌아와 친구들과 함께 대규모 파티에 간다. 저녁 식사 전에 100명이 아홉 그룹으로 나뉘어 음료를 마시며 대화를 나누고 있다고 상상해보자. 참석자는 총 남성 60명과 여성 40명이다. 이때 존이 두 명의 남성과 일곱 명의 여성으로 구성된 그룹에 속해 있다고 생각해보자(그림27, 스텝 1의 그룹 A). 그들은

「섹스 앤 더 시티Sex and the City」의 속편 「앤드 저스트 라이크 댓And Just Like That」에 대해 이야기하고 있다. 존은 약간 지루해져서 예의를 갖춰 자리를 떠나 다른 그룹으로 간다. 그가 이번에 합류한 그룹은 네 명의 남성과 세 명의 여성으로 이루어진 그룹으로, 그들은 축구에 관해 이야기하고 있다(그룹 D). 축구는 존이 꽤 잘 안다고 생각하는 주제다. 소피는 다른 그룹에 있다(그룹 C). 그 그룹은 남성이 3분의 2를 차지한다. 그들은 비트코인과 NFT(대체 불가능 토큰)에 관해 이야기하고 있는데, 이는 소피가 좋아하는 주제가 아니다. 그래서 그녀는 근처에 있는 다른 그룹(그룹 F)으로 이동한다. 그 그룹은 남성과 여성의 비율이 더 균형 잡혀 있다. 존과 소피의 이동은 그림 27의 스텝 1에 나타나 있다.

존과 소피의 결정은 그들이 떠난 그룹과 새로 합류한 그룹의 성별 비율에 영향을 미친다. 소피가 그룹 F로 합류하면서 다른 몇몇 여성들도 남성이 많은 그룹을 떠나 그룹 F로 이동한다. 그 결과 이제 그룹 F의 구성원 중 3분의 2 이상이 여성이 되었다. 그룹 F에 있던 남성들은 자신들이 수적으로 밀리고 있다는 느낌을 받아서 다른 그룹으로 이동하기 시작한다. 그중 한 명인 리처드는 존이 새로 합류한 그룹으로 이동한다(그림 27, 스텝 2). 리처드와 다른 한 명이 그룹 D에 합류하면서 그 그룹은 이제 여섯 명의 남성과 세 명의 여성으로 구성된다. 이제 그룹 D에 있던 제니퍼는 아스널Arsenal 축구팀의 승리에 관해 이야기하러 여기까지 온 것이 아니다. 그녀는 그 그룹을 떠나 자신이 좋아하는 새 TV 시리즈에 관해 이야기하는 그룹 A에 합류한다.

제니퍼의 이동은 그림 27의 스텝 3에 나타나 있다. 이렇게 이동이 끝나고 나면 아홉 그룹 중 다섯 그룹은 남성만, 두 그룹은 여성만 남

그림 27 사무실 파티 모델

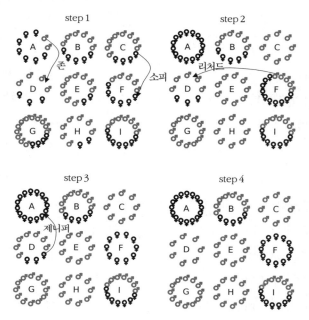

아홉 개의 그룹으로 나뉜 총 60명의 남성과 40명의 여성이 그룹을 이루고 서 있다. 여성 비율이 3분의 2를 초과하는 그룹에 있는 남성들은 남성이 다수인 그룹으로 이동한다. 마찬가지로, 남성 비율이 3분의 2를 초과하는 그룹에 있는 여성들은 여성이 다수인 그룹으로 이동한다. 이 단계들은 시간이 지남에 따라 그룹 구성의 변화 과정을 보여준다. 그림에 나오는 이름들은 본문에서 언급된 인물들이다.

게 되고, 두 그룹만이 남녀가 섞인 상태로 유지된다(스텝 4).

그림 27에서 나는 사람들의 움직임을 개별적인 행동으로 설명했 지만, 사실 그들의 움직임은 모두 같은 규칙을 따르는 수학적 모델 에 의해 결정된다. 실제로, 자신과 같은 성별이 3분의 1 이하인 그룹 에 속한 사람들은 자신과 같은 성별이 다수인 그룹을 무작위로 선택

해 이동한다. 이는 개인 입장에서는 상대적으로 약한 선호도를 나타 냄에도 불구하고, 즉 모두가 소수에 속하는 것을 선호하는 상황에서 도 사람들이 자리를 옮기고 나면 대다수는 결국 남성 또는 여성만 있는 그룹을 이루게 된다.[2]

처음에 제니퍼는 이렇게 형성된 그룹을 보고 남성과 여성이 서로 대화하는 것을 선호하지 않는다고 결론짓고 싶었다. 하지만 곰곰이 생각한 결과, 그녀는 각 개인의 국지적인 상호작용이 어떻게 전체적 인 결과를 만들어내는지 이해하게 되었다. 그녀는 친구들이 성별로 분리된 그룹을 만들고 싶어 하지 않았으며, 이는 단지 각 개인의 결 정에 따라 형성된 패턴에 불과하다는 사실을 알게 되었다. 예를 들 어 사전 계획을 통해 각 그룹이 최소 3분의 1 이상이 남성이고, 3분 의 1 이상이 여성인 상태로, 6~7명의 남성과 4~5명의 여성으로 구 성된 아홉 개의 그룹을 만드는 것이 가능하다. 이렇게 하면 모든 사 람이 자신의 자리에 만족할 수 있다. 제니퍼는 상황을 다르게 만들 방법을 생각한다. 예를 들어 그녀는 여성 친구 세 명을 데리고 남성 들로 구성된 그룹에 합류할 수 있다. 이렇게 하면 그룹 내에서 균형 을 유지할 수 있고, 모두가 소속감을 느낄 것이다.

개별적인 상호작용을 통해 사회적 구조가 형성되는 방식은 우리 가 복잡성을 꿰뚫고 본질을 이해할 수 있게 해준다. 그룹 수준이나 사회 전반에서 나타나는 패턴은 그것 자체만 보기보다는 이를 만들 어내는 개개인의 행동을 통해 살펴봐야 한다. 개인들은 전체 구조를 볼 때 느껴지는 것보다 훨씬 단순한 방식으로(때로는 무의식적이거나 생각 없이) 행동하는 경우가 많다. 콜모고로프의 정의를 따르면, 10대 들의 사회적 위계나 런던 파티에서의 사회적 네트워크는 우리가 처음 생각했던 것만큼 복잡하지 않다. 일단 상호작용의 규칙을 정립하고 나면, 겉보기에 복잡해 보이던 현상도 이해할 수 있는 단순함으로 축소될 수 있다.

　이 교훈은 우리 모두에게 책임감을 부여한다. 직장에서의 역할 때문이든 사회적 위치 때문이든, 당신이 영향력 있는 사람이나 인기 있는 사람이라면 다른 사람들을 배제하지 않기 위해 물리적 위치를 어떻게 사용할 수 있을지 생각해보라. 다른 사람들이 합류하지 못하도록 막는 폐쇄된 친구 그룹을 만들어서는 안 된다. 다른 사람들과 걸을 때 뒤를 돌아보고 누군가 따로 떨어져 혼자 걷고 있지는 않은지 확인하라. 가끔 강의실에서 모르는 사람 옆에 앉아 몇 마디 말을 건네보라. 우리의 상호작용 방식은 의도치 않게 집단적으로 우리 사이에 견고한 경계를 만들어낸다. 이 경계가 어디에 있는지 인식하고 이 경계를 허무는 것은 각 개인의 책임이다.

우리는 다른 사람을 통해 사람이 된다

우리의 사회적 삶을 더욱 복잡하게 만드는 것은, 우리가 사용하는 규칙이 사회적 경험에 따라 변화한다는 점이다. 그 결과, 복잡성 위에 또 다른 복잡성이 쌓이게 된다.

질서와 혼돈의 구분을 이해하는 데 유용한 도구로 도교에서 말하는 음양 개념이 있다면, 아프리카에 오랫동안 내려온 토착 사상인 우분투Ubuntu는 이러한 여러 층의 복잡성을 이해하는 데 유용하다. 우분투 세계관은 '사람은 다른 사람을 통해 사람이 된다'는 말로 요약할 수 있다. 이는 인도주의 철학으로, 서양에서는 주로 남아공에서 아파르트헤이트 철폐 이후 설립된 진실과 화해 위원회의 주요 원칙 중 하나로 알려져 있다. 데스먼드 투투 대주교는 '용서 없이는 미래도 없다No Future without Forgiveness'라는 연설에서 우분투에 대해 이렇게 말했다.[1]

"나는 오직 당신이 당신다워질 때만 완전한 나 자신이 될 수 있습니다. 분노, 원한, 앙심은 우분투가 추구하는 공동체적 조화라는 아프리카 세계관의 최고선summum bonum을 갉아먹고, 그것을 부식시키고 파괴합니다. 용서는 이타적인 행위가 아닙니다. 오히려 용서는 자신에게 가장 큰 이익을 줍니다. 교통 체증에 갇혔을 때 '어떻게 저런 멍청이들에게 운전면허를 주었을까?'라고 생각하며 혈압이 올라가는 상황을 생각해보세요. 용서는 육체적인 건강에 좋을 뿐만 아니라 영적인 건강에도 좋은 행위입니다."

투투가 예로 든 교통 체증은 퇴근 후 집에 가고자 하는 모든 사람의 욕구에서 창발된 구조일 뿐이다. 아파르트헤이트 또한 인종 간의 구분에 따라 사람들을 분리하고 싶은 욕구에서 비롯된 구조다. 물론 교통 체증과 아파르트헤이트를 동일시하는 것은 아니다. 하지만 이러한 예시를 통해 우리는 개인과 사회 구조를 명확히 구분할 수 없다는 사실을 알 수 있다.

투투는 용서와 조화를 강조했지만, 우분투는 그 이상이다. 우분투는 우리가 다른 사람들과의 상호작용을 통해 정의된다는 깊은 이해를 담고 있다. 앞 장에서 우리는 파티에서 남성들끼리 대화하는 것을 보고 그들이 단지 남성들과 이야기하고 싶어 한다고 결론짓거나, 무리 뒤에서 걷고 있는 아이를 보고 아무도 그 아이를 좋아하지 않는다고 생각하거나, 강의 중에 모르는 사람 옆에 앉으면 안 된다고 결론짓는 것이 옳지 않다는 사실을 알게 됐다. 하지만 이런 구조에 속한 모든 사람이 그렇게 생각하는 것은 아니다. 축구 이야기를 즐기는 남성은 남성들만 있는 그룹을 찾으려 하고, 무리에서 떨어진 소녀는 자신을 고립된 사람으로 정의하며, 도서관에서 가만히 앉아 있을 수 없는 학생들은 (잘못된 생각이지만) 공부가 자신에게 맞지 않다고 생각한다. 그리고 교통 체증에 갇힌 사람은 다른 운전자들을 모두 바보로 여긴다. 우분투는, 개인은 자신이 속한 시스템에 의해 형성된다는 점을 강조한다. 우리는 다른 사람을 통해 사람이 된다.

사회적 환경이 우리를 정의한다는 사실을 군중 속에서 가장 잘 느낄 수 있다. 2002년 7월, 잉글랜드 출신 디제이 팻보이 슬림Fatboy Slim의 해변 콘서트에서 연구자들은 약 6만 5000명의 참석자 중 일부가 이 행사를 어떻게 경험했는지를 조사했다. 주최 측이 예상했던 것보다 서너 배나 더 많은 참석자들이 밀물과 무대 사이의 좁고 고르지 않은 해변에 꽉 들어찼다. 보안 요원들은 군중 속으로 들어갈 수 없었고, 밖에서 지켜보는 많은 사람에게 이 상황은 위험하고 불확실해 보였다. 하지만 참석자들은 다르게 느꼈다. 실제로 이후 조사에 따르면, 가장 밀집된 지점에 있던 사람들조차 자신이 그렇게 밀집된 지역에 있다고 생각하지 않았고, 외부에 있던 사람들보다 행사를 더 긍정적으로 평가했다. 이는 그들의 집단적 친밀감에서 소속감과 사회적 안전감이 창발된 결과였다.

사람들을 물리적 존재만으로 본다면, 이들을 밀집시키는 것은 안전하지 **않을** 것이다. 1제곱미터당 일곱 명 이상의 밀도에서는 군중이 유체처럼 움직이며 충격파가 멀리까지 사람들을 밀어낼 수 있다. 매년 200~300만 명의 무슬림이 메카로 향하는 하지^{Hajj} 순례에서는, 밀도가 절정에 이르면 1제곱미터당 12명에 달하며, 그로 인해 참사가 여러 번 발생했다. 2006년 1월, 자마라트 다리^{Jamaraat Bridge}에서 363명이 압사당했으며, 9년 후에도 비슷한 참사가 발생해 수천 명이 목숨을 잃었다.

그럼에도 불구하고, 팻보이 슬림 콘서트에서와 마찬가지로 하지 순례 참가자들 가운데 다른 순례자들과 동질감을 강하게 느낀 사람일수록 가장 높은 밀도에서도 안전하다고 느낀다. 이는 주변 사람들이 자신을 지지한다고 믿는 인식에서 비롯된다. 연구자들은 헌신적인 순례자들 사이에서 '선순환^{virtuous circle}'이 형성된다고 설명한다. 그들은 인파의 밀도가 높은 곳을 찾는다. 그곳에는 순례를 자신과 동일시하는 사람들이 모여 있으며, 이는 자신이 '선한 무슬림들'에 둘러싸여 있다는 안정감을 느끼게 한다. 이 때문에 순례의 중요성에 대한 믿음은 더욱 강화된다.

군중 내 물리적 상호작용만으로도 복잡한 패턴이 생성될 수 있다. 이런 패턴은 작게는 보행자들의 V자 형태(그림 26a)에서, 크게는 순례나 콘서트에서 발생하는 압력파까지 다양하다. 하지만 사람들은 당구공보다 훨씬 복잡하다. 군중 속 개인은 자신이 느끼는 감정에 따라 스스로 따르는 상향식 규칙을 바꾼다. 따라서 팻보이 슬림 콘서트와 메카 순례에서 나타나는 창발 패턴은 단순히 움직이는 신체의 물리적 집합이 아니라 새로운 사회적 정체성과 연결감을 포함한다.

하지 순례에 참여한 무슬림들은 종교 간 조화에 대한 믿음이 더 강해지고, 더 평화로운 태도를 지니는 것으로 나타났다. 팻보이 슬림 콘서트 참석자들에 대한 설문 조사는 없었지만, 몇 년 후 어떤 두 사람이 자신들이 같은 콘서트에 있었다는 사실을 알게 된다면 당시의 경험을 함께 되살릴 수 있을 것이다. 군중 한가운데에서 밀집된 상태로, 잠재적으로 위험한 환경에 있었던 경험은 우리에게 평생 잊을 수 없는 감정을 공유하게 한다.

공유된 사회적 정체성은 사람들을 물리적으로 더 가까이 모으며, 군중 속에서 긍정적인 감정을 만들어낸다. 서식스대학교의 앤 템플턴Anne Templeton[2]이 수행한 연구에서 연구자들은 약 120명의 심리학과 2학년 학생들에게 그들이 수업을 통해 같은 과정을 공유하고 있다는 공동 정체성을 상기시키기 위해 '서식스 심리학과' 로고가 새겨진 야구 모자를 나누어줬다. 그런 다음 템플턴과 동료 연구자들은 학생들이 강의실에서 다음 활동 장소로 이동하는 모습을 촬영했다. 학생들이 모자를 착용했을 때 더 가까이 모여 더 천천히 이동했고, 더 큰 그룹을 형성했다. 모자를 착용하지 않았던 이전 주에는 두세 명이 함께 걷거나 혼자 걷는 학생들이 많았지만, 이번에는 여섯 명에서 일곱 명으로 구성된 더 큰 그룹이 길 전체를 차지하며 걸었다. 그들의 사회적 정체성이 상호작용 방식을 바꾼 것이다.

사람들이 모이는 이유는 종교적·교육적 이유에서부터 파티에 이르기까지 다양하지만, 서로를 동일시하는 사람들은 서로 더 가까이 있기를 원하며, 그로 인해 더 행복감을 느낀다.

다음에 당신이 군중 속에 있을 때 잠시 생각해보라. 주변 사람들과의 물리적 상호작용에 대해, 그리고 당신이 어떻게 다른 사람들을 따라가거나, 그들과 가까워지거나 멀어지는지를 생각해보라. 군중 내에서 느끼는 집단적 감정에 대해 생각하라. 당신이 속한 군중이 그 군중에 속하지 않은 사람들, 혹은 다른 그룹을 형성한 사람들에게 어떤 영향을 미치는지를 생각하라. 당신이 속하고 떠나는 그룹이 사회에 의해 어떻게 형성되고, 사회를 어떻게 형성하며 변화시키는지를 생각하라. 당신의 그룹을 형성한 역사와 그것이 앞으로의 역사를 어떻게 형성할지 생각하라. 무엇보다도 이러한 모든 사회적 상호작용을 통해 당신이 다른 사람들을 통해 사람이 된다는 사실을 깨달아야 한다.

여기 있어요!

여름학교의 마지막 주 동안, 크리스는 생물학적 세계와 사회적 세계를 이해하는 데 수학적 모델이 어떻게 사용되는지를 다양한 방식으로 보여주었다. 그는 우리가 현실을 수학적으로 모델링할 때 창발 패턴을 만들어내는 단순한 규칙을 찾아내는 것이 목표가 되어야 한다고 강조했다. 그는 아무리 훌륭한 모델이라도 완벽할 수 없다는 점을 상기시키며, 자연 현상을 설명하는 컴퓨터 시뮬레이션이나 모델을 만들 때도 항상 현실의 상당 부분은 설명되지 않은 채로 남는다는 점을 잊지 말라고 했다. 그가 이어 말했다.

"하지만 괜찮습니다. 과학자로서 우리의 역할은 우리에게 도움이 되는 모델을 사용하는 것이니까요. 우리는 우리 존재의 복잡성을 완벽히 이해하지 못할 수도 있습니다. 여러분이 해야 할 일은 시스템 안의 구성 요소들이 어떻게 상호작용하는지를 짧고 간결하게 설명하는 것입니다. 그렇게 하면 복잡성의 본질에 가까워질 수 있습니다."

금요일, 크리스의 마지막 강의는 조금 달랐다. 그는 컴퓨터 시뮬레이션을 보여주던 노트북을 덮고 칠판에 그림을 그리기 시작했다. 그는 직각삼각형을 그렸고, 직각을 이루는 두 변에 각각 3과 4라는 숫자를, 빗변에는 x를 적었다.

그러더니 그는 "이제, x값을 구해보세요 I want you to find x"라고 말했다.

"그건 쉽죠."

맥스가 루퍼트보다 먼저 손을 들면서 말했다.

"5입니다. 피타고라스의 정리를 사용하면 됩니다. 3의 제곱은 9이고, 4의 제곱은 16이죠. 이 둘을 더하면 25가 되고, 제곱근을 구하면 5가 됩니다."

"좋은 시도입니다. 하지만 제가 찾는 답은 아닙니다……."

크리스가 말했다. 그사이 자미야가 천천히 자리에서 일어나 칠판 앞으로 걸어갔다. 그러더니 칠판에 쓰여 있는 x를 손가락으로 가리키면서 말했다.

"여기 있어요!"(그림 28)*

모두가 웃음을 터뜨렸다.

"맞아요, 자미야. 바로 이 답입니다. 여기 있어요! 숫자 5라는 답이 맞긴 하지만, 당신이 말한 답이 더 중요합니다. 이 답은 단지 재미있기 때문만이 아니라, 시스템 밖으로 벗어나는 답이기 때문입니다. 이 답은 제가 문제를 제시한 방식에서 예상치 못하게 창발된 것입니다."

크리스는 "여기 있어요!"라는 답이 질문에 대한 더 깊고 의미 있는 응답이라고 말했다. 이 답은 우리가 예상하지 못했던 무언가를, 우리가 이전에 생각하지 못했던 것을 알려준다. 이는 x, 3, 4 같은 기호를 사용하는 방식에 대한 교사와 학생 간의 암묵적 동의를 깨뜨린다. 수학 문제에만 집중하라는 동의는 인위적이며, 그 동의는 수학 수업이라는 좁은 틀 안에서만 적용된다. 이어 크리스는 이렇게 말했다.

"자미야도 알겠지만, 이 농담은 오스트리아 철학자 루트비히 비트겐슈타인의 말을 떠올리게 합니다."

_____

* 'find x'라는 말은 수학 문제에서는 'x의 값을 구하라'라고 해석되지만, 일반적으로는 'x를 찾아라'라는 뜻이다. 자미야는 이를 이용해 농담한 것이다.

그림 28 "여기 있어요!"

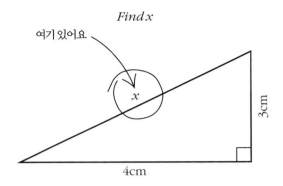

크리스는 20세기 전환기 무렵, 즉 로널드 피셔와 알프레트 로트카가 우리 주변 현상을 정확히 측정하고 설명하는 방법에 대해 고민하던 시기에 비트겐슈타인도 비슷한 문제, 즉 '우리가 세상에 대해 확실히 말할 수 있는 것은 무엇인가?'에 대한 답을 찾고 있었다고 설명했다. 이 문제에 대한 중요한 통찰은 그가 1918년에 발표한 획기적인 저작 『논리철학논고Tractatus Logico-Philosophicus』의 끝에서 두 번째 단락에서 찾을 수 있다.

내 명제들은 다음과 같은 방식으로 설명을 돕는다. 즉 나를 이해하는 사람은 결국 이 명제들이 무의미하다는 것을 깨닫는다. 왜냐하면 그는 이 명제들을 하나의 사다리처럼 사용해 그것을 넘어설 것이기 때문이다. (말하자면, 그는 올라간 뒤 사다리를 던져버려야 한다.)

그는 내 명제들을 초월해야 하며, 그 후에야 비로소 세상을 올바르게 볼 수 있을 것이다.

크리스는 우리가 복잡한 셀룰러 오토마타를 살펴보았을 때 안토니우가 보였던 반응을 예로 들었다. 그는 미래에 안토니우가 자신만의 열대우림 역학 모델을 만들어 다양한 종種 간의 상호작용에서 어떻게 생태계의 특성이 창발하는지 설명해주기를 바란다고 말했다. 또한 그 모델이 안토니우가 아래에서부터 위로 올라가 시스템 전체를 조망할 수 있도록 돕는 사다리가 될 것이라고도 말했다.

셀룰러 오토마타 모델과 그와 유사한 모델들은 콜모고로프가 내린 복잡성 정의를 이러한 방식으로 활용한다. 우리는 복잡성을 최소화할 수 있는 가장 효율적인 설명을 찾기 위해 노력한다. 그리고 그 설명을 찾아내는 순간, 현상에 대한 새로운 통찰을 얻게 된다.

크리스는 우리가 모두 "여기 있어요!"라는 삶의 농담을 찾아내야 한다고 말했다. 우리는 시스템 밖으로 나가 더 큰 진리를 깨닫고, 복잡성이 어떻게 발발되는지 이해해야 한다. 그러면서 크리스는 "비트겐슈타인의 사다리와 '여기 있어요!' 농담은 또 다른 통찰을 제공합니다"라고 덧붙였다.

그 통찰은 개별 상호작용에서 집단적 패턴이 어떻게 창발하는지 이해한 후 우리가 그것에 어떻게 반응하는가에 관한 것이다. 패턴이 형성되는 원리를 깨닫는 순간, 우리는 연구하던 현상에 대한 이해를 한 단계 초월하게 된다. 그제야 우리는 세상이 우리에게 던진 농담의 의미를 알아차린다. 그 순간 복잡했던 것이 단순해진다.

하지만 그렇다고 해서 복잡성이 사라졌다고 할 수는 없다. 복잡성은 새로운 관점에 의해 그 형태가 바뀐 것뿐이다. 이것이 비트겐슈타인이 말한 것처럼, 사다리를 오르고 나면 그것을 버릴 준비가 되어 있어야 하는 이유다. 중요한 것은 모델 자체가 아니라, 모델로부터 얻은 통찰이다. 새로 이해를 얻었다면, 이제는 복잡성을 탐구하기 위해 다른 길을 찾아야 한다. 복잡한 시스템의 본질은 그것이 여러 측면과 깊은 복잡성을 가지고 있다는 점에 있으며, 이는 항상 새로운 문제와 질문을 제기한다. 우리는 한 가지 관점이나 통찰로는 만족할 수 없다. 계속해서 과정을 재시작하고, 이전의 시도에 웃음을 지으며, 다시 시작해야 한다.

우리는 복잡성이 얼마나 거대한지 인식하고 나서야 비로소 그 깊은 비밀을 탐색할 방법을 모색할 수 있다.

복잡한 문제

이 책 전반에 걸쳐 우리는 다양한 모델들을 만들어왔다. 우리의 건강과 행복을 위한 모델, 부부가 다투는 방식이나 친구들에게 동기를 부여하는 방식을 설명하는 모델, 삶의 선택에서 비롯된 혼돈을 설명하는 모델, 그리고 그룹·군중·사회에서 볼 수 있는 사회적 구조를 설명하는 모델들이다. 이 모델들을 통해 찰리와 아이샤는 논쟁을 줄이는 방법을 찾았고, 리처드는 달콤한 간식과의 관계를 더 건강하게 조절할 수 있게 되었으며, 제니퍼는 고립감을 덜 느끼기 시작했다.

하지만…… 이런 모델들이 이야기의 끝은 결코 아니다. 이 모든 해결책은 새로운 도전 과제를 제시하기 때문이다. 찰리와 아이샤는 이제 다툼이 줄어들었지만, 그로 인해 둘 사이의 열정이 아주 조금 사라진 것은 아닐까? 리처드는 자신의 욕구를 통제하지 못하는 사람들을 지적하며 설교조로 변하지 않았을까? 제니퍼는 사회 구조를 연구하면서 동료 인간들을 단지 더 큰 집단의 대체 가능한 요소로만 바라보고 새로운 고립감을 느끼게 된 것은 아닐까?

우분투, "여기 있어요!" 그리고 비트겐슈타인의 사다리, 이 세 가지가 우리에게 말해주는 것은, 복잡성을 다룬다는 것이 단순히 올바른 모델을 찾는 것만이 아니라는 점이다. 이 이야기들은 모델 밖으로 나가 모델이 우리를 어떻게 변화시켰는지를 바라볼 수 있는 자세가 필요하다는 점을 강조한다. 우리는 자신에게 스스로 던진 "여기 있어요!" 농담에 웃을 줄 알아야 하고, 우리가 위로 타고 올라간 사다리를 던져버릴 줄 알아야 하며, 우리가 변했으며 우리 주변의 다른 사람들도 우리가 변화시켰음을 인식해야 한다.

복잡성을 탐구하는 여정은 끝이 없으며, 모든 방향으로 뻗어 나간다. 앞에서 우리는 이미 복잡성이 어떻게 우리를 더 큰 시스템의 일부로 상호작용하도록 위로 끌어 올렸는지 살펴보았다. 이제 이 책의 마지막 장들에서는 방향을 바꿔 반대 방향으로 여행을 떠날 것이다. 우리 내면의 복잡성을 들여다보며 이 여정을 마무리할 것이다.

거의 항상 복잡한 문제

이 여정의 마지막 부분을 시작하기 위해, 1970년 니스에서 열린 세계 수학자 대회로 돌아가 보자. 점심시간에 프랑스의 순수주의 수학자들인 부르바키 그룹의 젊은 회원 몇 명이 콜모고로프의 테이블에 앉았다. 콜모고로프의 발표 내용을 이해할 수 없었던 그들은 그에게 처음부터 다시 설명해달라고 요청했다.

콜모고로프는 기꺼이 요청을 받아들이면서 종이 냅킨 위에 0과 1로 이루어진 다음과 같은 이진 문자열을 적었다.

$$0000000000000$$

그러더니 그는 이 문자열이 다음과 같은 문장으로 표현될 수 있다고 설명했다.

0을 13번 쓰시오.

이 문장 자체는 원래 문자열보다 짧지는 않지만, 이 문장을 사용하면 매우 긴 문자열을 쉽게 표현할 수 있다. 예를 들어 1378개의 0을 모두 쓰는 데는 냅킨의 많은 공간이 필요하겠지만, '0을 1378번 쓰시오'라는 문장을 사용하면 매우 간결하게 같은 내용을 표현할 수 있다. 주기적인 문자열도 마찬가지다. 아래와 같은 문자열을 예로 들어보자.

101101101101…

이 문자열은 '101을 특정한 횟수만큼 반복해 쓰시오'라는 문장으로 표현될 수 있다.

이 경우 반복되는 부분(여기서는 101)을 찾아내, 그 부분이 몇 번 반복되는지만 쓰면 된다. 이것이 콜모고로프가 말한 복잡성 측정의 본질이었다. 즉, 반복적인 이진 문자열이나 알고리즘으로 설명할 수 있는 패턴을 가진 문자열은 복잡도(K) 값이 낮다.

이제 콜모고로프는 그들에게 가장 복잡한 0과 1의 문자열을 상상해보라고 했다. 그의 정의에 따르면, 이런 문자열은 문자열 자체를 쓰는 방법 외에는 설명할 방법이 없는 문자열이다. 그는 다음과 같은 문자열을 냅킨에 적었다.

0100100101110

그는 이 문자열이 13비트를 가지고 있으므로 길이가 13이며, 복잡도 값(K)도 13이라고 설명했다. 문자열 자체를 기술하는 것보다 이 문자열을 더 짧게 표현할 방법이 없기 때문이다. 그는 이런 문자열이 얼마나 자주 나타나는지 의문을 품었다고 그들에게 말했다. 즉, 그는 우리가 쓸 수 있는 모든 문자열 중에서 문자열 자체를 그대로 쓰는 것 외에는 달리 간단하게 표현할 수 없는 문자열이 얼마나 되는지 궁금해했다.

"그런 문자열은 매우 드물지 않을까요? 대부분의 문자열에서 패턴을 찾을 수 있지 않을까요?"

부르바키 그룹의 한 사람이 추측했다. 그 질문에 콜모고로프는 미소를 지으며 말했다.

"나를 좀 더 알았다면, 내가 수학자로서 가장 중요하게 여기는 것은 질문에 답하는 것이 아니라 올바른 질문을 던지는 능력이라는 것을 알았을 겁니다. 아쉽게도 당신의 질문은 잘못된 질문입니다. 나는 그 반대라고 가정했습니다. 나는 긴 문자열은 거의 항상 복잡하다는 것, 즉 단축할 방법이 없다고 생각했습니다."

그는 설명을 위해 냅킨에 다음과 같이 긴 0과 1의 문자열을 쓰기 시작했다.

10101011000100011100100000111100101110111110000101

그러더니 그는 자신이 이런 문자열, 그러니까 즉흥적으로 적은 문자열은 단순화하거나 줄일 수 없다는 생각을 가지게 되었다고 말했다. 그의 가설은 문자열이 충분히 길어지면, 그 안에서 패턴을 찾을 확률이 0에 수렴한다는 것이었다.

콜모고로프에게 이 가설은 진실처럼 느껴졌지만, 이를 증명하는 일은 1964년부터 1965년까지 그의 연구실에서 연구하던 스웨덴의 젊은 연구자 페르 마르틴뢰프Per Martin-Löf에게 맡겨졌다.[1] 마르틴뢰프는 이진 문자열의 복잡성을 테스트하는 방법을 개발했는데, 이는 문자열을 서로 다른 크기의 덩어리로 나누어 패턴을 체계적으로 찾아내는 방식이었다. 마르틴뢰프는 그의 테스트를 통과한 문자열, 즉 어떻게 나누어도 명확한 패턴이 발견되지 않는 문자열이 콜모고로프가 정의한 방식으로 복잡하다는 것을 증명했다. 이 문자열들은 문자열 자체를 쓰는 것 말고는 더 짧게 설명할 방법이 없었다. 게다가 마르틴뢰프는 문자열의 길이가 충분히 길어질 경우(예를 들어 수백만 비트 이상), 줄일 수 없는 이진 문자열이 줄일 수 있는 문자열보다 훨씬 많다는 것도 발견했다. 실제로, 충분히 긴 이진 문자열 대부분은 짧게 줄여 기술하는 것이 불가능하다.

콜모고로프는 "이는 복잡성이 규칙이고, 단순함이 예외라는 것을 뜻합니다. 1과 0의 문자열이 충분히 길어지면, 거의 모두가 줄일 수 없는 문자열이 됩니다"라고 말했다.

단순화할 수 없는 패턴은 우리가 간단히 설명할 수 있는 패턴보다 압도적으로 많다.

나는 누구인가?

"나는 누구인가?"라는 거대한 질문은 많은 사람이 인생에서 한 번쯤 자신에게 던지는 질문이다. 누군가는 평생 이 질문의 답을 찾으려 노력하고, 누군가는 이 질문을 고려하는 것조차 피하면서 평생을 보낸다. 하지만 우리가 무엇을 하든 이 질문은 늘 존재한다.

이 질문에 대한 답을 찾기 위한 출발점 중 하나는, 지금 우리가 시도하려는 방식처럼 우리 자신을 숫자들의 문자열로 생각한 다음, 콜모고로프의 접근법을 사용해 그 문자열이 얼마나 복잡한지 묻는 것이다. 당신의 본질을 단 하나의 문구나 표현으로 포착하는 방법이 있을까?

당신의 뇌에는 860억 개의 뉴런이 있다. 이 숫자는 크게 느껴질 수도 있지만, 사실 그렇게 큰 숫자는 아니다. 당신의 뇌가 구성될 수 있는 가능한 방식의 수를 생각해보면 더욱 그렇다. 신경과학자들은 뉴런이 발화한다고 말한다. 이는 뉴런이 서로에게 전기 신호를 보내는 것을 설명하는 간단한 표현이다. 하나의 뉴런은 두 가지 중 하나의 상태에 있다. 켜져 있는 상태 또는 꺼져 있는 상태, 즉 발화 중이거나 비활성이거나 둘 중 하나이다. 뉴런 두 개는 다음의 네 가지 구성 상태를 가질 수 있다. 둘 다 꺼져 있음, 첫 번째 뉴런은 꺼져 있고 두 번째 뉴런은 켜져 있음, 첫 번째 뉴런은 켜져 있고 두 번째 뉴런은 꺼져 있음, 둘 다 켜져 있음. 이것을 이진 문자열로 표현하면 다음과 같다.

00, 01, 10, 11

세 번째 뉴런을 추가하면 가능한 구성은 여덟 가지가 된다.

$$000, 001, 010, 011, 100, 101, 110, 111$$

네 번째 뉴런을 추가하면 가능한 구성은 16가지가 된다. 뉴런을 추가할 때마다 구성의 수는 계속 늘어난다. 즉, 뉴런 하나를 추가할 때마다 우리의 뇌가 가질 수 있는 가능한 구성의 수는 두 배가 된다. 예를 들어 32개의 뉴런은 2의 32제곱(2^{32}), 즉 43억 가지의 구성을 가질 수 있다.

우리의 두개골 안에 있는 모든 뉴런의 가능한 구성을 찾으려면, 2를 860억 번 곱해야 한다. 이 숫자는 엄청나게 큰 값으로, 10의 25.9억 제곱에 해당한다. 우리의 뇌 상태를 나타내는 숫자를 적으려면 25.9억 자리의 숫자 문자열이 필요하다.

하지만 이것조차도 뇌의 복잡성을 크게 과소평가한 값이다. 뉴런이 신호를 쏘아올리는 역할을 한다면, 뉴런 사이에 메시지를 전달하는 것은 수백조 개의 시냅스synapse다. 따라서 뇌의 복잡성을 적절히 추정하려면 최소한 10의 100조 제곱이라는 숫자를 사용해야 한다. 이 숫자를 상상해보라. 1 뒤에 100조 개의 0이 붙은 숫자다. 뇌가 얼마나 많은 방식으로 구성될 수 있는지 상상하는 것은, 그야말로 불가능하다.

"우리는 뇌의 10%만 사용한다"라는 이야기는 잘못 알려진 신화다. 이 주장은 알베르트 아인슈타인이 말했다고 잘못 전해진 인용문에서 유래했다. 이후 정신력만으로 숟가락을 구부린다고 주장하는 '초능력자' 유리 겔러Yuri Geller에 의해 확산되었다. 그는 사용되지 않은 뇌의 90%가 작은 금속 물체를 변형시킬 수 있는 잠재력을 가질 수 있다고 암시했다. 물론 그의 이러한 주장은 완전히 터무니없는 소리다. 하지만 우리의 뇌가 경험하는 것은 가능한 구성 상태 중 극히 일부라는 점은 사실이다. 예를 들어 당신의 뇌가 100만 분의 1초마다 새로운 구성 상태에 들어간다고 상상해보라. 그렇다면 당신이 100세까지 산다고 가정했을 때, 뇌는 10^{16}(10의 16제곱)보다 약간 적은 수의 구성을 경험하게 된다. 이는 다음 계산에 따른 것이다. 100년×365일×24시간×60분×60초×1000000개의 구성=3153600000000000. 이 값은 $3.155×10^{15}$으로 10^{16}제곱보다 약간 작다.

10^{16}이라는 숫자는 매우 커 보일 수 있다. 하지만 이를 10의 25.9억 제곱으로 나누어 당신의 뇌가 실제로 사용한 구성의 비율을 계산하면, 그 결과는 믿기 어려울 만큼 미미하다. 실제 계산 결과는 다음과 같다.

$$\frac{10^{16}}{10^{25900000000}} = \frac{1}{10^{25900000000-16}} = \frac{1}{10^{25899999984}}$$

긴 인생을 살아도 뇌의 모든 가능한 상태를 경험하는 것은 불가능하다. 설령 10^{16}가지의 서로 다른 뇌 구성을 경험한다고 해도, 그것은 모든 가능한 상태의 극히 일부분일 뿐이다.

찰리는 최근 자신이 어떤 사람인지에 대해 깊이 고민해왔다. 다른 학생들과의 사회적 관계를 통해 외부 세계를 바라본 제니퍼와 달리, 찰리는 내면으로 시선을 돌려 자신이 누구인지 이해하려고 했다. 그는 자신을 규정하는 것이 무엇인지 생각하기 시작했다. 그는 자신이 지금까지 들은 모든 단어를, 영화나 라디오, 유튜브에서 들은 것까지 모두 적어본다면 어떻게 될지 상상해보았다. 그는 하루에 약 1만 2000개의 단어를 들었을 것으로 추정했다. 이는 아마 과소평가일 것이다. 하지만 그는 그 정도 추정이면 충분하다고 생각했다. 각 단어는 평균 다섯 개의 글자로 이루어져 있으며, 각 글자는 8비트(ASCII 코드를 적용할 경우)로 인코딩할 수 있다. 이를 계산하면, 찰리가 지금까지 경험한 정보의 양은 $34 \times 365 \times 12000 \times 5 \times 8 = 5956800000$ 비트가 된다.

이 비트들은 각각 1 또는 0의 값을 가질 수 있으므로, 찰리 같은 34세의 사람이 경험할 수 있는 서로 다른 정보 문자열의 가능한 조합은 대략 2의 60억 제곱에 해당한다. 이를 10진수로 표현하면 약 10의 20억 제곱이다. 참고로, 우주에 존재하는 입자의 수는 보통 10의 80제곱 정도로 추정되며, 이는 10의 20억 제곱에 비하면 극히 미미한 수치다. 게다가 이 숫자는 찰리가 들은 말로만 구성된 정보일 뿐이다. 여기에 찰리가 읽은 것, 본 것, 들은 소리, 경험한 냄새와 맛까지 추가하면 그가 겪은 삶의 경험은 훨씬 더 많아질 것이다.

우리가 자신을 뇌 구성의 총합으로 보든, 삶의 경험의 총합으로 보든, 이를 요약하려면 엄청나게 긴 숫자 문자열이 필요하다. 찰리는 수십억 자리 숫자로 이루어진 문자열이다. 그는 자신의 삶이 될 수 있었던 무한한 가능성 중 단 하나를 경험한 존재일 뿐이다. 수학자들은 이 문자열의 길이를 차원dimension이라 부른다. 결국 우리는 모두 수십억 개의 차원을 가진 존재다.

이전 장에서 언급한 콜모고로프의 복잡성 이론에 따르면, 고차원의 문자열 대다수는 문자열 자체를 그대로 쓰는 것 외에는 더 단순하게 설명할 방법이 없다. 그 결과는 이론적이지만, 우리가 자신을 숫자 문자열로 바라볼 때 염두에 둘 가치가 있다. 뇌 속에서 발화하는 뉴런과 우리가 경험한 방대한 양의 정보는 수십억 자리 숫자로 이루어져 있다. 우리 각자를 재현할 수 있는 짧은 컴퓨터 프로그램이 있을까? 사람을 저차원적으로 표현할 방법이 있을까?

찰리는 자신이 누구인지 알고 싶어 많은 시간 인터넷을 뒤졌고, 처음엔 점성술에 빠졌다. 자신의 별자리가 게자리^{Cancer}라서 다양한 상황에서 수줍음이 많고 내성적이라는 설명을 읽고 수긍했다. 하지만 같은 별자리인 직장 동료가 정반대 성격이라는 사실을 알게 되었다. 그 사람은 늘 웃고 농담하며, 파티에서 중심인물 역할을 했다. 이후에 이와 비슷한 경험을 하면서 찰리는 점성술이 그다지 합리적이지 않다는 것을 깨달았다.

그 뒤 찰리는 온라인 성격 테스트를 발견했다. 예를 들어 마이어스-브릭스 성격 유형 지표$^{Myers-Briggs\ Type\ Indicator,\ MBTI}$, DISC 성격 테스트, 빅파이브$^{Big\ Five\ Personality\ Test}$ 같은 것들이다. 이런 테스트들은 대부분 다음과 같은 30~40개의 질문으로 구성된다. "다른 사람들이 우는 걸 보면 당신도 눈물이 나나요?", "모임에서 대화를 먼저 시작하나요?", "한번 시작한 프로젝트를 끝까지 마치나요?". "당신은 감성적인가요?", "철학적 질문에 대해 고민하는 것이 시간 낭비라고 생각하나요?", "당신은 머리보다는 가슴을 따르는 경향이 있나요?"

테스트를 마치면 찰리의 성격을 설명하는 그림이 나타난다. 그가 최근에 완료한 테스트는 '외향성 대 내향성', '직관 대 관찰', '사고 대 감정', '판단 대 탐색', '단호함 대 불안정성'이라는 다섯 가지 범주로 구성되어 있었다. 그리고 그 테스트는 각 범주에 대해 1에서 10 사이의 점수를 제공했다. 찰리는 외향성: 2점, 직관: 8점, 사고: 4점,

판단: 3점, 단호함: 6점을 받았다. 이 사이트는 찰리를 내향인으로 분류하면서 그가 생생한 내적 세계를 가지고 있고, 문화에 대해 깊은 감정적 반응을 느끼지만, 다른 사람들 사이에서는 수줍음을 타는 사람이라는 설명을 덧붙였다.

다섯 가지 성격 특성을 측정하는 테스트들은 한 사람을 다섯 차원으로 평가한다. 이를 통해 10의 5제곱(100000) 가지의 서로 다른 점수를 생성할 수 있어, 정확히 같은 점수를 받는 사람이 많지 않게 한다. 하지만 다섯 차원은 찰리의 10의 10억 제곱에 해당하는 잠재적 변형에 비하면 극히 작은 숫자다.

성격 테스트의 차원(5차원)과 인간 경험의 차원(수십억 차원) 사이의 이 엄청난 격차는 찰리가 온라인 테스트를 통해 자신의 본질을 찾으려는 시도가 실패로 끝날 수밖에 없음을 의미한다. 우리의 마음과 경험의 차원은 우리가 자신에 대해 측정할 수 있는 차원을 압도적으로 초월한다. 콜모고로프의 복잡성 이론에 따르면 단일 차원, 심지어 다섯 차원이 특정 사람을 완벽히 포착할 가능성은 극히 낮다. 찰리라는 문자열을 단순화할 방법은 없다.

온라인 성격 테스트를 완료하는 것은 유용한 경험이 될 수는 있다. 하지만 이를 최대한 활용하려면 먼저 우리의 축소할 수 없는 복잡성irreducible complexity부터 이해해야 한다. 이런 테스트를 할 때 도움이 되는 한 가지 방법은 답변에 담긴 미묘한 차이를 생각하는 것이다. 예를 들어 찰리가 외향성에서 2점을 받았는데, 그는 "먼저 대화를 시작하나요?", "말을 많이 하지 않나요?" 같은 질문을 자신이 별로 좋아하지 않는 파티나 사회적 모임 같은 상황에 비춰 생각했기 때문에 점수가 낮게 나온 것이다.

이 질문에 답할 때 찰리는 자신이 파티에 참석했다고 생각하지 말고, 다른 맥락에서 생각해보아야 한다. 그는 직장에서도 수줍음을 타는가? 가족들과 있을 때는 어떤가? 발표할 때는 어떤 기분인가? 줌Zoom을 통해 발표할 때는 다른가? 친구들과 있을 때는 어떻게 행동하는가? 친구들과 있을 때는 자신을 더 자유롭게 표현할 수 있는가? 축구처럼 자신이 많이 아는 주제에 관해 이야기할 때는 어떤가? 잡담할 때는 수줍음을 타지만, 일이나 가족에 대해 이야기할 때는 더 쉽게 마음을 여는가?

내향성 자체도 여러 차원을 가진다. 내향성은 상황에 따라 달라지기 때문이다. 개개인의 복잡성을 이해하려면, 자신에 관한 질문을 던질 때 그것에 담긴 차원들을 열어야 한다. 성격 테스트가 우리를 단순화하는 방식을 무비판적으로 받아들이는 대신, 우리는 질문 자체가 우리를 어떻게 확장할 수 있는지, 수많은 상황에서 자기 자신을 다양한 방식으로 바라보도록 도울 수 있는지 살펴야 한다.

온라인 테스트의 결과가 어떠하든, 다른 사람들이 찰리를 단순화하거나 범주화하든, 찰리는 하나의 측정치나 소수의 측정치로 단순화될 수 없다. 마찬가지로 다른 사람들을 어떤 틀에 가두는 것도 위험하다. 그들을 수줍음이 많다, 자신감이 있다, 화를 잘 낸다, 냉소적이다, 똑똑하다, 어리석다, 체계적이다, 혼란스럽다 같은 말로 단정 짓는 것은 옳지 않다. 모든 사람의 차원들은 맥락과 그들이 처한 상황에 따라 달라진다.

따라서 "나는 누구인가?"라는 질문의 답은, 당신은 단 하나의 차원으로 정의될 수 없다는 것이다. 당신은 수십억 차원을 지닌 존재이기 때문이다.

짧은 장면들로 이루어진 삶

1970년 세계 수학자 대회에서 발표를 마친 저녁, 콜모고로프는 방 안에 앉아 자신이 누구인지에 대해 생각했다.

그의 인생 초반부는 매우 빠르게 지나갔다. 그는 자신이 19세에 모스크바대학교에서 어떻게 '발견'되었는지를 떠올렸다. 1학년 강의를 듣던 중, 그의 교수였던 영향력 있는 수학자 루진Luzin은 하나의 수학적 증명을 설명하며 특정한 주장을 제시했고, 학생들에게 이 주장의 진위를 확인해보라는 과제를 냈다. 콜모고로프는 즉시 그 주장이 틀렸다는 것을 깨닫고 반례를 적어냈다. 루진은 이에 크게 놀라워하며, 박사 과정 학생 중 가장 뛰어난 파벨 우리손Pavel Uryson에게 콜모고로프의 주장이 맞는지 확인해보게 했다. 콜모고로프의 주장은 옳았다. 그에게서 깊은 인상을 받은 우리손은 그를 자신의 심화반 강의에 초대했다. 그 후로 콜모고로프는 우리손의 강의에서도 추가적인 오류를 발견했다. 우리손이 강의 노트를 일부 다시 써야 할 정도였다. 이처럼 모든 것을 의심하며 배우는 과정은 계속되었고, 학부 2학년이 되자 콜모고로프는 모스크바의 동료들뿐만 아니라 전세계 수학계를 놀라게 할 결과를 만들어내기 시작했다.[1]

당시에도 그리고 시간이 지나 1970년이 됐을 때도 그는 다른 사람들이 왜 자신이 본 것을 보지 못하는지 이해할 수 없었다. 그는 모스크바의 동료들이 자신보다 수학을 더 잘 이해한다고 생각하고 있었다. 그들은 때로는 수백 페이지에 달하는 복잡한 증명을 만들어냈고, 콜모고로프는 이를 온전히 이해하는 데 어려움을 겪었기 때문이다. 하지만 그는 그들의 생각을 이해한 뒤에는 대부분 그 생각을 단순화할 수 있었다. 실제로 그가 자신의 더 간결한 생각을 교수들에게 설명했을 때, 그들은 그 아이디어의 핵심을 빠르게 이해하며 자신들이 '명백한' 해법을 놓쳤다고 자책하곤 했다.

이런 일들이 반복되면서 콜모고로프는 수학이란 평범함과 불가능함 사이의 균형이라는 생각을 하게 됐다. 그는 결과를 얻기 위해 몇 주 또는 몇 달 동안 고민하다가도, 갑작스레 관점의 변화가 찾아오면 모든 것이 너무나 간단해 보이는 것을 경험했다. 관점을 바꾸는 이런 능력 덕분에 그는 동료들 사이에서 독특한 재능을 가진 사람, 심지어는 천재로 여겨졌다. 하지만 콜모고로프는 다른 사람들이 자신을 칭송하는 것에 큰 의미를 두지 않았다. 학창 시절 그는 수학보다는 생물학과 역사를 더 좋아했었다. 그는 진정한 천재란 현실 세계에 대한 통찰력을 가진 사람이라고 생각했다. 하지만 1920년대 모스크바에서 박사 과정을 밟던 당시의 자신에게는 그런 통찰력이 없었다고 그는 회상했다.

현실 세계에 대한 경험이 부족했던 콜모고로프에게, 1929년 그의 학부 시절 지도교수였던 파벨 알렉산드로프Pavel Alexandrov가 모스크바로 돌아온 일은 매우 큰 영향을 미쳤다. 훗날 그는 (박사 학위 과정 마지막 해의 학생에 불과했던) 자신이 당시에 어떻게 위대한 수학자 알렉산드로프를 초대할 용기를 냈는지 알 수 없다고 회상했다. 알렉산드로프는 소련 최초로 해외를 여행한 수학자였고, 콜모고로프는 그와 공식적인 관계밖에 없었지만, 그에게 몇 주간의 볼가강 유람선 여행을 제안했고,[2] 알렉산드로프는 이를 받아들였다.

이 여행을 하면서 알렉산드로프는 우리손(콜모고로프의 주장을 처음으로 검증했던 교수)과 함께 소련과 유럽을 여행한 경험을 콜모고로프에게 이야기해주었다. 알렉산드로프는 여행하며 머물렀던 숙소에서 우리손과 함께 매일 아침 나란히 앉아 작업하곤 했다고 말했다. 1923년에 그들은 괴팅겐을 방문해 현대 수학의 아버지로 불리는 다비트 힐베르트와 오후 세미나에 참석했고, 저녁에는 위대한 대수학자 에미 뇌터Emmy Noether와 그녀의 학생들(이들은 '뇌터 보이즈'[3]라는 애칭으로 불렸다)과 함께 열띤 수학 토론을 나눴다.

하지만 콜모고로프의 상상력을 가장 크게 자극했던 것은 유명한 독일 수학자들의 이야기가 아니라, 알렉산드로프가 우리손과 함께 수영하고 걷던 이야기였다. 그들은 노르웨이를 하이킹하며, 차가운 물에도 불구하고 만과 피오르에서 물놀이했고, 하루 종일 햇볕 아래 누워 수학뿐만 아니라 문학과 음악에 관해 이야기를 나누곤 했다. 푸시킨, 도스토옙스키, 괴테, 베토벤, 차이콥스키 같은 주제들이었다.

그들은 유럽의 여러 도시도 방문했다고 했다. 알렉산드로프는 1924년 7월 말, 파리 소르본대학교 맞은편 저렴한 호텔에 머물렀던 밤에 대해 자세하게 이야기했다. 저녁 식사 후 그들은 호텔 방의 작은 발코니로 나가 저녁놀 속에 펼쳐진 파리 전경을 바라보고 있었는데, 한 다락방 창문에서 누군가 베토벤 피아노 소나타를 연주하는 소리가 들려왔다고 했다. 알렉산드로프는 그 순간을 진정한 사랑의 순간으로 기억하며 평생 간직할 것이라고 말했다.[4]

콜모고로프는 그런 삶을 갈망했다. 경험으로 가득 찬 삶, 수학으로 시작하는 아침, 호수에서 자유롭게 수영을 즐기는 삶, 시와 음악, 여행, 우정 그리고 사랑이 있는 삶……

알렉산드로프의 이 이야기는 그에게 특히 강렬한 영향을 미쳤다.

왜냐하면 파리의 그 저녁은 불과 몇 주 뒤 끔찍하고 말로 표현할 수 없는 사건으로 이어졌기 때문이다.

1924년 8월 17일, 우리손과 알렉산드로프는 브르타뉴의 작은 어촌 마을 바츠의 해안가[5]에 위치한 오두막을 빌려 지내고 있었다. 그들은 평소처럼 오전 내내 수학을 연구했고, 점심시간이 훨씬 지난 오후 5시까지 끼니를 거른 채 연구에 몰두했다. 그 후 그들은 해변으로 가서 수영을 하기로 했다. 물 속에 발을 담그자 두 수학자 사이에 불안감이 일기 시작했다. 과연 이곳에서 수영하는 것이 안전할까? 파도가 암초에 부딪히며 부서지고 있었고, 그들은 아침 이후 아무것도 먹지 않은 상태였다.

하지만 그들은 잠시 망설이다 서로를 바라보며 숨을 깊게 들이마신 뒤 작은 파도를 헤치고 바다로 헤엄쳐 나갔다. 수면 위로 올라온 순간, 알렉산드로프는 자신이 예상보다 훨씬 먼 바다로 밀려났음을 깨달았다. 그리고 그 순간 갑작스럽게 거대한 힘에 휩쓸리고 말았다. 또 다른 거대한 파도가 그를 들어 올려 해변으로 밀어냈다. 겨우 정신을 차린 후, 그는 약 50미터 떨어진 곳에서 물에 떠 있는 우리손의 모습을 보았다. 얼굴은 아래로 향했고, 몸은 엉거주춤 앉은 자세였다. 그렇게 우리손은 세상을 떠났다. 그의 너무나 짧았던 이야기는 그렇게 끝이 났다.

콜모고로프는 볼가강 유람선 여행이 알렉산드로프에게는 그로부터 5년 전 우리손과 함께했던 모험을 되새기는 시간이기도 했다는 것을 깨달았다. 그리고 그는 알렉산드로프와 점점 가까워지며 그를 푸샤Pusya라고 불렀고, 알렉산드로프가 자신에게 속마음을 털어놓기 시작한 것을 큰 영광이라고 느꼈다. 또한 그는 그 후에 알렉산드로 프가 괴팅겐과 유럽을 함께 여행하자고 제안했을 때 정말로 기뻤다.

그 여행은 잊을 수 없는 경험이었다. 콜모고로프는 다비트 힐베르트가 제시한 확률 이론의 공리화 문제를 자신이 풀었을 때 알렉산드로프에게 칭찬받으며 느꼈던 전율을 마치 어제 일처럼 떠올렸다. 또한 그는 에미 뇌터와의 저녁 토론, 유명한 수학자들과 함께한 점심에서 얻은 통찰도 생생히 기억했다. 두 사람은 바이에른 알프스를 여행했고, 프라이부르크를 방문했으며, 프랑스 알프스의 안시호수에서 수영했다. 그 후 둘은 마르세유를 거쳐 사나리쉬르메르 해안으로 향했다. 하지만 그 순간들이 아무리 훌륭했어도, 콜모고로프는 가장 좋은 순간이 여전히 앞으로 다가올 날들에 있다고 생각했다.

1935년에 그들은 코마로프카라는 작은 마을에 있는 여름 별장(다차)을 샀다. 콜모고로프는 그들의 행복했던 일상을 떠올렸다. 그들은 일주일 중 3일은 모스크바에서, 4일은 코마로프카에서 보냈는데, 그중 하루는 온전히 신체 활동에 할애했다. 그들은 스키를 타거나, 노를 젓거나, 멀리 하이킹을 떠났다. 콜모고로프는 햇살이 내리쬐는 3월의 어느 날, 반바지만 입은 채 스키를 타며 4시간이나 바깥에서 보냈던 일을 떠올렸다. 그들은 얼음이 막 녹기 시작한 강에서 수영하는 것을 즐겼다. 콜모고로프는 차가운 물에서 짧은 거리만 수영했지만, 푸샤는 항상 훨씬 멀리까지 헤엄쳤다. 스키에서는 그 반대였다. 콜모고로프는 반바지만 입고 엄청난 거리를 스키로 이동할 수 있었다.[6] 저녁에는 학생들과 동료들이 방문하곤 했고, 다 함께 음악을 들었다.

운동 후의 아침이야말로 진정 특별한 시간이었다. 연구하는 시간이었기 때문이다. 콜모고로프에게 그 시절은 무한한 생산성이 발휘되던 시기였다. 그의 연구 중 일부는 순수수학 연구의 연장이었지만, 점차 그는 수학을 실생활에 적용하는 방법에 집중했다. 아이러니하게도 이 좋은 시절은 스탈린의 대숙청과 제2차 세계대전 한가운데서 시작되었다. 서양의 많은 동료처럼 콜모고로프 역시 전쟁이 던지는 도전에 매료되었고, 포격의 효율성 같은 현대 전투의 복잡한 문제를 해결하는 데 자신의 지적 능력을 쏟아부었다.[7]

1930년대에 소련은 응용수학과 통계학 분야에서 서유럽과 미국에 훨씬 뒤처져 있었다. 콜모고로프는 그 상황을 반전시키기 위해 노력했다. 그는 피셔의 통계 이론을 탐구하며 자신의 확률에 대한 추상적 이해를 최대가능도 방법에 대한 실용적 관점과 연결했다.[8] 그는 로트카의 포식자-피식자 모델에 관한 이론을 연구하고, 이를 일반화해 생태계 내의 다양한 종 사이의 상호작용을 모델링했다.[9] 그는 난류turbulence, 즉 흐르는 물, 수면의 파동, 배가 지나갈 때 남기는 물결, 비행기가 이륙할 때 공기에서 발생하는 교란 같은 현상을 연구하기 시작했다.[10] 배가 매우 느리게 움직일 때는 물이 양쪽으로 흘러가는 안정된 패턴을 보인다. 흐름이 빨라지면 배의 물결 뒤에 주기적인 파동이 생성된다. 콜모고로프의 기여는, 비행기 날개 끝에서 발생하는 흐름과 같은 매우 빠른 유속流速에서는 소용돌이의 크기가 무작위로 변하며 예측할 수 없는 난류가 형성된다는 것을 증명한 것이었다. 다시 말해 그는 배의 속도를 증가시키면 안정성이 주기성을 거쳐 카오스로 전환된다는 것을 보여주었다. 이 아이디어는 그로부터 수십 년 후 젊은 스티븐 울프럼이 그의 네 가지 분류를 정의할 때 다시 다뤄졌다.

1960년대 초반에 이르러 많은 소련 학자들은 수학을 물리 세계의 모델링에 사용하는 방법 면에서 자신들이 미국 학자들을 앞섰다고 믿었다. 그들은 소련의 우주 프로그램이 그 증거라고 주장하면서 콜모고로프의 난류에 대한 통찰이 에드워드 로렌츠가 카오스 이론을 날씨에 적용하기 15년 전에 이루어졌다는 사실도 언급했다. 콜모고로프의 젊은 동료들은 그가 처음으로 결정론적 과정(유체를 통과하는 물체의 전진 운동)과 무작위 결과(물체 뒤에 생성되는 난류)를 연결한 인물이라고 주장했다. 하지만 정작 콜모고로프는 자신이 선례를 만들었다고 주장하는 데 관심이 없었다. 그는 과학 논문을 오직 그것이 새로운 관점을 가져다주는지를 기준으로 평가했다. 마거릿 해밀턴과 엘런 페터가 로렌츠의 나비 효과 이론을 만들기 위해 수행한 컴퓨터 시뮬레이션은 그런 관점의 변화를 보여준 사례 중 하나였다. 당시에 콜모고로프가 복잡성에 대한 관점을 갖게 된 것은 바로 이러한 관점의 변화 덕분이었다. 그는 섀넌의 정보 이론을 매우 흥미롭게 읽었지만, 섀넌의 엔트로피가 측정하는 예측 불가능성보다는 패턴의 의미에 더 관심이 있었다.[11] 실제로, 클로드 섀넌과 그의 아내 베티 섀넌이 제퍼슨 전기의 텍스트를 예측하기 위해 번갈아가며 문장을 추측할 때, 그들은 책에서 무작위로 구절을 선택했다. 그들은 여섯 권의 책을 제퍼슨의 생애를 묘사하는 유한한 텍스트가 아니라, 예측해야 할 무한한 단어의 원천으로 여겼다. 그들은 의도적으로 그 작품의 의미를 무시했고, 처음부터 끝까지 읽지도 않았다.

1960년대에 이르렀을 때 콜모고로프의 삶은 의미로 가득 차 있었다. 그가 깨달은 것은, 그 의미가 처음에는 푸샤와의 우정의 형태로 다가왔다는 사실이었다. 알렉산드로프는 그에게 매 순간을 소중히 여기는 법, 시간을 현명하게 사용하는 법을 가르쳐주었다. 그 덕분에 콜모고로프는 모든 것에 의미가 있다는 것을 이해한 뒤, 자신에게 가장 중요한 것에 집중할 수 있었다. 그는 어린아이부터 박사 과정 학생들까지 젊은이와 노인들을 가르치는 기쁨, 어려운 문제를 해결한 학생을 볼 때 느껴지는 대견함, 다른 사람들의 삶과 복잡한 감정에 대해 들으면서 얻는 통찰, 푸시킨의 시를 읽거나 베토벤의 교향곡을 들으면서 발견한 깊은 생각, 호수에서 수영하다 물속에서만 떠오를 수 있는 아이디어가 갑자기 찾아오는 느낌, 그리고 푸샤와 함께 사랑을 이야기할 때 느꼈던 감정에 모두 의미가 있다고 생각했다.

이런 의미들의 발견을 통해 콜모고로프는 통찰을 얻을 수 있었다. 그는 자신이 제퍼슨 전기, 톨스토이의 『전쟁과 평화』, 푸시킨의 시를 분석한다면 새넌 부부처럼 무작위로 구절을 샘플링하지는 않을 것이며 이야기, 산문의 구조, 시의 운율을 살펴보면서 이런 작품에 의미를 부여하는 요소를 찾아낼 것이라고 생각했다.

그는 깨달았다. 의미란 추상적이거나 무한한 세계가 아닌, 바로 현재의 유한한 세계 속에서 존재하며, 그것은 우리가 상황을 얼마나 정확히 묘사하느냐에 달려 있다는 것을. 삶은 유한하며, 사람들은 지구에서 보내는 시간 동안 무엇을 할지 선택한다. 어떤 사람들은 여행하지 않고, 더 깊은 진리를 탐구하지 않으며, 지루한 삶을 살 것이다. 반면, 어떤 사람들은 항상 모험을 찾고, 꾸준히 배우며, 다른 사람들과 상호작용하면서 풍요로운 삶을 살 것이다. 예를 들어 우리 손의 삶은 짧았지만, 그 내용은 매우 풍부했다. 알렉산드로프는 콜모고로프에게 이러한 삶의 방식을 가르쳐주었고, 그의 삶을 풍부한 감정과 다양한 경험으로 가득 채워주었다.

그날 밤늦게 니스의 호텔 방에서 그는 깊이 잠든 푸샤를 바라보았다. 푸샤는 수학적 사유에 몰두한 하루를 보내고 피곤에 지쳐 잠들어 있었다. 콜모고로프는 푸샤의 이야기 속에 기나긴 굴곡을 지나며 경험한 수많은 우정과 지적 도전이 얽혀 있다고 생각했다. 콜모고로프는 사람의 복잡성은 추상적이거나 무한한 것에 있는 것이 아니라, 그들이 삶을 통해 무엇을 하는지에 대한 유한한 설명에 있다고 생각했다. 사람이 복잡할수록 그 사람을 묘사하기 위해서는 더 많은 노력이 필요하다.

말로 할 수 없는 설명

우리의 마지막 저녁이었다. 산타페에서 모두가 함께하는 마지막 시간이었다.

우리는 산타페 다운타운의 조용하고 세련된 바에서 만나기로 했다. 그 바는 지난 주말에 들렀던 시끄러운 나이트클럽과 스포츠 바와는 확연히 다른 분위기였다.

내가 도착했을 때, 파커 교수는 자미야와 대화를 나누고 있었다. 두 사람은 에스테르, 매들린, 안토니우, 알렉스, 루퍼트, 맥스와 같은 테이블에 앉아 있었지만, 조금 떨어진 자리에서 깊은 대화에 빠져 있었다.

"파커 교수님이 자미야에게 무슨 이야기를 하는 걸까요?"

나는 놓치고 싶지 않은 마음에 잔뜩 궁금해하며 에스테르에게 물었다. 그 당시 나는 '여기 있어요!' 농담으로 마무리된 크리스의 멋진 강의 이후에도 여전히 배울 것이 남아 있을지도 모른다고 느꼈다. 에스테르가 나를 보며 말했다.

"당신은 지금도 파커 교수님이 모든 것을 알고 있다고 생각하는 거지요?"

그러면서 그녀는 약간 비웃는 듯한 미소를 지으며 말했다.

"궁금하면 더 귀를 기울여봐요."

내가 바라보았을 때 파커 교수는 자미야에게 아무 말도 하지 않고 있었다. 오히려 자미야가 파커 교수에게 이야기하고 있었다. 파커 교수는 그녀의 말에 끼어들려고 했지만 점점 더 좌절하는 모습이었고, 자미야는 멈추지 않고 침착하게 자신의 주장을 설명해나갔다.

"아마도 포스트모더니즘 같은 헛소리겠지. 파커 교수님은 자미야에게 짜증이 나 있을 겁니다. 철학자들은 언제나 과학이 틀렸다고 떠들어대잖아요. 아마도 자미야는 교수님에게 수학이 점성술이나 종교와 다르지 않다고 말하고 있을 거예요. 자미야 같은 사람들은 '여기 있어요!' 같은 말로 우리를 깜짝 놀라게 할 수 있을 것처럼 생각하죠."

루퍼트가 끼어들며 말했다. 그는 우리에게 앨런 소칼Alan Sokal이라는 뉴욕의 물리학자가 철학계에 일으킨 논란에 관해 이야기하기 시작했다. 1996년에 소칼은 『소셜 텍스트Social Text』라는 학술지에 「경계를 초월하며: 양자 중력에 대한 변혁적 해석학을 향하여」라는 논문을 발표했다.[1] "물리적 현실은…… 근본적으로 사회적이고 언어적인 구성물이다"라는 근거 없는 주장을 담은 이 논문은 정신분석학의 타당성이 양자장 이론에서 확인되었고, 집합론의 평등 공리가 페미니즘의 개념과 유사하다고 말하며, 양자 중력이 심오한 정치적 함의를 갖는다고까지 주장했다.

그 저널은 소칼의 논문을 아무 의심 없이 출판했다. 그러나 3주 뒤, 소칼은 그것이 철저히 계산된 장난이었다고 공개했다. 그의 진짜 목적은 철학계의 한 조류인 포스트모더니즘을 비판하는 데 있었다. 소칼과 루퍼트에게 포스트모더니즘은 지나치게 복잡한 단어와 허세로 이루어진 혼합물이었다. 소칼은 과학적 용어가 인문학에서 어떻게 남용될 수 있는지 보여주고 싶었다. 즉 그것이 독자들을 설득하는 수단이 되어, 심지어 물리적 현실조차 존재하지 않는다는 주장까지 가능하게 만든다는 것이다. 루퍼트는 그 유명한 소칼의 논문

조작 사건을 이야기하며 크게 웃었다. 그리고 그 논문은 포스트모더니스트들이야말로 사실상 사이비 과학을 퍼뜨리는 사기꾼들임을 드러냈다고 말했다.

"포스트모더니즘에 비하면, 지난 몇 주는 훨씬 더 현실적이었어요." 루퍼트는 이렇게 결론지었다.

"솔직히 이번 여름학교에서 몇 가지는 배운 게 있어요. 자미야가 말하려는 건 너무 지나친 거 아닐까요⋯⋯."

그때 자미야가 다소 낙담한 듯한 표정의 파커 교수와 대화를 끝내고 우리 쪽으로 돌아섰다. 루퍼트의 목소리가 바 전체에 울려 퍼져 무시하기 어려웠기 때문이다. 자미야가 루퍼트를 향해 말했다.

"소칼은 자신의 논문에 오직 오만함만 담았어요. 안타깝게도, 그는 사상가로서 진지함이 부족한 사람이에요."

하지만 그녀는 물리적 현실에 대한 부정은 철학적으로 탐구할 수 있는 여러 입장 중 하나라며, 포스트모더니즘이 제기하는 비판의 핵심은 우리가 당연하게 여기는 가정을 끊임없이 의심하고, 우리가 아는 것에 대해 말할 수 있는 한계를 겸손하게 받아들이는 것이라고 말했다. 그러자 루퍼트가 비웃으며 말했다.

"최소한 당신은 소칼이 오만하기로는 비트겐슈타인 같은 철학자들보다 더하다고 생각하는 거지요? 그들은 사다리를 타고 방에서 빠져나가 책임을 회피하잖아요!"

우리는 모두 크리스가 비트겐슈타인에 대해 했던 말을 떠올리며 웃음을 터뜨렸다. 자미야도 미소를 지었지만, 잠시 생각한 뒤 신중하게 대답했다.

"그건 당신이 '오만함'을 어떻게 정의하느냐에 따라 다르겠죠. 어떤 사람들은 루퍼트, 당신을 오만하다고 생각할 수도 있어요. 우리 대부분은 배우기 위해 이곳에 왔어요. 하지만 당신은 자신의 안락한 이론적 세계에 대한 위협을 없애기 위해 온 것처럼 보이네요. 처음에는 파커 교수님의 강의를 위협으로 여겼고, 이제는 크리스를 영웅처럼 떠받들고 있죠. 그리고 지금, 당신은 그 둘을 또 다른 위협으로부터 지키려 하고 있어요. 당신은 복잡성에는 언제나 또 다른 층위가 존재한다는 사실을 결코 배우지 못한 것 같아요."

루퍼트는 어찌할 바를 모르며 머쓱한 표정을 지었다. 주변을 둘러보니 파커 교수는 이미 자리를 떠나고 없었다. 처음에는 그가 단지 술을 주문하러 간 줄 알았지만, 자미야가 우리에게 말을 걸기 시작했을 때 바로 자리를 떠난 것이었다. 그가 아예 가버린 것 같았다.

에스테르가 대화를 이어받았다.

"자미야, 당신 말은 추상적이고 철학적인 특정 관점에서는 맞는 말일지도 몰라요. 과학자들이 오만하다는 말, 말이에요. 하지만 사실 우리는 질문에 답을 제공하는 사람들이지요. 그게 바로 며칠 전 제가 연구소에서 데이비드에게 설명한 내용이에요. 파커 교수님도 모든 것을 이해하지는 못하고, 물론 루퍼트도 마찬가지예요. 그렇다고 해서 뭐든 다 가능하다는 뜻은 아니잖아요."

"바로 그 점을 내가 파커 교수님에게 이야기한 거예요. 나는 이곳에서 배운 내용 중 빠져 있는 부분에 대한 내 생각을 말했어요. 그는 물론 크리스도 복잡성에 접근하는 방법의 한계를 분명히 하지 않았어요."

자미야가 에스테르에게 말했다. 자미야는 소칼의 논문이 단지 특정 학술지의 심사위원들이 악의적으로 작성된 논문에 속을 수 있음을 보여줬을 뿐이라고 설명했다. 그녀는 진짜 문제는 과학자들이 자신들의 작업에 더 근본적인 한계가 있다는 것을 인정하지 않는다는 데 있다며 이렇게 말했다.

"우리는 어떤 이론이 정말로 옳은지 결코 알 수 없어요. 마찬가지로 복잡한 현상을 설명하는 데 가장 단순한 해답을 찾았다고 확신할 수도 없죠. 많은 과학자는 자신들이 현실의 본질을 밝혀낼 수 있다고 행동하지만, 결코 그렇게 할 수 없을 겁니다. 그들은 절대 확신할 수 없어요……."

에스테르가 "그 이유가 뭐죠?"라고 물으며 이렇게 덧붙였다.

"나는 단지 주어진 상황의 복잡성을 계산할 올바른 알고리즘이나 컴퓨터 코드를 찾기만 하면 된다고 생각해요. 지금은 그 알고리즘이 무엇인지 모를 수도 있지만, 결국에는 그 알고리즘을 찾아내 여러분에게 답을 알려줄 수 있을 거예요."

자미야가 말했다.

"그게 바로 당신의 문제예요. 복잡성은 계산될 수 없어요! 그 알고리즘을 결코 찾지 못할 거예요, 에스테르. 내가 설명해볼게요……."

자미야는 크리스가 설명했던 것처럼 단순한 규칙들이 복잡한 시스템의 행동을 설명할 수 있는 여러 가지 방법이 있다고 다시 강조했다. 하지만 그녀는 동시에 콜모고로프와 마르틴뢰프가 단순한 규칙으로 환원될 수 없는 복잡한 문자열이 훨씬 더 많다는 것을 보여줬다고도 언급했다. 이상적인 세상에서는, 에스테르가 제안한 것처럼 특정 시스템이 정말로 복잡한지(그리고 더 이상 단순화될 수 없는지) 아니면 단순하게 설명될 수 있는 것 중 하나인지 식별하는 알고리즘이나 방법을 찾으려고 노력할 것이다. 복잡성은 계산될 수 없다는 그녀의 말은 주어진 문자열의 복잡성을 계산하도록 설계된 알고리즘이나 기계의 존재 자체가 논리적으로 불가능하다는 뜻이었다.

자미야는 자신의 생각을 증명하기 위해 모순에 의한 증명proof by contradiction이라는 기법을 사용할 것이라고 했다. 어떤 명제를 이 기법으로 증명할 때는 먼저 그 명제가 참이라고 가정한 뒤, 이 가정이 모순에 이르게 됨을 보여줌으로써 결국 명제가 거짓임을 증명하는 방식이다. 이를 위해 자미야는 에스테르가 주어진 문자열의 콜모고로프 복잡도를 계산할 수 있는 기계를 가지고 있으며, 그 기계의 컴퓨터 코드는 100만 비트 길이라고 가정했다. 이제 데이비드가 에스테르에게 200만 비트 길이의 문자열 중 콜모고로프 복잡도가 정확히 200만 비트인 문자열(즉, 그 자체로 가장 짧은 설명을 가지는 문자열)을 찾아달라고 요청했다고 해보자. 이를 위해 에스테르는 자신의 기계를 사용하여 200만 비트 길이의 문자열들을 하나씩 복잡성 계산에 돌려보며, 복잡성이 정확히 같은 수의 비트로 이루어진 문자열을 찾을 때까지 계속해야 한다.

"그런 문자열이 존재한다는 것을 어떻게 알 수 있죠?"

루퍼트가 질문하자 자미야가 대답했다.

"그런 문자열을 찾기 위해 아주 많은 문자열을 테스트해야 할 수도 있다는 건 맞아요."

그녀는 길이가 n인 이진 문자열을 만드는 방법이 2의 n제곱 개라는 점을 상기시켰다. 문자열의 각 비트가 0 또는 1 중 하나의 값을 가질 수 있기 때문이다. 예를 들어 길이 n=3인 문자열은 000, 001, 010, 011, 100, 101, 110, 111의 8가지($2^3=8$) 경우의 수를 가진다. 따라서 길이 n=2000000인 문자열에는 2의 200만 제곱에 해당하는 문자열이 존재하며, 에스테르의 알고리즘은 그것들을 하나씩 확인해야 한다. 하지만 (에스테르가 실제로 콜모고로프 복잡도를 계산할 수 있는 기계를 가지고 있다고 가정하면) 이는 원칙적으로 가능하다. 그렇다면 에스테르는 "각 문자열에 대해 내 기계를 적용하라"는 추가 코드를 작성하기만 하면 된다. 마르틴뢰프의 증명에 따르면, 어떤 주어진 길이에 대해서도 복잡한 문자열은 반드시 존재한다. 결국 에스테르는 자신의 기계를 사용해 200만 비트 길이의 복잡한 문자열을 찾아서 나에게 줄 수 있을 것이다.

자미야는 내가 받은 문자열이 바로 모순이라고 설명했다. 한편으로 에스테르는 그 문자열의 복잡도 K가 2000000이라고 말했지만, 다른 한편으로 그녀는 100만 비트 길이의 기계를 사용해 K가 2000000인 문자열을 생성한 것이었다. 콜모고로프의 정의에 따르면, 문자열의 복잡도는 그 문자열을 생성하는 가장 짧은 알고리즘이다. 에스테르의 알고리즘은 약간의 추가 코드(모든 문자열을 순회하는 루프 코드)를 포함해 100만 비트가 조금 넘는 길이를 갖는다. 즉, 그녀는 자신이 생성한 문자열의 콜모고로프 복잡도가 $K \approx 1000000$이라고 주장하는 셈이었다. 이 시점에서 나는 에스테르가 틀렸음을 알게 된다. 그녀는 $K = 2000000$이라고 주장하면서 동시에 $K \approx 1000000$이라고 주장하는 셈이었기 때문이다. 결국, 그녀의 기계는 존재할 수 없다!

이 모든 것은 나(그리고 다른 사람들)에게는 다소 어려운 내용이었지만, 나는 자미야의 논증에서 틈새를 찾은 것 같았다. "만약 에스테르의 기계가 100만 비트보다 크다면 어떡하죠?"라고 내가 물었다. 자미야가 대답했다.

"상관없어요. 그런 기계가 존재한다면, 에스테르는 그 기계가 얼마나 큰지 알려줄 수 있어야 하죠. 데이비드, 당신이 모순을 찾기 위해 해야 할 일은 단지 에스테르에게 그 기계가 얼마나 큰지 묻는 것뿐이에요. 그다음에 기계 길이의 두 배 길이 정도의 복잡한 문자열을 요청하세요."

만약 에스테르가 답을 제공한다면, 그녀는 스스로 자신의 주장을 모순되게 만드는 셈이다. 그녀는 문자열을 계산하기 위해 사용된 기계보다 거의 두 배 복잡한 문자열을 가졌다고 주장하는 것이기 때문이다! 하지만 콜모고로프의 정의에 따르면, 이는 불가능하다. 설령 에스테르가 자신의 기계가 정확히 얼마나 큰지 모른다고 해도, 그 기계가 존재하려면 반드시 컴퓨터 메모리에 들어갈 만큼의 크기여야 한다. 즉, 유한해야 한다는 뜻이다. 이 경우 나는 점점 더 큰 예를 요청하며 에스테르를 결국 모순에 빠지게 할 수 있다.

"이런 모순이 생겨나는 방식은 우리가 '말로 표현할 수 없는'이나 '말로 설명할 수 없는' 같은 수식어를 사용할 때 생겨나는 모순과 비슷한 방식이에요. 우리가 다른 사람을 어떻게 느끼는지, 그들의 도움에 얼마나 감사한지, 또는 그들을 얼마나 사랑하는지를 말하려고 할 때, 우리의 감정을 말로 표현할 수 없다고 말할 때가 있죠."

자미야가 말했다. 그녀는 다른 사람을 정확히 묘사하는 것은 우리가 그들에 대해 느끼는 감정을 짧게 설명할 방법을 찾는 것과 비슷하다고 설명했다. 대개 우리는 아무리 노력해도 자신을 표현할 방법을 찾지 못하기 때문에 대신 그 감정은 말로 표현할 수 없다고 말한다. 하지만 이 말 자체가 우리의 감정을 묘사한 것이다. 게다가 이는 매우 간결한 묘사다. 이는 에스테르의 콜모고로프 복잡도 계산 기계가 만든 것과 같은 모순을 만들어낸다. 우리는 어떤 사람에 대해 "말로 설명할 수"라고 말함으로써 그들을 묘사하는 셈이다.

우리는 한동안 침묵하며 자미야가 한 말을 곱씹었다. 침묵을 깬 사람은 알렉스였다.

"내가 정말 어이없고 슬프다고 생각하는 게 뭔지 알아요? 오늘 이 마지막 날에 우리가 산타페에서 침묵 속에 앉아 있다는 겁니다. 내가 아는 나이트클럽이 있어요. 춤추러 갑시다…… 마지막을 화끈하게 장식해봅시다!"

말은 적게 할수록 의미가 깊어진다

현재의 런던으로 돌아가 보자. 아이샤와 아홉 명의 친구들은 함께 저녁을 먹으며 그녀가 직장에서 제작한 노숙자 관련 영상을 보고 있었다. 영상이 끝난 뒤 베키가 물었다.

"정말 사람들의 삶을 짧은 영상이나 몇 마디 말로 요약할 수 있다고 생각해?"

앤터니가 미소를 지으며 말했다.

"글쎄, 베키, 너를 몇 마디로 요약한다면 '질문하는 여자'가 되겠지. 지금도 예외는 아닌 것 같군."

다른 친구들은 웃음을 터뜨렸다. 베키가 얼마 전에 친구들에게 "말을 잘 들어주는 사람이 되는 비결은 질문을 잘 선택하는 데 있다"라고 말했던 일이 떠올랐기 때문이다. 앤터니가 말을 이었다.

"나한테는 그건 매우 쉬운 일이야. 나는 니아의 삶에 카오스와 사랑(희망 사항이긴 하지만)을 불러오는 존재지."

"그래, 맞아" 하고 니아가 미소 지으며 말했다. 그녀는 마침내 지난 몇 주 동안 스스로를 '약간 통제광인 사람'으로 인정하게 되었고, 이제야 내려놓는 법을 배우고 있다고 털어놓았다. 니아는 존을 향해 말했다.

"넌 나하고 비슷한 것 같아, 존. 넌 항상 우리를 위해 곁에 있어 주고, 우리를 제대로 된 방향으로 되돌려놓으려고 하지. 마치 농구공을 튕기듯 말이야. 하지만 너도 가끔은 그냥 내려놓아도 돼……. 너무 힘들게 그러지 않아도 돼."

수키는 여전히 유행에 민감하다고 고백했다. 그녀가 최근에 따라 한 최고의 유행은 소피의 새로운 피트니스 프로그램이었다. 리처드도 동의했다. 그는 다른 친구들이 시작한 건강한 생활방식에 늦게 동참했으며, 여전히 '은밀한 초콜릿케이크 애호가'이지만, 앞으로는 좀 더 균형 잡힌 소비를 할 결심을 하고 있었다. "그런데 말이야……" 하고 뜸을 들이며 찰리가 말했다.

"최근에 이 질문에 대해 많이 생각해봤어. 우리가 정말 이렇게 단순한 캐리커처 같은 존재들일까?"

아이샤가 대답했다.

"절대 그렇지 않아. 오르락내리락하는 시간이 있긴 했지만, 우리는 더 나은 방식으로 소통하려고 열심히 노력했어. 소리 지르는 일을 줄이고 말이야. 그리고 내가 깨달은 건, 넌 내 남편으로서 유일무이한 존재라는 거야. 그리고 난 너를 절대 바꾸고 싶지 않아."

친구들 사이에서 작게 "아~" 하는 소리가 퍼졌다. 모두 잠시 조용히 앉아 있었다. 찰리는 생각에 잠긴 듯 보였다. 마침내 찰리가 말했다.

"고마워, 아이샤. 너처럼 모든 사람에게 이렇게 신경을 많이 쓰는 사람한테 그런 말을 들으니 정말 의미가 크네. 너만의 유일무이한 존재가 되는 건 엄청난 특혜야."

"그런데 제니퍼, 너는 어때? 왜 아무 말도 안 해?"

베키가 물었다. 그러자 제니퍼는 학생으로서 한 학기를 보내면서 사회 세계를 멀리서 바라볼 기회를 얻었다고 친구들에게 말했다. 런던에서 일할 때 그녀는 자신이 '매일 출퇴근하는 직장인'이라는 역할에 갇힌 느낌이었다. 하지만 그녀는 이제 사회적 시스템에 따라 우리의 역할이 바뀐다는 사실을 깨달았다고 했다. 그녀는 이제 스스로를 '영원한 학생', 즉 항상 새로운 지식을 찾는 사람으로 바라볼 수 있게 됐다고 말했다. "나는 이제 모든 상황을 있는 그대로 이해하는 법을 배우고 있어"라고 그녀는 덧붙였다.

우리는 이 친구들에 대해 제니퍼는 항상 배우는 사람, 니아는 통제광, 베키는 호기심 많은 경청자 등으로 요약할 수 있다. 이런 설명은 우리가 이 책의 서두에서 시작했던 숫자 리스트(나이, 소득, 마신 라테 잔 수, 피클 선호 여부)보다 훨씬 더 정확하게 복잡한 사람의 본질을 포착한다. 우리는 단순한 아이디어에서 더 큰 아이디어를 만들어내기 위해 노력해야 한다.

자미야가 산타페에서 우리에게 준 교훈은 바로 이것이다. 우리가 한 사람이나 사회적 상황을 묘사하는 방식이 최선인지 알 길은 없다. 어떤 간단한 설명도 세부 사항을 생략할 수밖에 없지만, 그 세부 사항이 얼마나 중요한지는 알 수 없다. 이런 설명은 맥락에 따라 달라진다. 찰리는 직장에서, 파티에서, 아니면 홀로 자신의 존재에 대해 생각할 때마다 다른 사람이 된다. 심지어 찰리를 누구보다 잘 아는 아이샤조차 그의 복잡성을 온전히 이해할 수는 없다.

우리는 다른 사람을 완벽히 이해할 수 없다. 어쩌면 우리 자신조차 완벽히 이해할 수 없을지도 모른다.

네 가지 방식

때로는 생각들이 한꺼번에 몰려와 벅차게 느껴질 때가 있다. 스스로와의 내면적인 논쟁, 반박, 걱정 그리고 자기비판에 귀를 기울이는 순간들이 그렇다. 왜 상사가 나만 다르게 대하는 걸까? 왜 형제자매와 항상 다투는 걸까? 왜 내가 인생에서 하고 싶어 하는 많은 일들을 하지 못하는 걸까? 왜 과거에 더 나은 선택을 하지 못했을까? 앞으로는 무엇을 해야 할까? 왜 친구들보다 내가 덜 똑똑하다고 느끼는 걸까? 혹시 누군가가 나를 바보로 느끼게 하려는 걸까? 왜 동료는 자기 일을 제대로 하지 않으면서 아무렇지도 않은 걸까? 왜 10대 자녀들은 내 말을 듣지 않는 걸까? 왜 부모님은 항상 불평만 하실까?

머릿속에 이런 생각들이 쌓여갈 때 우리는 잠시 멈춰 서서 우리가 어떻게 사고하는지를 깊이 생각해봐야 한다. 어떤 사고 과정이 옳은 결과를 끌어내고, 어떤 사고가 나를 잘못된 길로 이끄는지 분석해야 한다. 삶에는 수많은 문제가 있지만, 우리가 사고할 수 있는 방식은 네 가지라는 사실을 기억해야 한다.

먼저 숫자에 기반한 사고가 있다. 얼마나 자주 이런 일이 당신과 다른 사람들에게 일어나는가? 조사를 해보라. 증거를 수집하라.

상호작용에 기반한 사고도 있다. 서로에게 어떻게 반응하는가? 부정적인 순환을 끊어낼 방법을 찾아보라.

카오스에 기반한 사고는 상황을 통제하는 것이 더 나은지, 아니면 마음을 내려놓는 것이 더 나은지 판단하는 사고다. 내려놓기로 했다면 무작위성을 기꺼이 받아들여라. 통제하기로 했다면, 달 착륙을 준비하는 것처럼 철저하게 전략을 준비하라.

마지막으로 복잡성에 대한 사고가 있다. 우리는 다른 사람들과의 갈등을 해결하기 위해 앞선 세 가지 사고방식을 사용할 수는 있지만, 그러면서도 우리는 모두 가족, 직장 그리고 사회라는 훨씬 더 큰 사회적 시스템의 일부라는 사실을 기억해야 한다. 또한 우리는 모두 종종 완전히 이해할 수 없는 자신만의 내면 감정을 가지고 있다. 각자의 개성을 가장 잘 표현할 수 있는 단어를 찾아서 모든 사람을 개개인으로 보려고 노력하라.

진실에 더 가까워지도록 자신의 사고를 다듬어라. 하지만 동시에 우리는 모두 형언할 수 없을 만큼 복잡한 존재이기에 항상 우리의 이해를 넘어서는 것들이 남아 있다는 사실도 잊지 말아야 한다. 우리가 할 수 없는 일에 대해 너무 걱정할 필요가 없다. 그 대신 우리 각자가 지닌 무수한 면모와 신비로움에 영감을 받아라. 우리는 이 세상에서의 유한한 시간을 사용해 다른 사람들 속에서, 그리고 자신 안에서 항상 새로운 무언가를 발견할 수 있다는 사실을 즐겨야 한다.

가치 있는 삶

콜모고로프는 항상 산책으로 한 주의 공부를 시작했다. 그건 누군가와 함께하는 긴 산책이었다.

열 명에서 열두 명 정도의 박사 과정 학생들이 소련의 국가 차량을 타고 모스크바에서 그가 아끼는 코마로프카의 별장으로 이동했다. 학생들은 별장에서 샌드위치를 먹었고, 다음 날 아침 주변 시골 지역으로 긴 산책을 하러 나갔다.

콜모고로프는 번갈아가며 학생들과 대화를 나눴다. 누군가 뒤처지면 기다렸다가 나란히 걸으며 질문을 던지고 그들의 답변을 경청했다. 콜모고로프는 수학에 관한 질문으로 대화를 시작하는 법이 없었다. 대신 삶, 스포츠, 체스, 음악 취향, 여가 시간 그리고 그들의 인간관계에 관해 이야기를 나눴다. 그는 그들의 답변에 귀를 기울였다.

학생들 대부분은 그와의 소소한 대화에 안도감을 느꼈다. 그들은 그의 수학적 천재성에 압도돼 있었기 때문이다. 그들은 콜모고로프가 언제라도 거의 무심한 태도로, 자신들이 철두철미하다고 믿었던 수학적 증명에서 오류를 발견하거나, 장황하게 해결한 문제에 훨씬 더 간단하고 우아한 해답을 제시할까 봐 두려웠다. 자칫하면 박사 논문 전체가 그의 한마디로 무의미해질 수 있다는 걱정을 떨칠 수 없었다. 하지만 동시에 콜모고로프는 학생이 자신의 연구를 완성하는 데 필요한 핵심 아이디어를 제공하기도 했다. 노년기에 접어든 그는 세미나 도중 종종 잠들곤 했지만, 여전히 그의 마법은 살아 있었다. 그는 갑자기 깨어나 학생이 직면한 문제를 단순히 관점을 바

꿈으로써 해결할 방법을 설명하기도 했다. 드물지만, 그는 칠판에 직접 해결책을 써주기도 했으며, 학생들은 이를 자신의 과제에 활용할 수 있었다. 때때로 그는 몇 마디로 생각을 중얼거리며 방을 떠나기도 했다. 어떤 경우든, 학생들은 교수가 전달한 내용을 해석하기 위해 몇 주의 시간을 보내야 했다.

콜모고로프는 자신이 지닌 영향력의 크기를 잘 몰랐던 것 같다. 그는 수학에 관한 자신의 많은 말들을 당연하게 여겼고, 대신 당연한 것의 경계에 있는 문제를 제기하는 데 집중했다. 그에게는 형식적인 수학이 너무 자연스러웠기 때문에 콜모고로프는 엄밀함보다는 개인의 직관에 더 큰 가치를 두었다. 그는 사람이 살아가면서 '독특한 관점'을 가지게 되는 순간이 있다고 자주 주장했으며, 자신은 열네 살에 그런 관점을 가지게 됐다고 생각했다. 그의 독특한 관점(여기서 독특하다는 말은 그의 표현이 아니라 내 표현이다)이 20세기 프랑스 수학계 전체의 노력보다도 약간 더 우월한 수학적 천재의 관점이었다는 사실은 그에게 그저 사소한 것에 불과했다. 그는 자기 자신에게 집중하기보다는 만나는 사람들 각자 안에 담긴 독특한 복잡성에 대해 알고 싶어 했다. 그의 관심은 다른 사람들 내면에서 무슨 일이 벌어지고 있는지에 있었다.

콜모고로프는 수학과 삶이 크게 다르지 않다고 여겼다. 그는 학생들이 고등 수학 개념을 상식처럼 자연스럽게 사용할 수 있기를 바랐다. 그는 교육의 핵심을 '진실성'이라고 말하곤 했다. "우리의 사명은 진실성을 찾아내고 그것을 길러주는 것입니다"라고 그는 모스크바대학교의 다른 교수들에게 말했다.

1986년 어느 날, 콜모고로프는 병약한 노인이었고 4년 전 세상을 떠난 알렉산드로프의 뒤를 따른 날도 머지않았다. 하지만 그날 그는 산책에 모든 에너지를 쏟았다. 쨍쨍한 햇살은 그에게 생기를 불어넣은 듯했다. 학생들과 함께 걸으며 대화하고, 그들의 말을 경청하며, 따뜻한 조언을 건넸다.

산책이 거의 끝나갈 무렵 콜모고로프는 갑자기 근처 호수 방향으로 발길을 돌려 다른 사람들을 앞질러 걸어갔다.

한 학생이 그를 따라갔고, 호숫가에 도착했을 때 그에게 물었다.

"무슨 일 있으세요, 교수님?"

콜모고로프는 하늘을 올려다보며 말했다.

"나는 가치 있는 삶을 살았다는 것이 자랑스럽네."

학생은 아무 말도 하지 않았다. 다른 학생들이 곧 뒤따라 와, 콜모고로프 뒤에 조용히 서서 허공을 응시했다.

끝없이 펼쳐진 하늘을 바라보며 콜모고로프는 자신이 이야기하고, 고민하고, 살아온 모든 복잡성에 대한 완전한 해답은 존재하지 않으리라는 것을 알고 있었다. 하지만 그는 푸샤와의 우정, 다른 이들과 함께한 가르침의 과정, 학생들과의 동행, 삶과 수학에 대한 끝없는 대화 속에서 자신이 명료함을 향한 한 걸음을 내디뎠다는 것을 깨달았다. 그가 발견한 삶의 의미는 내면의 생각을 풍요롭게 하고, 다른 이들의 복잡한 내면의 삶과 교감하는 데 있었다.

그의 삶을 가치 있게 만든 것은 바로 이런 것들, 즉 서로에게 진심 어린 말을 건네는 것, 가까운 이들과 만나 그들의 이야기를 경청하는 것, 함께 하늘을 올려다보고 앞으로 나아가는 것, 진실에 아주 조금이라도 더 가까워지기를 희망하고 믿는 마음이었다.

감사의 말

먼저 로비사에게 감사의 마음을 전하고 싶습니다. 우리가 한 토론과 대화는 이 책을 위한 많은 자료가 되었으며, 우리가 나누는 사랑은 제가 하는 모든 일에 매일 힘이 되어줍니다. 고맙습니다.

이 책의 대부분은 팬데믹 기간에 격리된 환경에서 쓰였습니다. 매일 저와 함께 걸으며 대화를 나눠준 엘리스 그리고 토비아스와 루비에게 그리고 늘 질문을 던져주며 많은 것을 깨닫게 해준 헨리에게 감사드립니다. 아직도 답을 찾지 못한 질문들이 많지만요.

산타페에서의 이야기에 등장하는 인물들은 모두 허구의 캐릭터입니다. 실제로 나는 1997년에 산타페 여름학교에 참여했고, 그곳에서 흥미로운 사람들을 많이 만났습니다. 이 책 속 캐릭터들은 그 여름학교 참가자들과 밀레니엄 전환기 즈음에 함께 연구했던 다른 연구자들의 모습을 혼합한 것입니다. 만약 이 책 속 산타페 캐릭터 중 한 명이 본인인 것 같다고 느낀다면, 아마도 맞을 겁니다!

이와 관련해 특히 특별한 분은 제 박사 지도교수였던 데이브 브룸

헤드입니다. 그는 데이비드의 지도교수처럼 항상 저에게 질문을 던지라고 격려해주셨습니다. 그는 스스로도 이 기술을 실천하며 다른 사람들이 각자의 방식으로 성장하도록 도왔습니다. 저는 데이브를 자주 떠올리며, 그를 매우 그리워합니다.

초고를 꼼꼼하게 읽어준 어머니께도 감사드립니다. 몇 가지 소중한 아이디어를 주신 아버지께도, 그리고 "책은 좋은데, 읽다 보니 머리가 아프네"라는 소감을 들려준 콜린에게도 감사드립니다. 그리고 루스는 이번 책이 나오면 꼭 읽어보길 바랍니다!

마지막으로 제가 원하는 글을 쓸 수 있도록 도와준 카시아나 이오니타와 에드워드 커크에게 감사드립니다. 여러분의 인내와 세심한 편집, 더 나은 방향으로 도전해준 노력, 그리고 끊임없는 지지 덕분에 이 책이 탄생할 수 있었습니다. 수학적 글쓰기의 긴 여정을 함께해준 크리스 웰빌러브에게도 감사드립니다. 또한 텍스트를 크게 개선해준 세라 데이의 세심한 교정과 섬세한 수정에도 감사를 드립니다.

참고문헌

더 자세한 설명은 다음 링크를 참조하라.
https://fourways.readthedocs.io/

네 가지 수학적 생각법

1. Stephen Wolfram, *A New Kind of Science*, Wolfram Media, Inc., 2002

1장 통계적 사고

통계 속 평균의 함정

1. Commuting times taken from Glenn Lyons and Kiron Chatterjee, 'A human perspective on the daily commute: costs, benefits and trade-offs', *Transport Reviews* 28, no. 2 (2008): 181−98
2. Daily time spent watching TV per individual in the United Kingdom (UK) from 2005 to 2020: https://www.statista.com/statistics/269870/daily-tv-viewing-time-in-the-uk/
3. Median time length of penetrative intercourse from a study of people living in the UK from Marcel D. Waldinger et al., 'Ejaculation disorders: a multinational population survey of intravaginal ejaculation latency time', *Journal of Sexual Medicine* 2, no. 4 (2005): 492−7
4. K. M. Wall, R. Stephenson and P. S. Sullivan, 'Frequency of sexual activity with most recent male partner among young, Internet-

using men who have sex with men in the United States', *Journal of Homosexuality* 60, no. 10 (2013): 1520–38

5. Life expectancy at birth in UK: https://data.worldbank.org/indicator/SP.DYN.LE00.IN?locations=GB

6. Births per woman in the UK: https://data.worldbank.org/indicator/SP.DYN.TFRT.IN?locations=GB

7. Happiness data from John Helliwell et al., 'Happiness, benevolence, and trust during COVID-19 and beyond', World Happiness Report: 13

피셔가 내놓은 그럴듯한 답

1. 당시 파트 2는 삼부작의 세 번째 파트(현대 케임브리지대학교 강의 계획서에서는 파트 3이라고 불림)였다. R. A. 피셔의 랭글러에 오른 기록은 아래에 기록되어 있다. Historical Register of the University of Cambridge, Supplement, 1911–1920

2. 곱셈의 논리를 보려면 주사위를 던졌다고 상상해보라. 첫 번째 던졌을 때 6이 나올 확률은 6분의 1이고, 두 번째 던졌을 때 6이 나오지 않을 확률은 6분의 5이므로 6이 나오고 6이 나오지 않을 확률은 $1/6 \times 5/6$이다.

3. 다른 값이 40% 이상일 가능성이 없음을 증명하는 방법은 다음 링크에서 '가능성 있는 답'을 클릭하면 볼 수 있다. https://fourways.readthedocs.io/

4. John Aldrich, 'R. A. Fisher and the making of maximum likelihood 1912–922', *Statistical Science* 12, no. 3 (1997): 162–76

12년 더 오래 사는 법

1. David L. Katz and Suzanne Meller, 'Can we say what diet is best for health?', *Annual Review of Public Health* 35 (2014): 83–103

2. Martin Loef and Harald Walach, 'The combined effects of healthy lifestyle behaviors on all-cause mortality: a systematic review and meta-analysis', *Preventive Medicine* 55, no. 3 (2012): 163–70

3. Elisabeth G. Kvaavik et al., 'Influence of individual and combined health behaviors on total and cause-specific mortality in men and women: the United Kingdom health and lifestyle survey', *Archives of Internal Medicine* 170, no. 8 (2010): 711–18, p. 711

차를 어떻게 마시나요?

이 장은 피셔의 딸이 쓴 그의 전기 2장을 바탕으로 하고 있다. Joan Fisher Box, R. A. Fisher: *The Life of a Scientist*, John Wiley and Sons, 1980

1. Ronald Aylmer Fisher, 'Some hopes of a eugenist', *Eugenics Review* 5, no. 4 (1914): 309

2. Edward John Russell, *A History of Agricultural Science in Great Britain*, Allen and Unwin, 1966

3. Joan Fisher Box, *R.A. Fisher: The Life of a Scientist* Chapter 5, John Wiley and Sons, 1980. 대화는 이 자료를 허구적으로 각색한 것이다.
Fisher's *The Design of Experiments*(Oliver and Boyd, 1935): 13. 디자인은 이 자료를 참고했다.
로치가 극적인 효과를 위해 쌍을 이루는 비교의 대안적 설정을 제안했다고 썼지만, 사실 당시 실험에 사용되었던 여러 대안 설정 중 하나였다.

이 장은 주로 다음 자료들을 참고했다.

R. A. Fisher, 'The arrangement of field experiments', *Journal of the Ministry of Agriculture* 33 (1926): 503–15

Bradley Efron, 'R. A. Fisher in the 21st century', *Statistical Science* (1998): 95–114

숫자로 보는 행복한 세상

다음 링크에서 'A happy world'를 클릭하면 관련 내용을 볼 수 있다. https://fourways.readthedocs.io/ 더 자세한 내용은 다음 링크에서 볼 수 있다. https://worldhappiness.report

내 행복은 몇 점일까?

다음 링크에서 'The happy individual'을 클릭하면 관련 내용을 볼 수 있다. https://fourways.readthedocs.io/

1. The USA Today article referenced in this chapter is https://eu.usatoday.com/story/money/personalfinance/2017/07/24/yes-you-can-buy-happiness-if-you-spend-save-time/506092001/

2. The probability that we get exactly k heads in forty coin tosses is

$$\binom{40}{k}\left(\frac{1}{2}\right)^{40}$$

The probability that we get twenty-six or more heads is

$$\sum_{k=26}^{40}\binom{40}{k}\left(\frac{1}{2}\right)^{40}$$

이는 약 0.0403과 같다. 통계적 유의성의 임계값 확률을 어디에 설정해야 하

는지는 다소 논란의 여지가 있다. 그러나 시간 절약 소비가 더 큰 행복으로
이어지는지에 대한 테스트는 0.05를 따르면 유의미한 것으로 간주된다.

피셔가 보여준 통계의 위험성

1. Ronald Aylmer Fisher, 'Design of experiments', *British Medical Journal* 1, no. 3923 (1936): 554
2. Leonard J. Savage, 'On rereading R. A. Fisher', *Annals of Statistics* (1976): 441−500
3. H. J. Eysenck, 'Were we really wrong?', *American Journal of Epidemiology* 133, no. 5 (1991): 429−33
4. Joan Fisher Box, R. A. Fisher: *The Life of a Scientist*', Wiley and Sons, 1980, 392−4
5. Ronald Aylmer Fisher, 'Some hopes of a eugenist', *Eugenics Review* 5, no. 4 (1914): 309
6. Ronald A. Fisher, 'The elimination of mental defect', *Eugenics Review* 16, no. 2 (1924): 114
7. Reginald Crundall Punnett, 'Eliminating feeblemindedness: ten per cent of American population probably carriers of mental defect − if only those who are actually feebleminded are dealt with, it will require more than 8,000 years to eliminate the defect − new method of procedure needed', *Journal of Heredity* 8, no. 10 (1917): 464−5
8. Ronald Aylmer Fisher, *Smoking: The Cancer Controversy: Some Attempts to Assess the Evidence*, Oliver and Boyd, 1959
9. The health consequences of smoking − 50 years of progress: a report of the Surgeon General (2014).

숲을 나무로 혼동하지 마라

다음 링크에서 'The forest and the tree'를 클릭하면 관련 내용을 볼 수 있
다. https://fourways.readthedocs.io/

1. Angela L. Duckworth et al., 'Grit: perseverance and passion for long-term goals', *Journal of Personality and Social Psychology* 92, no. 6 (2007): 1087
2. Marcus Crede, Michael C. Tynan and Peter D. Harms, 'Much ado about grit: a meta-analytic synthesis of the grit literature', *Journal of Personality and Social Psychology* 113, no. 3 (2017): 492
3. David I. Miller, 'When do growth mindset interventions work?', *Trends in Cognitive Sciences* 23, no. 11 (2019): 910−12

4. Carmela A. White, Bob Uttl and Mark D. Holder, 'Meta-analyses of positive psychology interventions: the effects are much smaller than previously reported', PloS One 14, no. 5 (2019): e0216588

5. Carolyn MacCann et al., 'Emotional intelligence predicts academic performance: a meta-analysis', *Psychological Bulletin* 146, no. 2 (2020): 150

2장 상호작용적 사고

생명의 순환

1. The version of the chemical reaction described here is from the 1920 paper: Alfred J. Lotka, 'Undamped oscillations derived from the law of mass action', *Journal of the American Chemical Society* 42, no. 8 (1920): 1595-9

2. But similar ideas are to be found in Lotka's 1910 paper: Alfred Lotka, 'Zur theorie der periodischen reaktionen', *Zeitschrift fur physikalische Chemie* 72, no. 1 (1910), 508-11

3. Herbert Spencer, *First Principles of a New System of Philosophy*, D. Appleton and Company, 1876. Quote from p. 434, section 173, Ch. 22

안정 상태에 도달하지 못하는 이유

다음 링크에서 'Rabbits and foxes'를 클릭하면 관련 내용을 볼 수 있다. https://fourways.readthedocs.io/

사회적 전염과 회복에 숨은 비밀

다음 링크에서 'Rabbits and foxes'를 클릭하면 관련 내용을 볼 수 있다. https://fourways.readthedocs.io/

1. Sander Van Der Linden, 'Misinformation: susceptibility, spread, and interventions to immunize the public', *Nature Medicine* 28, no. 3 (2022): 460-67

2. Frank Schweitzer and Robert Mach, 'The epidemics of donations: logistic growth and power-laws', *PLoS One* 3, no. 1 (2008): e1458

3. Sarah Seewoester Cain, 'When laughter fades: individual participation during open-mic comedy performances', PhD dissertation, Rice University, 2018

4. Richard P. Mann et al., 'The dynamics of audience applause', *Journal*

of the Royal Society Interface 10, no. 85 (2013): 20130466

5. Harold Herzog, 'Forty-two thousand and one Dalmatians: fads, social contagion, and dog breed popularity', *Society and Animals* 14, no. 4 (2006): 383-97

6. Nicholas A. Christakis, and James H. Fowler, 'Social contagion theory: examining dynamic social networks and human behavior', *Statistics in Medicine* 32, no. 4 (2013): 556-77

7. Yvonne Aberg, 'The contagiousness of divorce', *The Oxford Handbook of Analytical Sociology* (2009): 342-64

제3법칙의 발견?

1. Ronald Ross, 'An application of the theory of probabilities to the study of a priori pathometry: Part I', *Proceedings of the Royal Society of London. Series A, Containing papers of a mathematical and physical character* 92, no. 638 (1916): 204-30

2. Ronald Ross and Hilda P. Hudson, 'An application of the theory of probabilities to the study of a priori pathometry: Part II', *Proceedings of the Royal Society of London. Series A, Containing papers of a mathematical and physical character* 93, no. 650 (1917): 212-25

3. Alfred J. Lotka, 'Contribution to the energetics of evolution', *Proceedings of the National Academy of Sciences of the United States of America* 8, no. 6 (1922): 147

4. Alfred J. Lotka, *Elements of Physical Biology*, Williams and Wilkins, 1925

셀룰러 오토마타

다음 링크에서 'Cellular automata'를 클릭하면 관련 내용을 볼 수 있다. https://fourways.readthedocs.io/

바람직한 논쟁의 기술

다음 링크에서 'The art of a good argument'를 클릭하면 관련 내용을 볼 수 있다. https://fourways.readthedocs.io/

1. Andrew Christensen andBrian D. Doss, 'Integrative behavioral couple therapy', *Current Opinion in Psychology* 13 (2017): 111-14.

3장 카오스적 사고

앞 단계에서 다음 단계 추론하기

이 장은 다음 자료를 바탕으로 작성했다. 'Oral History of Margaret Hamilton', interviewed by David C. Brock on 13 April 2017 in Boston, MA. See https://www.youtube.com/watch?v=6bVRytYSTEk

1. 위와 같은 자료 37:01
2. 위와 같은 자료 47:00

바에서 마주한 카오스 문제

다음 링크에서 'El Farol'를 클릭하면 관련 내용을 볼 수 있다. https://fourways.readthedocs.io/

1. Brian Arthur, 'Inductive reasoning and bounded rationality', *American Economic Review* 84, no. 2 (1994): 406–11

실수

1. Margaret H. Hamilton, 'What the errors tell us', *IEEE Software* 35, no. 5 (2018): 32–7
2. https://www.youtube.com/watch?v=6bVRytYSTEk. 38:21

나비 효과

다음 링크에서 'The butterfly effect'를 클릭하면 관련 내용을 볼 수 있다. https://fourways.readthedocs.io/

이 장은 주로 다음 자료들을 참고했다.

Etienne Ghys, 'The Lorenz attractor, a paradigm for chaos', *Chaos* (2013):1–54, p. 20

Edward N. Lorenz, 'Deterministic nonperiodic flow', *Journal of Atmospheric Sciences* 20, no. 2 (1963): 130–41

Colin Sparrow, *The Lorenz Equations: Bifurcations, Chaos, and Strange Attractors*, Vol. 41, Springer Science and Business Media, 2012

밤하늘을 보며: 2부

이 장은 주로 다음 자료를 참고했다.

Margaret H. Hamilton, 'The language as a software engineer,' Keynote (ICSE 2018) Celebrating 50th Anniversary of Software Engineering, http://www.htius.com.

추가 자료: https://futurism.com/ margaret-hamilton-the-untold-storyof-the-woman-who-took-us-to-the-moon

M. D. Holley, Apollo Experience Report – guidance and control systems: primary guidance, navigation, and control system development, National Aeronautics and Space Administration, 1976

1. Margaret H. Hamilton, 'What the errors tell us', *IEEE Software* 35, no. 5 (2018): 32–7

완벽한 결혼식

웨딩 플래너에 대한 내용은 다음의 자료를 참고했다. 웨딩 플래너의 삶에 대한 부정확한 내용들은 직접 작성했다. 'I'm a wedding planner – this is what it's like behind-the-scenes' by Tzo Ai Ang. https://www.newsweek.com/ im-wedding-planner-this-what-like-behind-scenes-1577321

B에서 C로 메시지 전하기

베티^{Betty Moore}와 클로드 섀넌^{Claude Shannon}에 대해 더 알고 싶다면 다음 자료를 참고하라. https://blogs.scientificamerican.com/voices/ betty-shannon-unsung-mathematical-genius/

1. Claude Elwood Shannon, 'A mathematical theory of communication', *Bell System Technical Journal* 27, no. 3 (1948): 379–423

2. 베티 섀넌은 클로드 섀넌의 후기 논문 작성을 도왔고 엔트로피 이론에 대해서도 연구했다. 하지만 만찬 장면은 허구적으로 재구성한 것이다. 텍스트에서 사용되고 에스테르가 도서관에서 재현한 예시 문자열은 섀넌의 글에서 일부 예시(7쪽)를 발췌했다.

무작위성이 곧 정보다

다음 링크에서 'Information equals randomness'를 클릭하면 관련 내용을 볼 수 있다. https://fourways.readthedocs.io/

스무고개 게임

스무고개에 대한 내용은 다음을 참고했다. https://www.quora.com/ What-are-the-five-most-important-questions-to-ask-in-a-game-of-20-questions

엔트로피는 절대 줄어들지 않는다

Ilya Prigogine and Isabelle Stengers, *The End of Certainty*, Simon and Schuster, 1997

단어 게임이 알려준 사실

1. Claude E. Shannon, 'Prediction and entropy of printed English', *Bell System Technical Journal* 30, no. 1 (1951): 50–64

더 나은 선택을 하는 법

1. https://www.cdc.gov/handwashing/why-handwashing.html
2. https://yougov.co.uk/topics/politics/articles-reports/2019/07/20/half-britons-wouldnt-want-go-moon-even-if-their-sa

단어들의 바다

1. 세르게이 브린Sergey Brin과 래리 페이지Larry Page는 나중에 구글을 설립했다. 1998년 강의 노트는 다음 링크에서 확인할 수 있다. http://infolab.stanford.edu/~sergey/

4장 복잡계적 사고

세계 수학자 대회

이 장은 다음 자료를 참고했다. Andrej N. Kolmogorov, 'Combinatorial foundations of information theory and the calculus of probabilities', *Russian Mathematical Surveys* 38, no. 4 (1983): 29–40.

매트릭스의 본질

1. J. R. Pierce and Mary E. Shannon, 'Composing music by a stochastic process', *Bell Telephone Laboratories, Technical Memorandum MM-49-150-29*(1949)
이 장은 다음 자료를 참고했다.
Haizi Yu and Lav R. Varshney, 'On "Composing music by a stochastic process": from computers that are human to composers that are not human', IEEE Information Theory Society Newsletter, Vol. 67, No. 4 (2017): 18–19

숫자만으로는 충분하지 않다

이 장은 다음 자료를 참고했다. http://www.streetsoflondon.org.uk/about-homelessness (기부 문화를 권장합니다.)

네 번째 범주의 사고법

다음 링크에서 'I, II, III, IV'를 클릭하면 셀룰러 오토마타 관련 내용을 볼 수 있다. https://fourways.readthedocs.io/

1. Stephen Wolfram, A New Kind of Science, Vol. 5. Champaign, IL: Wolfram Media, 2002

생명의 모든 것

1. Mark D. Niemiec, 'Synthesis of complex life objects from gliders', *New Constructions in Cellular Automata* (2003): 55
2. Paul Rendell, 'Turing machine universality of the game of life', PhD dissertation, University of the West of England, 2014
3. Ananyo Bhattacharya, *The Man from the Future: The Visionary Life of John von Neumann*, Penguin UK, 2021
4. Christopher G. Langton, 'Self-reproduction in cellular automata', *Physica D: Nonlinear Phenomena* 10, nos. 1-2 (1984): 135-44
5. Christopher G. Langton (ed.), *Artificial Life: An Overview*, MIT, 1997
6. https://twitter.com/zozuar
7. David J. T. Sumpter, *Collective Animal Behavior*, Princeton University Press, 2010

사회 구조를 이해하는 새로운 렌즈

이 장의 '분리egregation은 다음 자료를 참고했다. Thomas C. Schelling, *Micromotives and Macrobehavior*, W. W. Norton and Company, 2006.

1. Mehdi Moussaid at al., 'The walking behaviour of pedestrian social groups and its impact on crowd dynamics', *PloS One 5*, no. 4 (2010): e10047
2. For women, the average proportion of women in their group is

$$\frac{7\times(7/(7+7))+5\times(8/(5+8))+28\times 1}{40} = 86.4\%$$

For men, the average proportion of men in their group is

$$\frac{7\times(7/(7+7))+5\times(8/(5+8))+45\times 1}{60} = 89.0\%$$

우리는 다른 사람을 통해 사람이 된다

1. Desmond Tutu, 'Speech: No future wit hout forgiveness (version

2)' (2003). Archbishop Desmond Tutu Collection Textual. https://
digitalcommons.unf.edu/archbishoptutupapers/15
우분투에 대한 내용은 다음을 참고했다.
A good starting point for Ubuntu is Abeba Birhane, 'Descartes was
wrong: "a person is a person through other persons"', *Aeon* (2017)
Another insightful reading of Ubuntu is Nyasha Mboti, 'May the real
ubuntu please stand up?' *Journal of Media Ethics* 30, no. 2 (2015): 125–
47
2. 군중에 대한 토론을 진행한 에든버러대학교의 앤 템플턴(Anne
Templeton)에게 감사를 표한다. 이 부분은 다음의 자료들을 참고했다.
Dirk Helbing, Anders Johansson and Habib Zein Al-Abideen,
'Dynamics of crowd disasters: an empirical study', *Physical Review E*
75, no. 4 (2007): 046109 Hani Alnabulsi and John Drury, 'Social identifi
cation moderates the eff ect of crowd density on safety at the Hajj',
Proceedings of the National Academy of Sciences 111, no. 25 (2014):
9091–6
Hani Alnabulsi et al., 'Understanding the impact of the Hajj: explaining
experiences of self-change at a religious mass gathering', *European
Journal of Social Psychology* 50, no. 2 (2020): 292–308
Anne Templeton, John Drury and Andrew Philippides, 'Walking
together: behavioural signatures of psychological crowds', *Royal Society
Open Science 5*, no. 7 (2018): 180172
David Novelli et al., 'Crowdedness mediates the effect of social
identification on positive emotion in a crowd: a survey of two crowd
events', *PloS One* 8, no. 11 (2013): e78983

거의 항상 복잡한 문제

1. Per Martin-Lof, 'The definition of random sequences', *Information
and Control 9*, no. 6 (1966): 602–19

짧은 장면들로 이루어진 삶

1. Albert N. Shiryaev, 'Kolmogorov: life and creative activities', *Annals of
Probability* 17, no. 3 (1989): 866–944, pp. 869–71
2. Albert N. Shiryaev, 'Kolmogorov:life and creative activities', *The
Annals of Probability* 17, no. 3 (1989): 866–944, p. 882
3. Pavel S. Aleksandrov, 'Pages from an autobiography', *Russian
Mathematical Surveys* 34, no. 6 (1979): pp. 297–9, 267

4. Pavel S. Aleksandrov, 'Pages from an autobiography. II', *Russian Mathematical Surveys* 35, no. 3 (1980): pp. 315, 317

5. Pavel S. Aleksandrov, 'Pages from an autobiography. II', *Russian Mathematical Surveys* 35, no. 3 (1980): pp. 315, 318−19

6. Paul M. B. Vitanyi, 'Andrei Nikolaevich Kolmogorov', *CWI Quarterly* 1, no. 2 (1988): 3−18

7. Albert N. Shiryaev, 'Kolmogorov: life and creative activities', *The Annals of Probability* 17, no. 3 (1989): 866−944, p. 907

8. Matyas Arato Andrei Nikolaevich Kolmogorov and Ya G. Sinai, 'Evaluation of the parameters of a complex stationary Gauss−Markov process', *Doklady Akademii Nauk SSSR* 146 (1962): 747−50

9. A. Kolmogorov, 'Sulla teoria di Volterra della lotta per lesistenza', *Gi. Inst. Ital. Attuari* 7 (1936): 74−80

10. Uriel Frisch, and Andrei Nikolaevich Kolmogorov, *Turbulence: The Legacy of A. N. Kolmogorov*, Cambridge University Press, 1995

11. Claude Elwood Shannon, 'A mathematical theory of communication', *Bell System Technical Journal* 27, no. 3 (1948): 379−423, p. 379

말로 할 수 없는 설명

소칼의 실험에 대한 설명은 다음 링크를 참고했다. http://linguafranca. mirror.theinfo.org/9605/sokal.html

가치 있는 삶

이 장은 다음 자료를 참고했다. Yu K. Belyaev and Asaf H. Hajiyev, 'Kolmogorov Stories', *Probability in the Engineering and Informational Sciences* 35, no. 3 (2021): 355−68

수학 교육에 관한 콜모고로프의 의견은 다음 링크에서 확인할 수 있다. https://mariyaboyko12.wordpress.com/2013/08/03/ the-new-math-movement-in-the-u-s-vs-kolmogorovs-math-curriculum-reform-in-the-u-s-s-r/

더 좋은 삶을 위한 수학

초판 1쇄 인쇄 2025년 5월 21일
초판 1쇄 발행 2025년 5월 28일

지은이 데이비드 섬프터
옮긴이 고현석
펴낸이 유정연

이사 김귀분
책임편집 황서연 **기획편집** 조현주 신성식 유리슬아 서옥수 정유진 **디자인** 안수진 기경란
마케팅 반지영 박중혁 하유정 **제작** 임정호 **경영지원** 박소영

펴낸곳 흐름출판(주) **출판등록** 제313-2003-199호(2003년 5월 28일)
주소 서울시 마포구 월드컵북로5길 48-9(서교동)
전화 (02)325-4944 **팩스** (02)325-4945 **이메일** book@hbooks.co.kr
홈페이지 http://www.hbooks.co.kr **블로그** blog.naver.com/nextwave7
출력·인쇄·제본 삼광프린팅(주) **용지** 월드페이퍼(주) **후가공** (주)이지앤비(특허 제10-1081185호)

ISBN 978-89-6596-719-4 03410